ビジュアルガイド もっと知りたい数学❸

深遠なる「幾何学」の世界

GEOMETRY UNDERSTANDING SHAPES AND SIZES

Originally published in English under the titles:
Inside Mathematics: Geometry; Understanding shapes and sizes by Mike Goldsmith

Japanese translation rights arranged with Shelter Harbor Press Ltd, New York
through Tuttle-Mori Agency, Inc., Tokyo

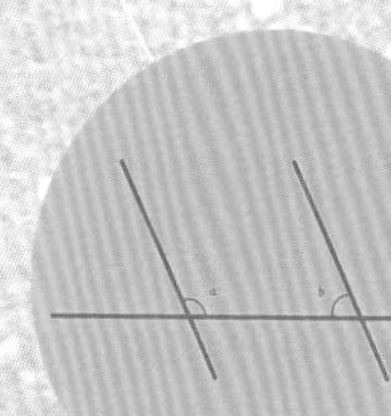

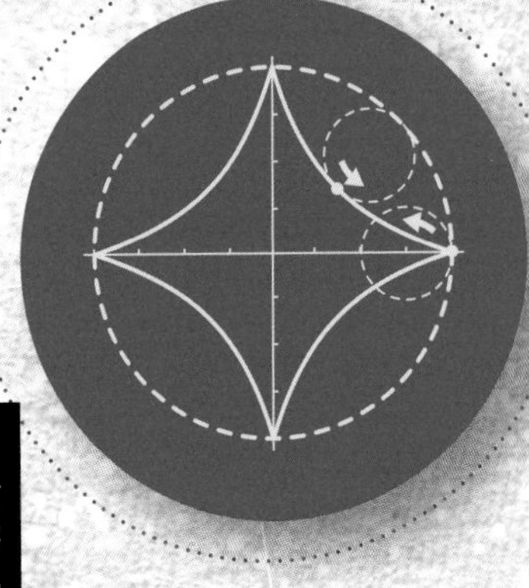

ビジュアルガイド　もっと知りたい数学 3

Inside MATHEMATICS

深遠なる「幾何学」の世界

Geometry UNDERSTANDING SHAPES AND SIZES

マイク・ゴールドスミス 著

緑慎也 訳

創元社

はじめに 6

幾何学の始まり 10

円と球 14

らせん 22

美をめぐる数学 26

完全な図形 30

円錐の秘密 38

ユークリッドの革命 44

エラトステネス、地球を測る 50

アルキメデス、幾何学を応用する 52

三角形と三角法 56

不可能な幾何学パズル３選 64

タイルとテセレーション 70

透視図法 76

丸い世界の平面の地図 82

空間を満たす 92

幾何学＋代数学 98

建築の幾何学 106

ルパート王子の挑戦 114

より高い次元 116

トポロジー 122

三角形の中の円 126

非ユークリッド幾何学 130

結晶 136

四色問題 140

ローラーはどれだけ丸いか 142

結び目 146

ポアンカレ予想 152

空間と時間の幾何学 160

フラクタル 166

知られざる幾何学 174

用語集 180

索引 182

クレジット 184

はじめに
Introduction

幾何学は、形と空間を扱う。英語で幾何学を表すGeometryのもともとの意味は「土地の測量」だ。幾何学が最初、農家や建設業者に使われたからだろう。それは現在でも変わらない。

しかし、幾何学の価値はそれ以上のものだ。われわれが行くことも、想像することすらもできない場所——宇宙の始まり、宇宙の果て、あるいはわれわれが存在する世界とは異なる次元の領域を研究することができるのは、幾何学のおかげといってもいいくらいだ。

幾何学は、土地の測量に由来するが、ほどなくさまざまな計算に使われるようになった。

実用的な数学

幾何学は、もっとも単純な方程式が生まれるよりずっと前から存在した。数千年のあいだほぼ唯一の数学だったのだ。現代人は、平方根の値を方程式（または、方程式が組み込まれたアプリ、電卓、コンピューター上の表計算ソフトなど）を使って計算する。ところが2000年前のギリシャの学生は、たとえば半円（下図）を使った。

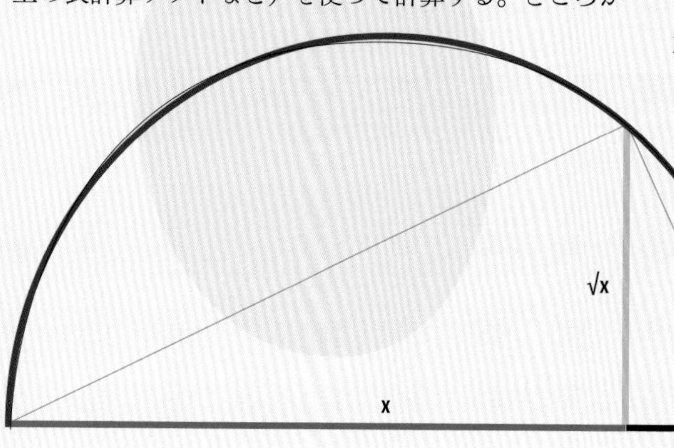

ある数（たとえば左図xの長さ）の平方根を求めるには、まずxに1を加えたx+1の長さの線分を描く。この線分を円の直径とし、円上の1点から線分を長さxと1に分ける点に垂線を下ろす。この線の長さがxの平方根だ。古代ギリシャ人は、答えを数としてではなく長さとして残したのだろう。

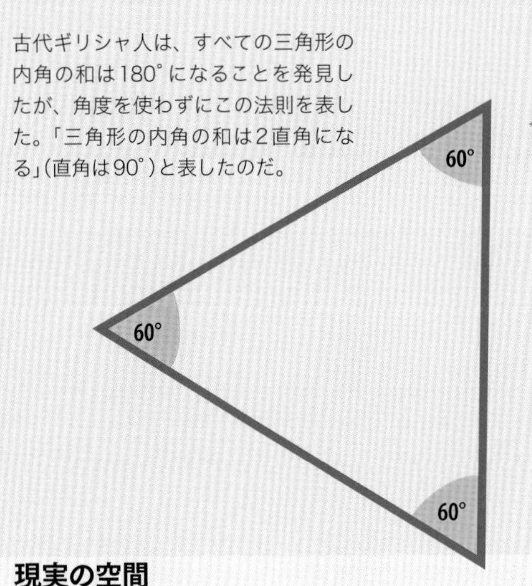

古代ギリシャ人は、すべての三角形の内角の和は180°になることを発見したが、角度を使わずにこの法則を表した。「三角形の内角の和は2直角になる」(直角は90°)と表したのだ。

現実の空間

われわれの祖先は古くから、宇宙の研究にも幾何学を使い、地球の形や月の大きさ、太陽までの距離などを割り出していた。19世紀まで幾何学者たちは、研究で使っている（理想的な）三角形や正方形は、現実に存在する三角形や正方形と極めてよく似ているはずだと考えていた。しかし冒険心にあふれた数学者たちは、宇宙では別の幾何学があり得るかもしれないと考え始めた。古代ギリシャの幾何学によれば、すべての三角形の内角の和は180°だ。面積（A）は三角形の底辺の長さ（b）に高さ（h）をかけたものの半分に等しく、$A=\frac{1}{2}b\times h$だ。しかし、本当にそれだけなのだろうか。

異なる幾何学

幾何学の規則を変え、異なる種類の三角形について検討してみよう。内角の和が180°より大きかったり小さかったり、さまざまな三角形を考えることができる。このような非日常的な図形を扱う幾何学の世界では、建物や都市のつくり方を平面的に表した設計図は建築の役に立たなくなるかもしれない。これら新しい種類の幾何学は、非ユークリッド幾何学と呼ばれる。古代世界でもっとも偉大な幾何学者であったギリシャの数学者、ユークリッドが発展させた幾何学と区別するためだ。

約2300年前、ユークリッドは『原論』と呼ばれる、幾何学についての本を著した。歴史上もっとも重要な数学の本である。

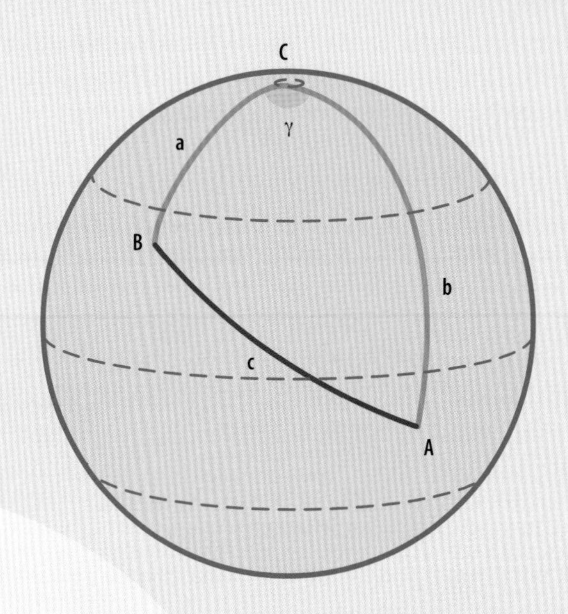

地球上の点A、B、Cを結ぶ三角形の各辺をa、b、cとする。辺は地球表面で測定すると直線に見えるが、この3辺がつくる三角形の内角の和は180°を超える。

相対性理論

20世紀初頭まで、非ユークリッド幾何学には使い道があまりなかった。しかし、物理学者アルバート・アインシュタインが突破口を開いた。非ユークリッド幾何学が、重力の性質を説明するのに有用であることを発見したのだ。驚くべきことに、彼の研究に基づいた丹念な観測が行われると、宇宙は実際に非ユークリッド幾何学に従っていることが明らかになった。たとえば測量士や科学者は、何かを測定するときしばしばレーザー光線を使用する。レーザー光線は空間を直進するからだ。ところが、水星、金星、地球のあいだでレーザー光線を発すると、その軌跡は内角の和が180°をわずかに上回る三角形を描く。

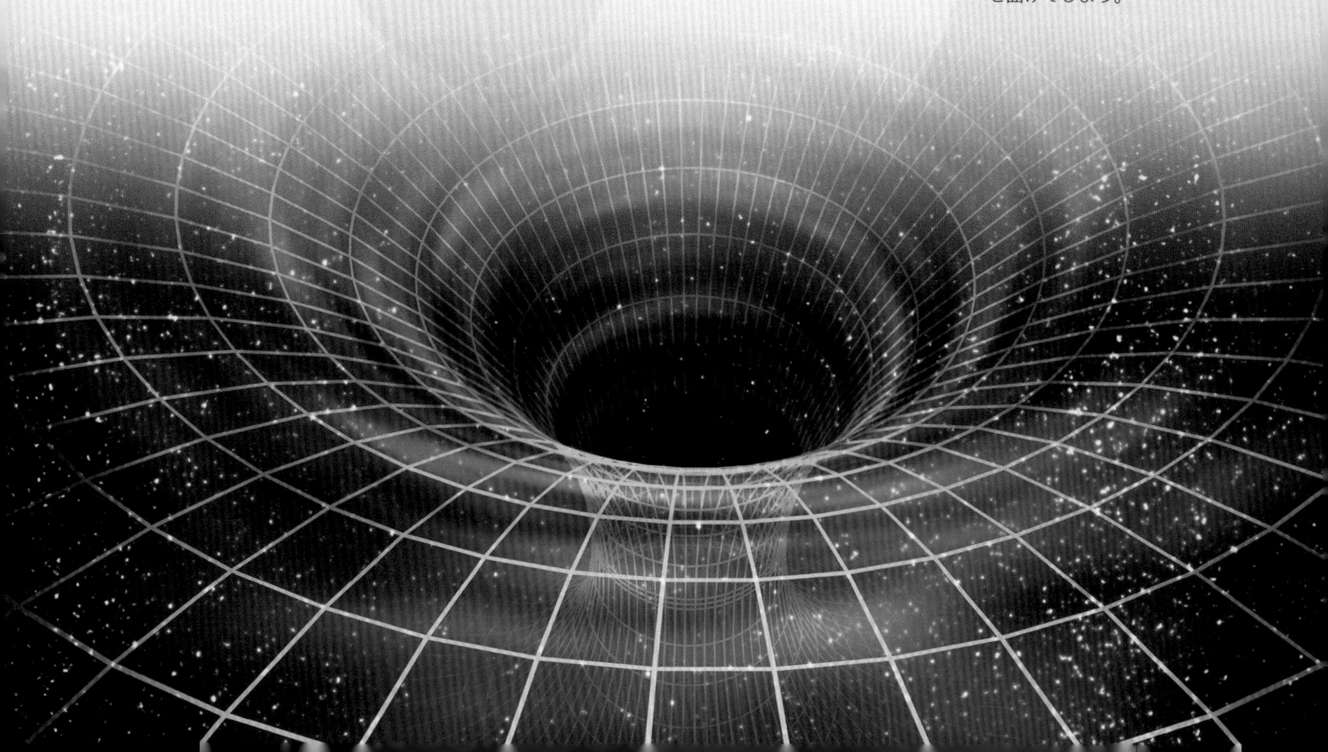

ブラックホールは周囲の空間をゆがめ、その空間の幾何学を変えて直線を曲げてしまう。

正方形と立方体

もうひとつ、長らく想像上のものとされていた幾何学的アイデアがある。それは4次元（と、それ以上の高次元）だ。直線は1次元、平面図形は2次元、立体図形は3次元だ。直線、平面図形、立体の関係は簡単な数学で表せる。たとえば、長さLの辺を持つ正方形の面積は$L \times L = L^2$で、「Lの2乗」と読む。長さLの辺を持つ立方体の体積は、$L \times L \times L = L^3$（「Lの3乗」）だ。2乗や3乗の概念は、幾何学においての意味とは別にとても有用なものだ。たとえば自動車事故では、衝突の衝撃は車の速度の2乗に比例して大きくなる。

アルバート・アインシュタインの有名な理論は、空間と時間の幾何学に基づいていた。

さらに遠くへ

ある値の4乗にかかわる現象もある。たとえば液体が管を流れるとき､液体の流れやすさは管の太さ（W）を4乗した値、つまり「$W \times W \times W \times W$」に比例する。Wの4乗は「$W^4$」と略し、「太さの4乗」と読める。どこまでもこの数を増やすことができる。たとえば、3^{10}（3の10乗）は$3 \times 3 \times 3 \times 3 \times 3 \times 3 \times 3 \times 3 \times 3 \times 3 = 59{,}049$を意味する。19世紀当時、4次元空間が本当に実在するのかという問題に興味を持つ者もいた。彼らがもし宇宙や自然界の成り立ちを説明する最新の統一理論である弦理論を知れば、きっと驚いただろう。弦理論が間違っている可能性はもちろんある。だがもし正しければ、3次元はおろか4次元ですらなく、10次元もの高次元の非常に小さな「ひも」が存在することになる。もっとも古い数学の一分野であるにもかかわらず、幾何学は未来を担っているのだ。

直線は1次元で、その直線に垂直に交わる直線を加えると、正方形などのような2次元の図形になる。さらに直角に交わる正方形を加えると立方体ができ、これは3次元だ。この過程をさらに進めて、4次元の物体をつくるのは不可能に思えるが、数学者たちはそのような物体が存在すると信じている。

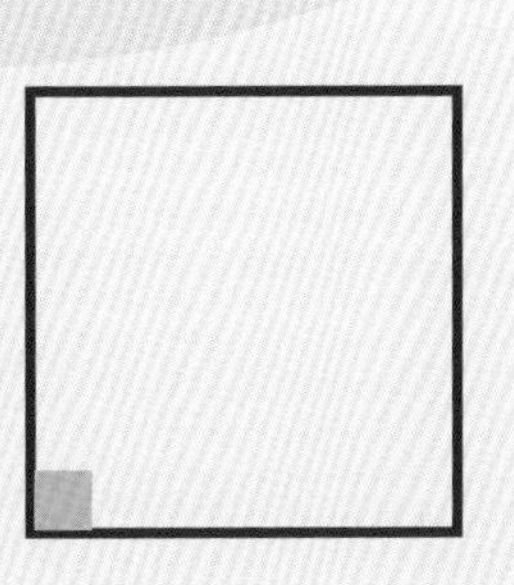

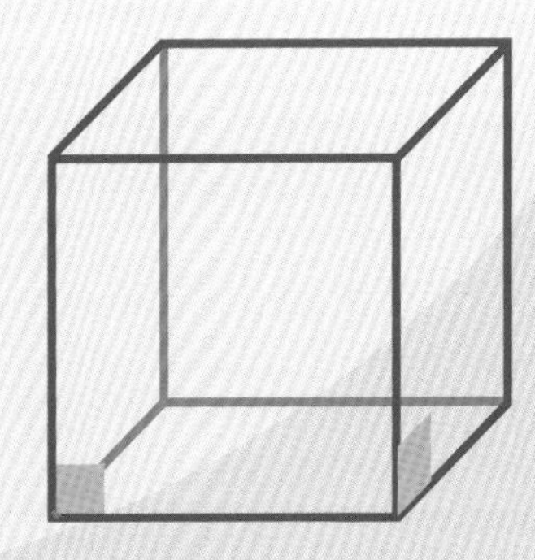

幾何学の始まり
The Roots of Geometry

幾何学はナイル川から始まった。ナイル川はエジプトを流れる大河で、膨大な人口の生計を支えていた。だが、川の近くで暮らすのは容易ではなかった。毎年洪水が発生し、川から溢れた水は土地に広がって土壌や植物を洗い流したからだ。それによって新しい肥沃な泥が積もるのはありがたかったが、小さな区画の畑の多くが台無しになってしまうのが悩みの種だった。

すべての川沿いの土地はファラオのものだった。紀元前1878年ごろエジプトを統治したセンウセレト３世は、土地の賃料を公平に課すため、幾何学を使った。

エジプトの農民たちは、周囲の土地一面に溢れるナイル川の洪水に翻弄されていた。

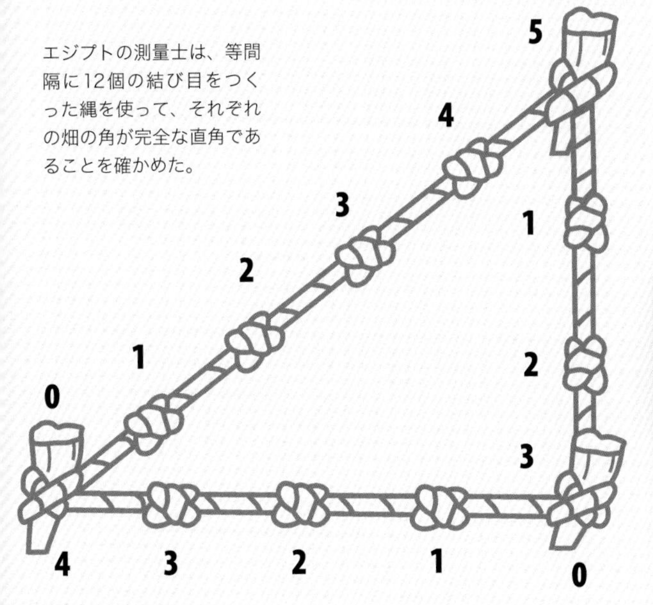

エジプトの測量士は、等間隔に12個の結び目をつくった縄を使って、それぞれの畑の角が完全な直角であることを確かめた。

公正な賃料

畑の各区画の持ち主を悩ませたのは、洪水の損害だけではなかった。エジプトを治めたファラオであるセンウセレト3世は、肥沃な土地を毎年の賃料と引き換えに分け与え、洪水の被害を受けた畑の賃料はとらないこととした。では、畑の一部だけが破壊された場合はどうするか？　ファラオの解決策は、失われた土地の割合に比例して賃料を減らすことだった。この対策は幾何学の発展に一役買った。

直角には手を抜かない

賃料の値下げ額を定めるために、エジプト人たちはまず、失われた土地の面積を測らなければならなかった。さらに土地が相続された場合は、畑をどう区分けするかも決めなければならない。息子たちのあいだで平等に分ける必要があるからだ。畑が長方形なら、幅と奥行きをかけ算するだけで面積を求められる。しかし、新たに長方形の畑を区分けしたり、古くからの畑の形を調べたりするには、畑の角が本当に直角かどうかを確かめなければならない。そのために使われたの

Column
過去の断片

われわれがエジプトの数学者について知ることができるのは、何世紀もの時間を経て残ったパピルス（葦の茎からつくられた厚い紙）があるおかげだ。中でも紀元前約1550年ごろ、アーメスという名の筆記者が残したパピルスが有名だ。これは、1858年にエジプトの市場でアレクサンダー・ヘンリー・リンドに発見されたことにちなんでリンドパピルスと呼ばれている。そこには、いくつかの問題（たとえば「直径9、高さ10の円柱の形の穀倉の体積を求めよ」といった問題）についての解法が書かれている。しかしなぜそうすれば問題が解けるのか、細部については書かれていない。どうやらエジプト人は試行錯誤によって解を導き出し、うまくいった方法を残したようだ。ただし彼らが数学的な証明を試みた記録は残っていない。

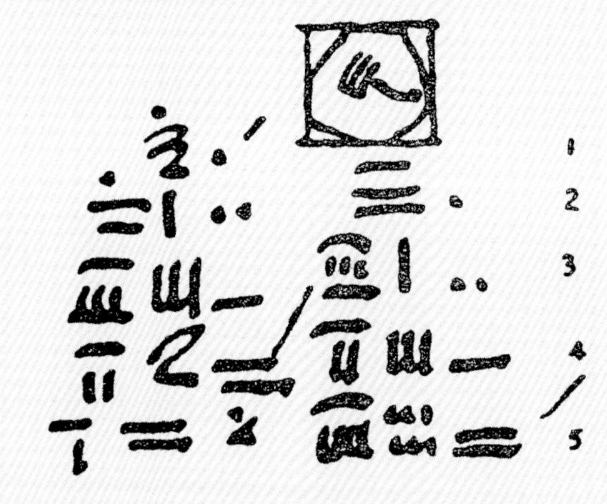

が、等間隔に12個の結び目をつくった縄（前ページ参照）だ。この図のように縄を置くと、縄は直角三角形を描く。直角三角形になるのは、3辺の長さがピタゴラスの定理に当てはまるからだ。ピタゴラスの定理によれば、短辺の長さがaとb、斜辺（長辺）の長さがcである直角三角形では$a^2+b^2=c^2$が成り立つ。実際、縄の直角三角形では$3^2+4^2=5^2$となる。エジプト人はこの定理を知っていたわけではない。記号という概念も「等しい」とか「2乗」の概念もなかったからだ。しかし長さが3、4、5の辺を持つ三角形は必ず直角三角形になることは知っていた。またエジプト人は、円形の区域の面積を直径に約3.1をかけ算して求めていた。今日のわれわれは、この数をπ（パイ）と呼び、より正確な値を知っている。

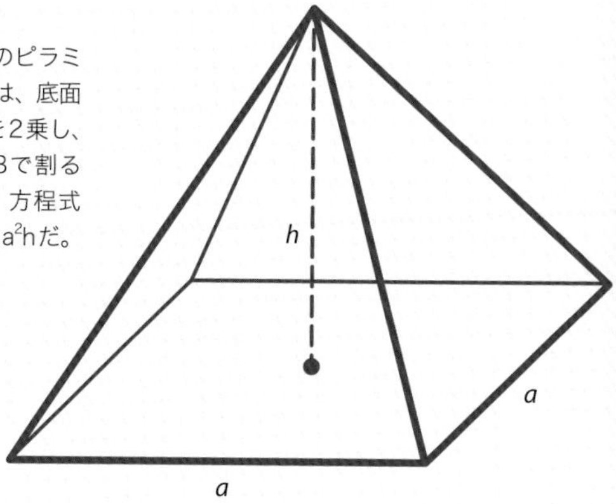

底面が正方形のピラミッドの体積(V)は、底面の1辺の長さを2乗し、高さをかけて3で割ると求められる。方程式で表すと$V=\frac{1}{3}a^2h$だ。

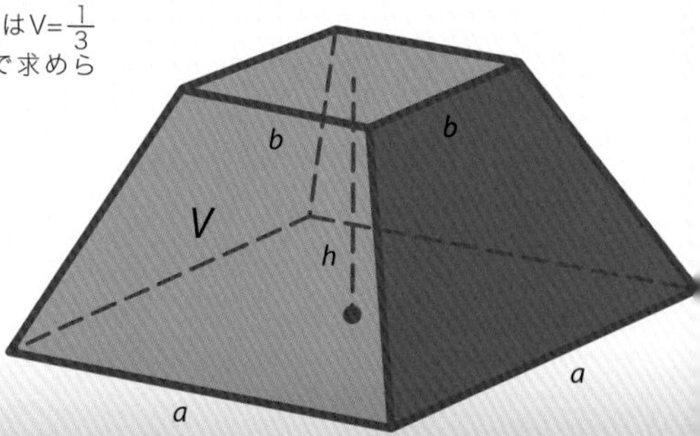

角錐台の体積は$V=\frac{1}{3}(a^2+ab+b^2)h$で求められる。

古代エジプトの建築家たちは、ピラミッドを建てるのに必要な石の量を計算しようと、幾何学を発展させた。

三次元

建築の現場では、体積の計算が欠かせない。たとえば記念碑を建てるには、石の量を計算しなければならない。古代エジプト人がピラミッドを好んでつくったことは現代でも知られている。彼らは、幅と高さから建物の体積と表面積を計算する専門家だった。エジプト人たちは、通常のピラミッドより簡単につくれる、上部が平らなピラミッド（数学用語では「角錐台」と呼ばれる）の体積を求めることもでき、その計算方法を書き残している。現代のわれわれは、方程式を使ってもっと簡潔かつ明確に表せる（左ページの図参照）。

エジプト方式の限界

エジプト文明はこれらの技術を生み出した後も、さまざまな方面で何世紀にもわたって繁栄した。だが、幾何学の分野ではそれ以上の発見はなかったようだ。建物の設計と土地の測量方法を見つけてしまった彼らは、幾何学というテーマにそれ以上関心を持たなかったのかもしれない。

Column
「なぜ？」を問うた人々

数学の専門家にとって証明されていない公式を使うのは、凍った湖の上を氷の厚さを知らずに歩くように怖くてなかなかできないことだ。しかしほとんどの人にとってはまったく普通のことだろう。証明を知らずにピタゴラスの定理を使ったり、6つの数を足して6で割り、平均の値を出したりした経験があるだろう。この定理（公式）は「なぜうまくいくのか？」（あるいは「なぜうまくいかないのか？」）とわれわれが言い出すのは、出た答えが明らかに誤りの場合だけだ。したがって、古代エジプトやそれ以前のどの文明でも、数学的な手法の正しさが各人の自由な試みだけで確かめられていたとしても特に驚きではない。数学以外の多くの分野でも同じだ。携帯電話の仕組みを疑問に思う人は少ない。疑問を持つ人々がゼロなら、われわれは今も古代エジプト人と同じ暮らしをしているだろう（スマートフォンもない）！　しかし、古代ギリシャ人がすべてを変えたのだ。

ルネサンス時代の芸術家ラファエルによるフレスコ画「アテネの学校」は、古代ギリシャの偉大な知識人たちを描いている。

参照：
▶円と球…14ページ
▶三角形と三角法
…56ページ

円と球
Circles and Spheres

ミレトスのタレスは、歴史に登場する最初期の科学思想家として知られる。

ギリシャの偉大な思想家タレスは、著名な旅行家でもあった。彼は故郷のミレトス(現在のトルコ)を離れて、古代バビロニアの文明社会を東にたどり、ある事実に魅了された。バビロニア人は、半円に内接し、1辺が直径である三角形が必ず直角の角を持つことを発見したというのだ。これに興味を持った人間はほかにもいたはずだ。しかしわれわれが知る限り、タレスは幾何学的事実について「なぜそれが正しいといえるか?」と真剣に問うた最初の人物だった。

古代世界における証明

次ページにあるような半円の内接三角形（T）に常に90°の角度（つまり、直角）が含まれることを証明するには、まず三角形の底辺（直径）の中点と三角形の頂点を線分で結ぶ。この線分は円の中心と円周を結ぶので、円の半径になる。底辺にもさらにふたつ半径がある。半径の長さをrとしておく。

タレスが生きた紀元前6世紀ごろ、バビロニアは中東地域でもっとも栄える都市だった。この都市で有名なのは、巨大で幾何学的な宗教建築物「ジグラット」だった。ジグラットにはベル神殿(聖書ではバベルの塔と呼ばれる)があり、タレスと同時代に再建された。

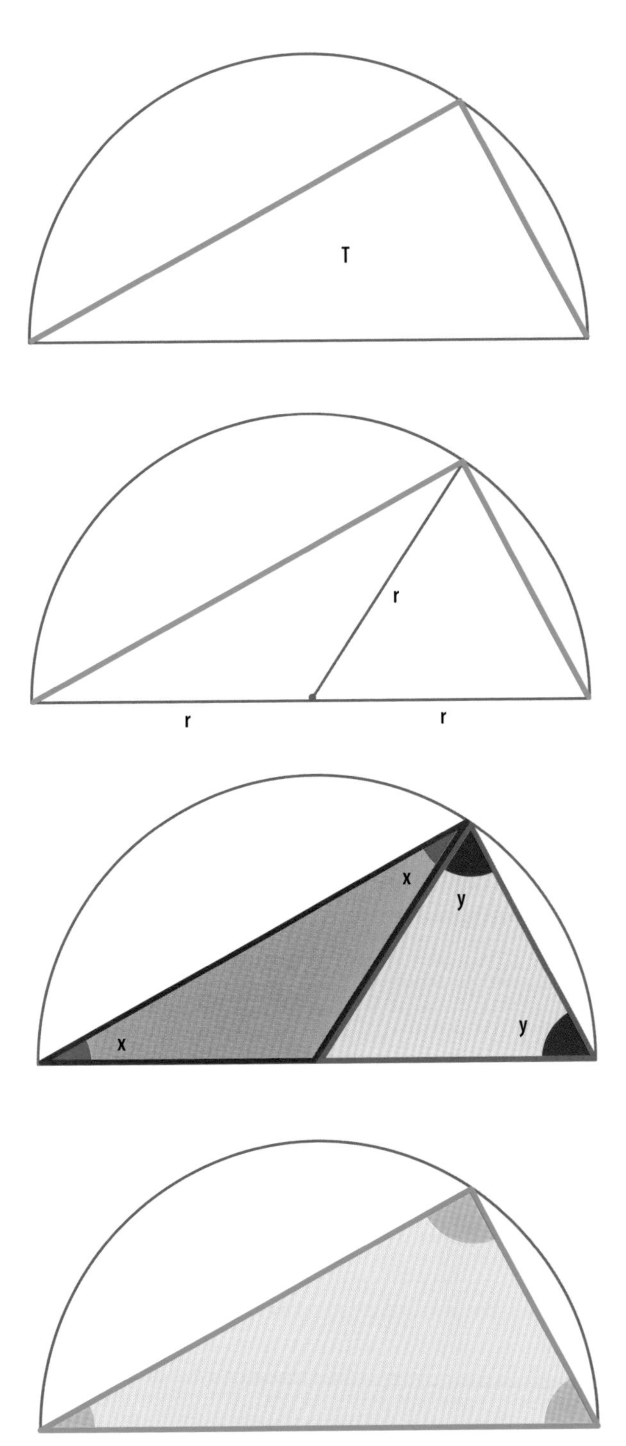

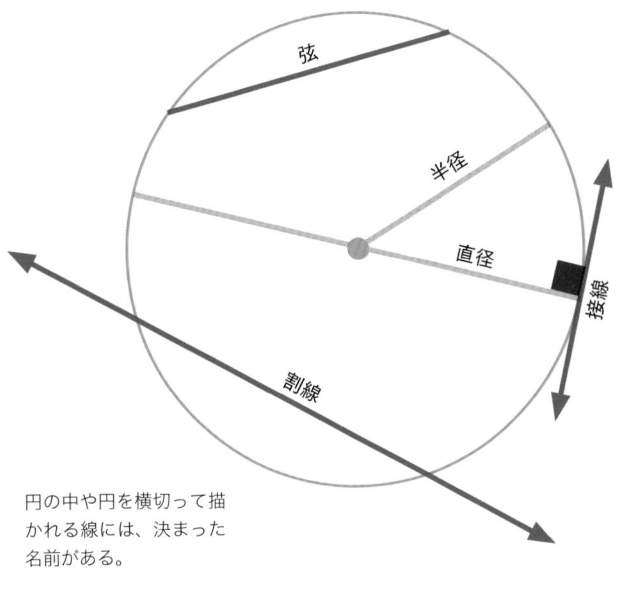

円の中や円を横切って描かれる線には、決まった名前がある。

次に、この線分によってできたふたつの新たな三角形を見てみよう。赤い三角形には、等しい長さ（r）のふたつの辺がある。このような三角形（二等辺三角形と呼ばれる）には、必ずふたつの同じ角度の角がある。青い三角形も二等辺三角形だ。したがって新たな三角形にはそれぞれ、等しいことがわかっている1組の角がある。それぞれの角をxとyと名付けよう。ここで新たなふたつの三角形のことは忘れて、もとの三角形Tに戻る。三角形Tの3つの角はそれぞれx、x+y、yだ。三角形の内角の和は180°になることがわかっているから、x+x+y+y=180°だ。

これは次のように書き換えることができる。
2x+2y=180°
つまり、2（x+y）= 180°
であり、これは、x+y=（180°）/2
したがって、x + y = 90°となる。

最後の行で証明は終わりだ。緑の三角形の頂角はx+y、すなわち90°である。

一面的な見方

三角形について、古代から現代にわたって幾何学者たちを特にひきつけてきた図形が円だ。三角形が建築家や技術者たちにとって有用な図形である一方、円はギリシャのあらゆる思想家にとって、極めて魅力的な存在だった。彼らは、円によって宇宙の構造を説明できると信じていたのだ。これはおそらく、太陽と月が円盤のように見えたからだろう。ギリシャ人は円こそ天空に存在するすべてのものの本質であり、したがって惑星と星の軌道は円を描くに違いないと考えた。

ストーンサークル

ギリシャ文明の人々だけが円に魅了されたわけではない。（イギリスの）ストーンヘンジは、紀元前3100年ごろから長期間にわたって建設された円形に連なる巨石で、天文学と宗教の両方の意味を持つと考えられている。おそらくその建設者たちは、円を地面に簡単に描くことができた。支柱に結び付けた縄をぴんと張ったまま、支柱の周りを回るだけでうまくいく。しかし、ほかの細部を設計するのはもっと難しかったはずだ。ストーンヘンジの大きな円のひとつには、56個の等距離の穴が穿たれている。これらの穴は、1666年にそのうちの5つを発見した古物学者のジョン・オーブリーにちなみ、オーブリーホールと呼ばれている。

17世紀、ジョン・オーブリーは古代遺跡ストーンヘンジ(下の写真参照)の幾何学的な形について、はじめて詳細な研究を行った。

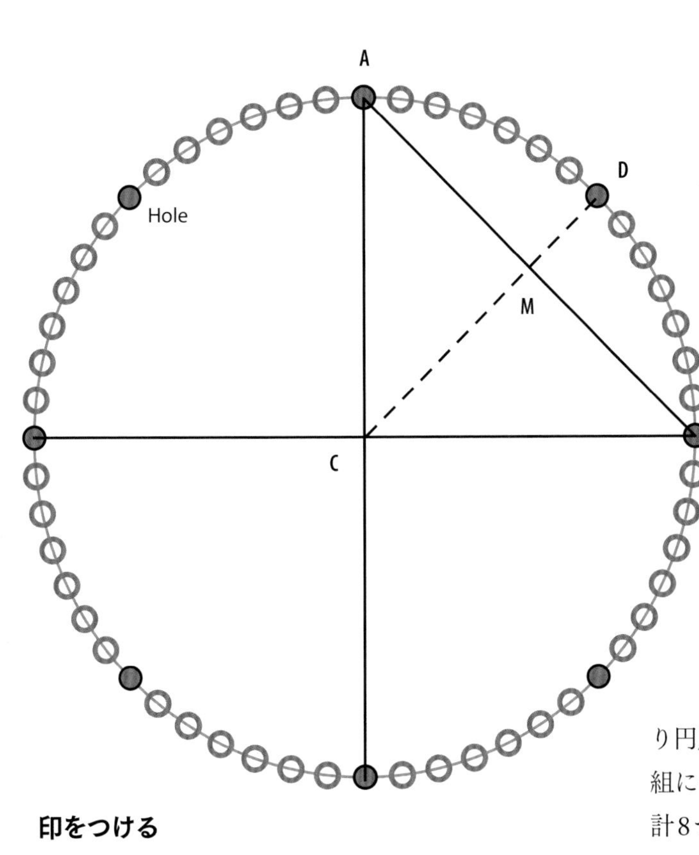

印をつける

穴がなにを意味するかはまったくの謎だが、それぞれの位置をどう決めたかを推測することはできる。おそらく設計者はまず円の直径を決めた。縄が中央の柱を経由するように円を横切って伸ばしたのだろう。続いて2本目の縄を、円の中心を通り1本目の縄に対して直角になるように張る。そのために、まず縄が正しく直角に交わっているかを目測で確かめ、次に4等分された円の弧それぞれに沿って歩数で長さを測り、長さが同じになっているかを確かめたのではないか。縄の端に穴を掘ると、基準になる4つの等距離の穴が決まる。次に、ふたつの隣り合う基準の穴（図のAとB）のあいだに縄を張る。この縄の長さを歩数で測り、その中点（M）を見つける。

穴を掘る

続いて縄をもう1本、円の中心から中点Mを通り円周に至る点（D）まで張る。隣り合う基準点の各組についてこれを行うと、4つの新しい穴ができ、合計8つの等距離の点ができる。この先を縄だけでやるのはとても難しいので、次の段階に至ったのはおそらく試行錯誤の末だろう。8つの各点のあいだに6つの新しい点を打つと、最終的に必要な合計56個の穴ができる。56個のオーブリーホールは非常に正確に配置されており、誤差は最大でもある穴と穴のあいだが正しい約4.9メートルでなく約5.8メートルになっているくらいだ。この偉業は挑発的で当時の人々に強い印象を与えたに違いないが、われわれの知る限り幾何学への大きな関心を呼び起こしたり、そこから幾何学の発展が始まったりすることはなかった。実際イギリスでは、17世紀まで幾何学にはほとんど関心が持たれなかったようだ。

Column
地球を囲む縄

幾何学に関しては、直感が常に信頼できるとは限らない。だからこそ証明が非常に重要なのだ。たとえば、地球を一周する縄を想像してみよう。縄は地表にぴったりと接し、ちょうど地球を一回りする長さだ。その縄を持ち上げて地表から1メートル上にすると、縄の長さをどれくらい延ばす必要があるだろうか？　計算は簡単だ。縄が地球に接する場合、縄は地球の周と同じ長さで2πrという式で表せる。rは地球の半径で、6,378,137メートルだ。したがって縄の長さ=2×π×6,378,137メートル= 約40,075,016メートルとなる。縄を1メートル上に浮かせると、縄は地球の中心から1メートル分遠ざかるので、縄がつくる円の半径は2×π×（6,378,137+1）＝約40,075,022メートルだ。つまり、縄をたった6メートルだけ延ばせばいい。思ったより短くないだろうか？

球の特性

円の3次元版が球だ。遅くともギリシャ時代以降、球への関心も高まっていった。その理由はおそらく太陽と月の形が球だからだろう。球は一定の体積において表面積がもっとも小さくなる立体で、自然界には惑星、恒星、泡、眼球など、多くの球が存在する。惑星や恒星においては、中心からの引力がすべての要素をできるだけ互いに近づけるようにはたらき、球以外の形では、一部は必ず球の半径よりも離れた場所にある。泡が発生するとき、その表面は膨張しようとする力にできるだけ抵抗して、泡全体が可能な限り小さくなるように保とうとする。ある構造物をくぼみの中に収め、さらに自由に向きを変えられるようにしたかったとする。それが可能な構造物の形は球だけであり、だからこそ眼球は球形なのだ。可動部分(眼球)は常に容器(眼窩)の中にぴったり収まっている必要がある。しかも、容器の断面の形は固定されている。球はその向きに関係なく、決まった形の断面（円）を持つ唯一の図形なのだ。

普遍的な形

古代ギリシャ人は円の魅力に心を奪われていたので、地球から見た月よりも遠くの宇宙を説明するには、ただ円があればいいと考えた。彼らは惑星（地球を含む）が太陽の周りを回るのか、あるいは太陽とほかの惑星が地球の周りを回るのかについて議論を戦わせていたが、その一方、すべての惑星の周回軌道が円形であるべきだという点では合意していた。中世西ヨーロッパの思想家たちは、地球が宇宙の中心だと確信していたが、惑星の円運動についてだけはもっと検討する

冥王星はその向きに関係なく円形に見える。そのような立体は球だけだ。

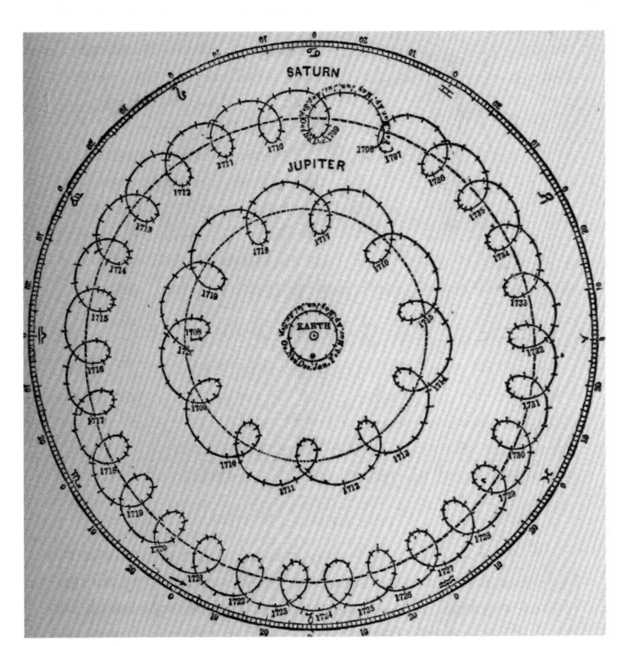

プトレマイオスが紀元2世紀に描いた太陽系の図では、地球の周りの惑星が地球を囲むらせん状の軌道で動くとされている。

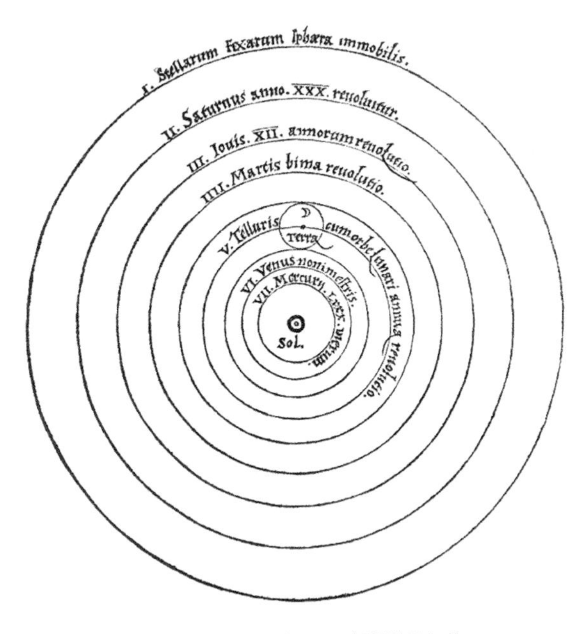

1543年、ニコラウス・コペルニクスは、観測結果に基づき、地球を含む惑星が太陽の周りを回っていると考えなければ、惑星運動の説明がつかないと唱えた。

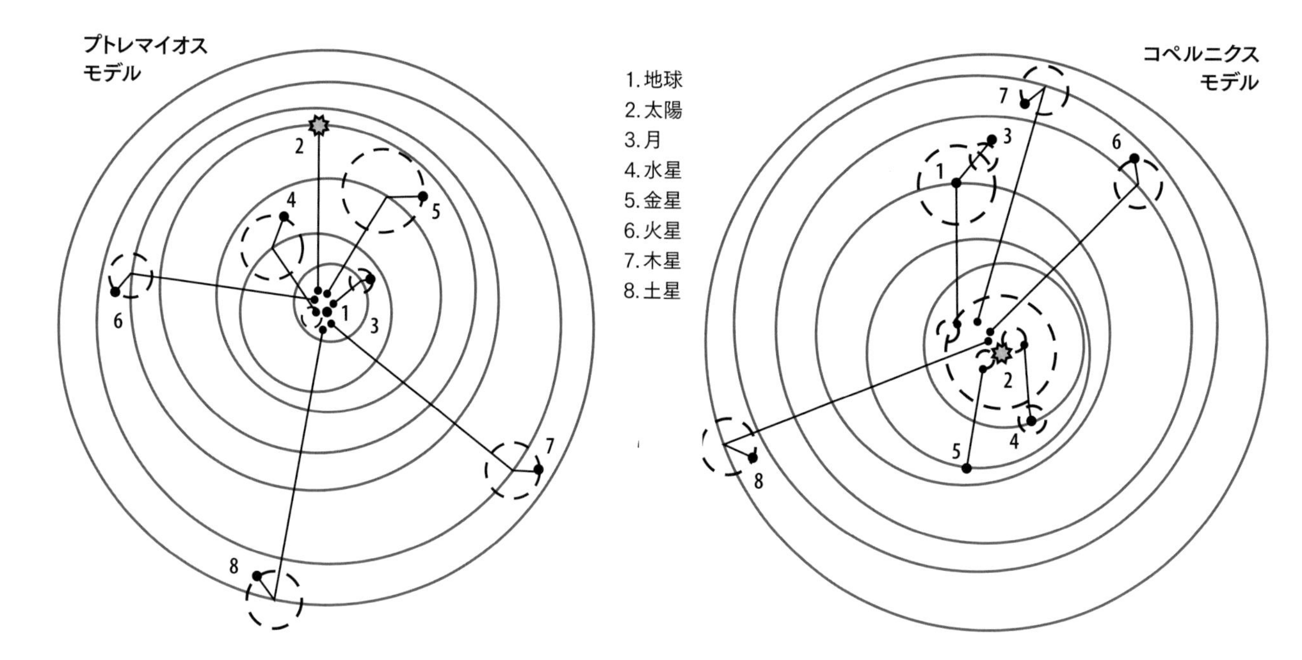

必要があると考えていた。以来、天文学者たちは惑星の動きを観測し、地球の周りの惑星の実際の軌道がどうなるか描き出そうとした。彼らはすぐに、単純な円では軌道を説明できないことに気づいた。そして惑星の円形（もしくは球形）の軌道は、ほかの円軌道につながっているという仮説を立てた。1543年、コペルニクスは太陽系の中心は地球でなく太陽であることを示したが、まだ惑星は円軌道を描くはずだと考えていた。それから約70年後、ヨハネス・ケプラーが膨大な計算をした結果、実際には惑星が円ではなく楕円軌道を描くことを証明した。もしギリシャ人が円と同じように楕円を愛していれば、天文学の発展ははるかに早まっただろう。

コペルニクスは、当時の一般的な（ギリシャの天文学者プトレマイオスに従う）定説に反対し、太陽系の中心は地球でなく太陽であると示した。一方で、彼は惑星が円軌道を描くという説には疑いを持たなかった。円軌道に関するコペルニクスの理論は非常に複雑で、多くの周転円（より大きな円軌道とつながる小さな円軌道）を含んでいた。上の図は、コペルニクスの説を簡略に示したものだ。

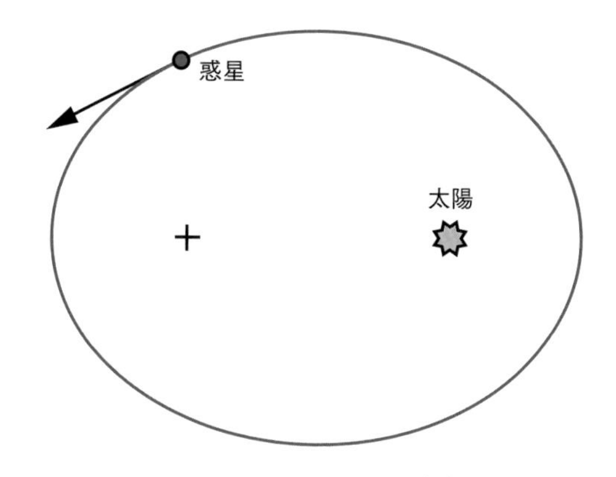

実際には、太陽の周りを回る惑星の軌道は非常に単純で、楕円である。

Column
ベルトラミの擬球

球は非常に単純でわかりやすいため、幾何学の奇妙な発想を深めるのに理想的な役割を果たすことがある。新しい種類の球のうち、もっとも奇妙なもののひとつは、ユージニオ・ベルトラミが研究した「ベルトラミの擬球」だ。ベルトラミは19世紀イタリアの数学者で、学問と政治の世界で活躍した。晩年、由緒ある科学協会であるローマのアッカデーミア・デイ・リンチェイ（「オオヤマネコの学会」を意味する）の会長となり、イタリアの上院議員にもなった。ベルトラミの擬球はいわば球の逆だ。球が凸状でどの部分も外側にふくらんでいるのに対し、擬球は凹状なのだ。また球の表面は閉じていて（辺、縁、境界などにぶつかることなく、表面上で指を動かせる）かつ有限（面積が決まっている）だ。一方、擬球の表面は開いていて、無限の面積を持つ。われわれの宇宙全体が、ベルトラミの擬球と同様の幾何学の奇妙な法則に従っていると考えられていた時期もあった。

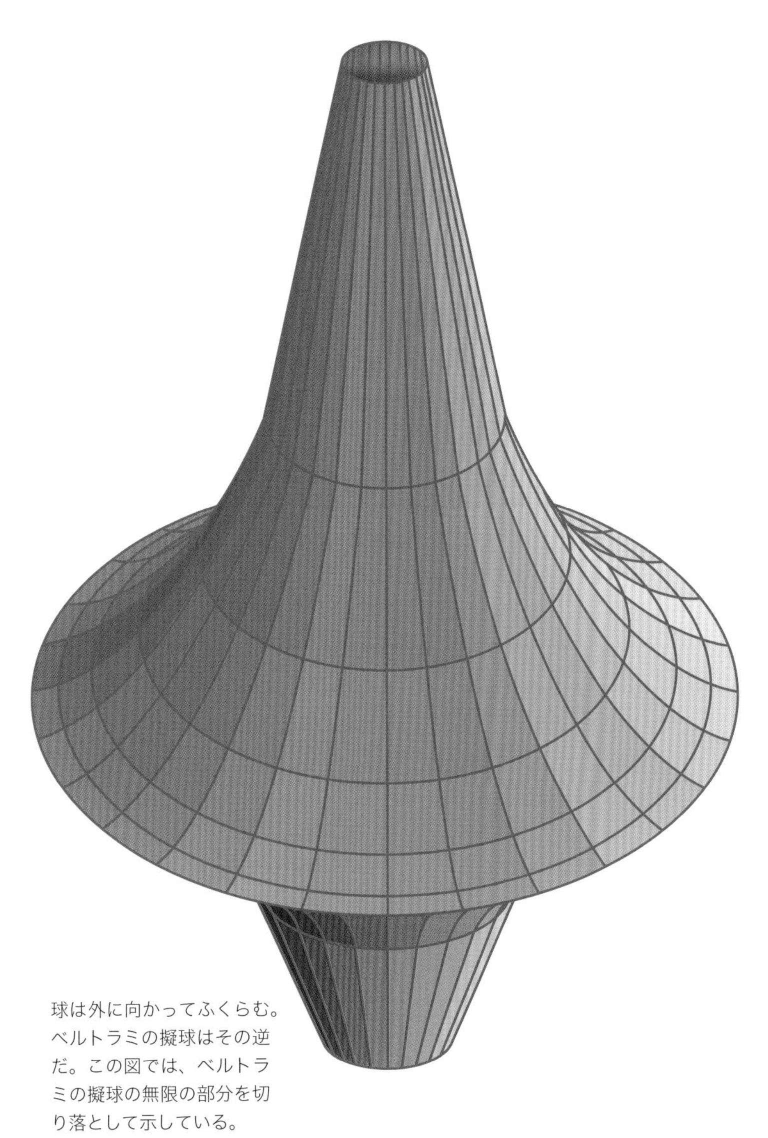

球は外に向かってふくらむ。ベルトラミの擬球はその逆だ。この図では、ベルトラミの擬球の無限の部分を切り落として示している。

参照：
▶円錐の秘密…38ページ
▶三角形と三角法
…56ページ

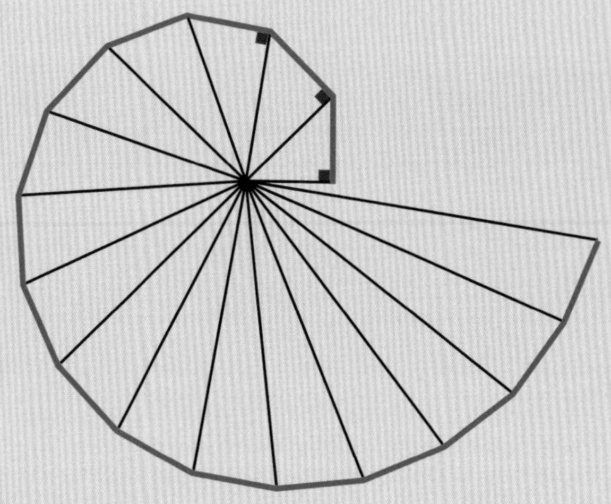

らせん
Spirals

らせんは長く愛されつづけてきた。何千年ものあいだ、さまざまな文明の人々が石造りの建造物にらせんを刻んできたのだ。多くの場合、らせんは無限や成長を意味する。その理由は明らかだ。棒を使って単純な動きを繰り返すことで、いつまでも成長し続けるらせんを描けるからだ。らせんが覆う空間はどんどん広がり、永遠に続くかのように思える。

数学においても、らせんは長い歴史を持つ。らせんに魅了された最初の人物は、約2500年前に現在のリビアに住んでいたギリシャ人テオドロスと考えられている。テオドロスの著作は残っていないが、古代ギリシャの思想家プラトンは、テオドロスを哲学的な会話劇の『対話篇』に登場させた。この著作の中で、テオドロスは幾何学者、天文学者、音楽家、計算機術の専門家として、偉大だが「面白みには欠ける」人物と紹介されている。上に示した図は、彼が残した特殊ならせんのひとつだ。連続して並べられた直角三角形の一部の辺から構成され、永遠に続くことはない。彼はこのらせんを、平方根を調べるために発明したと考えられている。

テオドロスのらせんは、ひとつの点でつながる16個の直角三角形からできている。

数に含まれる図形

らせん研究に取り組むのは昔より現代のほうがずっと簡単だ。らせんを研究するための強力でありながら単純な数学的言語、言い換え

約3500年前、クレタ島を中心に発展したミケーネ文明の遺物である、らせんで彩色された水差し。

れば規則があるからだ。らせんは、ある物体がほかの物体のまわりを回る軌道と見なせる。ただし物体同士の距離は徐々に広がっていく。したがってらせんを描くには、移動するほうの物体が回った量と、中央の静止している物体からの距離を記述する必要がある。これらの情報は、適切な単位を用いることで測定できる。距離はメートルで、角度は度（°）またはラジアンで測る。らせんの場合、一般的にはラジアンのほうが使いやすい（右の「やってみよう！」参照）。

らせんをつくる

もっとも単純ならせんは、角度と半径の値が同じものだ。角度が1ラジアンで、中心からの距離が1単位、角度が2ラジアンで距離は2単位という具合だ。同じように角度が0.1ラジアンなら距離は0.1単位だし、角度が0なら距離も0だ。図に描くと下のようになる。最初にこのらせんを研究した数学者のアルキメデスにちなんで、アルキメデスのらせんと名付けられている。

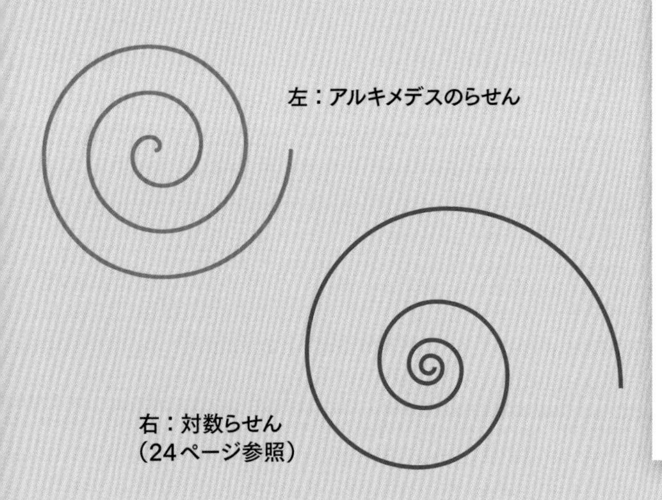
左：アルキメデスのらせん

右：対数らせん（24ページ参照）

やってみよう！

度かラジアンか？

円の1周を示すのに、360度（360°と表す）を使うことが多い。これは、何千年も前のバビロニア人の流儀に従った結果だ。というのも、バビロニア人たちは60を基数とする記数法を使っており、360は6×60だからだ（なぜ60？ と思うかもしれないが、60は2、3、4、5、6などで割り切れる。10を割り切れるのは2と5だけだ）。一方、円の1周を100、120、または1024と決めてもよいかもしれない。より自然な方法は、円のもっとも基本的な要素である半径を使うことだ。円の弧を円の半径に等しい長さずつ切り分けていくと、結果としてできる大きなピザの一片のような扇形の図形は、どんな大きさの円でも中心角が同じ角度になる。この角度を単位として使い、ラジアンと呼ぶ。円周の長さは半径の2π倍なので、円の1周分の角度は2πラジアンになるはずだ。したがって、2πラジアン＝（完全な円の1周）＝360°、つまり、1ラジアン=360° /2π＝約57.3°となる。多くの場合、ラジアンで角度を表すときには記号πが使われ、たとえば直角はπ /2ラジアンになる。

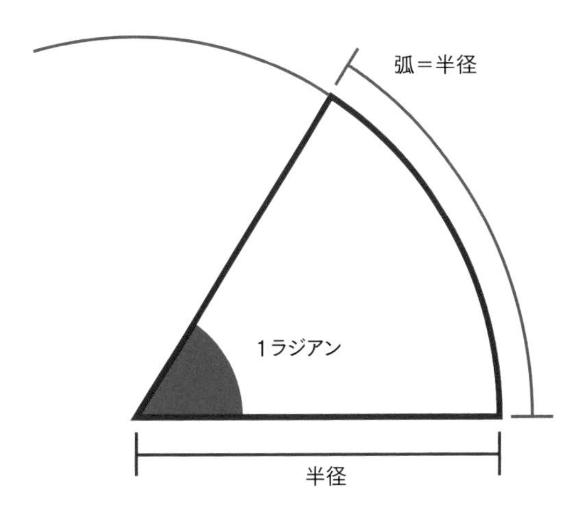

奇跡のらせん

自然界にはいくつかのらせんが見られる。そのうちのひとつに、17世紀スイスの偉大な数学者ヤコブ・ベルヌーイが奇跡のらせんと呼んだものがある。そのらせんは銀河やカタツムリの殻、雄ヒツジの角、象の牙、そしてヒマワリの種の並び方に現れる。驚くことにハヤブサは奇跡のらせんを描いて飛ぶことがある。

奇跡のらせんは、今日では対数らせんと呼ばれている（23ページの図参照）。アルキメデスのらせんの場合、どれだけ中心から外側に離れても曲線の間隔は変わらないが、対数らせんでは曲線の間隔が絶え間なく広がっていく。このらせんがベルヌーイを魅了したのは、それが「自己相似」である点だ。つまり、このらせんを拡大または縮小しても同じ図形になるのだ。ベルヌーイが亡くなってから1世紀以上のち、このような図形はフラクタルと呼ばれるようになり、数学研究の主要な分野になった。ベルヌーイは対数らせんをあまりにも愛したゆえに、自らの墓にそのらせんを刻んでほしいと望んだ。しかし残念なことに、石工はらせんの専門家ではなかったため、墓にはアルキメデスのらせんが彫られてしまったのだが……。

自然の中のらせん

それにしても、なぜこのらせんは自然界に普遍的に存在するのだろうか。もう一人の古代ギリシャ人アリストテレスは、紀元前350年ごろにこの謎の一部を解き明かした。彼は、植物や動物の中にある要素に対して形は同じままで、より大きな要素が新たに加わっていくことで成長するものがあることに気づいた。このような要素をグノモンと呼ぶ。三角形をグノモンとする図形は、らせんのような図形に成長する。海の生きものであるオウムガイは、対をなすらせんの形をした貝殻を持つ。これは「房」を追加しながら成長するた

左：ヤコブ・ベルヌーイの墓碑銘の下にらせんが彫られている。ただし、偉大な数学者が望んだ形ではない。

右：前の三角形の2倍の面積の三角形を加えていくことにより、おおまかならせんをつくることができる。

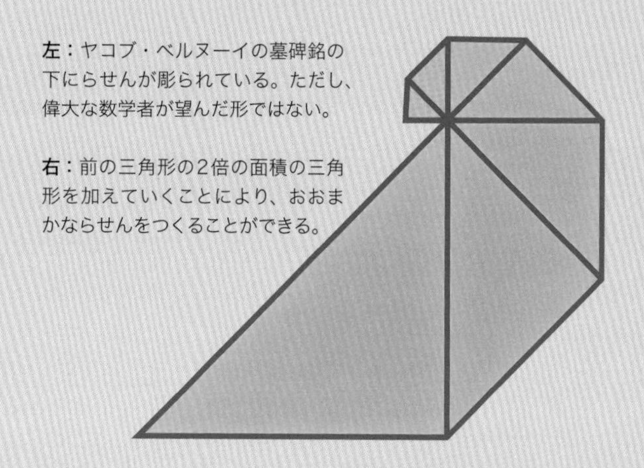

オウムガイはイカの仲間だ。らせん状の殻にガスが充満した小部屋(房)があり、浮くのを助ける。

めだ。オウムガイは各房に順番にくらし、古い房に収まりきらないほど大きくなったら、新しい房をつくって移動していく。

一定の角度

自己相似性によって、らせんの自然発生のほとんどを説明できる。一方、らせんの持つ別の性質から説明できる現象もある。たとえば対数らせんには「等角」という性質がある。つまり、中心からさせんを通る直線を引くと、らせんを描く曲線と直線が同じ角度で交わるのだ。ハヤブサは対数らせんを描いて飛ぶ。彼らの目は頭の横にあるため、前方への視界は広くない。一方、真正面から約40°傾いた場所はよく見える。そのため自分の前方にいる獲物に向かって真っ直ぐ進もうとすると、頭を40°傾けた状態を保つ必要がある。しかし、それでは風の抵抗が大きくなる。対数らせんを描きながら飛べば、ハヤブサは常に広い視野角を維持しながら頭をまっすぐに保つことができる。

ハヤブサは対数らせんを描いて飛ぶことで、あらゆる方向の獲物を探すことができる。

参照：
▶アルキメデス、幾何学を応用する…52ページ
▶フラクタル…166ページ

美をめぐる数学
The Mathematics of Beauty

数学で美を語ることはできるだろうか？　ある図形がその実例かもしれない。それは、1辺が隣の辺より約61.8パーセント長い長方形だ（短辺が長さ10センチメートルであれば、長辺は16.18センチメートルになる）。この1対（約）1.618の関係は「黄金比」と呼ばれ、古代ギリシャ最高の彫刻家であるフィディアスの名とともに知られるようになった。フィディアスは、アテネの偉大な丘に建つ有名な神殿、パルテノンの建築計画に携わったといわれる。パルテノン神殿の建物には、黄金比が何度も現れる。

その後、黄金比は芸術や建築にひんぱんに用いられた。今日では銀行のカードやクレジットカードの形にも利用されている。その後フィディアスは政治的陰謀に巻き込まれ（彼は人望の薄い人物だったようだ）、彫像の製作費を盗んだとして告発され、追放されたのちすぐに処刑された。フィディアスの名前の頭文字は、ギリシャ文字のϕで「ファイ」と発音するが、この記号は黄金比を表す記号として使われている。

パルテノン神殿のいたるところに黄金比がある。

やってみよう！

黄金らせん

　黄金比の辺を持つ長方形は黄金長方形と呼ばれる。長方形を区切るように線を引いて正方形をつくると、黄金長方形の場合、残った部分の長方形がもとの長方形と同じ形になる。つまり別の黄金長方形ができるのだ。長方形の中に正方形を繰り返し描くと、黄金長方形がどんどんできて、いつまでも続けられる。この図形にはいくつか特別な性質がある。この図形はフラクタル（166ページ参照）であり、黄金らせんと呼ばれるらせんを描くことにも使われる。

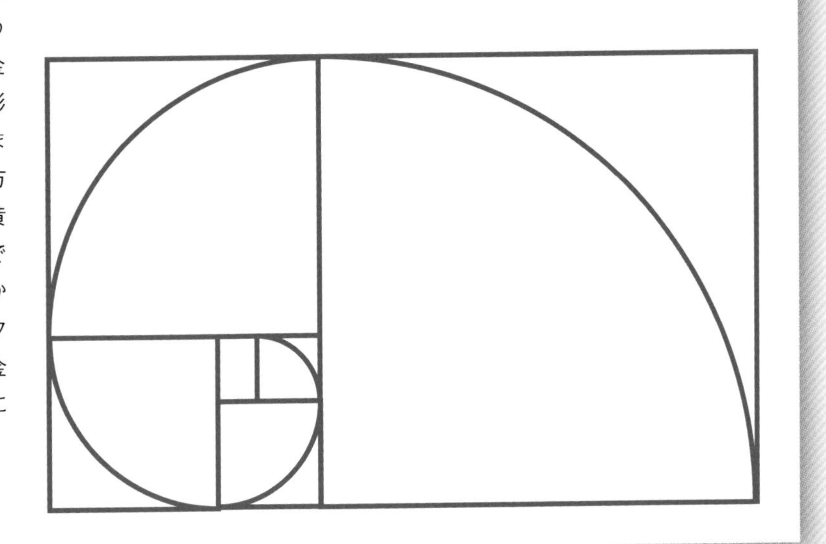

黄金比を言葉で表す

　黄金比の性質を最初に探求したのは、古代ギリシャのユークリッドだ。史上もっとも偉大な幾何学者といって差し支えない人物である。ユークリッドは黄金比を正確に定義した。

1本の線分を、線分全体と長い方の長さの比が、長い方と短い方の比と等しくなるように分割する比

　この定義には数が使われていない。ギリシャの数学者たちは、図形を数で表すことに関心がなかったのだ。

黄金比は、芸術だけでなく幾何学の中にも現れる。特に五角の星（五芒星）には、たくさんの黄金比が含まれている。

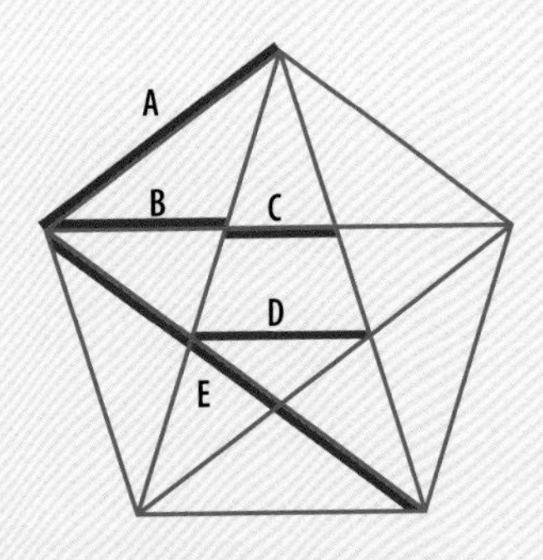

$$A \div B = B \div C = D \div C = (B + C) \div B = E \div A = \phi$$

黄金比を数で表す

ϕをくわしく調べるには、ユークリッドよりも一歩進んでその値を調べる必要がある。ϕを表す式は、その定義の中にϕを含むとても奇妙な式だ。これはあまり望ましい定義の仕方とは言えない。長方形は長方形であると定義したり、楕円は楕円であると定義したりしても意味がないからだ。しかしϕの場合はうまくいく。

$\phi=1+1/\phi$

数で表すと、$\phi=1+1/$（1.61803…）となり、この値はほかの形でも表せる。「連分数」だ。

$$\varphi=1+\cfrac{1}{1+\cfrac{1}{1+\cfrac{1}{1+\cfrac{1}{1+\cdots\cdots}}}}$$

このように永遠に続く書き方で表されるということは、ϕが整数比では表せない値であることを意味する。つまりϕは無理数だ（46ページ参照）。

自然の中の黄金比

自然の中に見られる美しい構造物にはϕが現れる。たとえばヒマワリの花が大きくなると、花の外側に新しい種が加わっていく。どうやって種を並べればよいだろうか。1/4回転ごとに種を並べる場合、下の図Aのように、種を90°ずつ回転させながら置くことになる。

黄金比の使い道

しかしヒマワリの花の中央を種で覆いつくそうとすると、この方法ではあまりうまくいかない。回転幅を小さくすると多少は役立つ。図Bは、1/10回転の場合の並べ方だ（したがって種は、36°ずつ回転させながら置かれる）。これもまだ理想的ではない。実際、1/3、1/5、1/100、さらには1/1000回転の場合でもまだすき間は生じてしまう。つまり花の中央を覆いつくすには、いわゆる有理分数の何かではだめなのだ。それではどうするか。ϕを使えばいい。すると図Cのようになる。

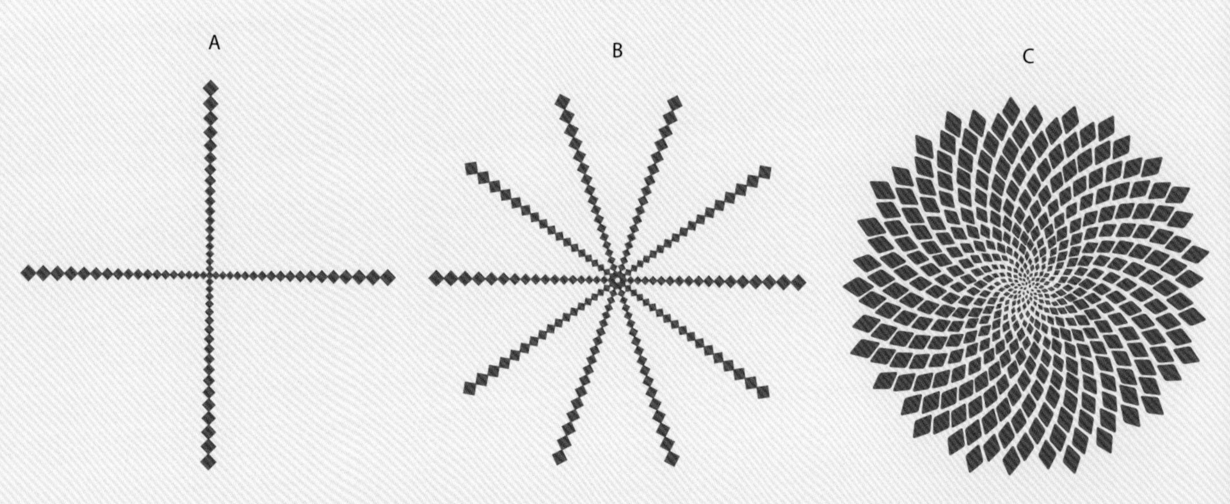

フィボナッチとのつながり

このパターンには、フィボナッチ数列と呼ばれる数列が現れる。この数列は、まずふたつの1を並べ、それらを合計した2を次に並べ、この2と前の数1を足した3を次に、3と前の数2を足した5を並べ……と続く。この過程を繰り返すと、次のような数列が得られる。

1, 1, 2, 3, 5, 8, 13, 21...

これらの数をふたつずつ組み合わせて割り算をすると、下の表の3列目のように答えは一定の値に近づいていく。

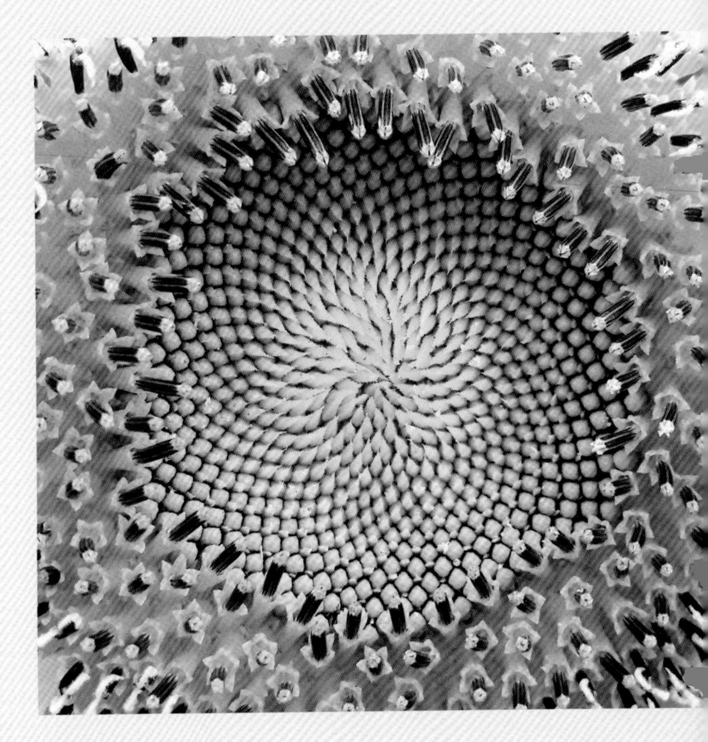

A	B	B/A
2	3	1.5
3	5	1.66666666...
5	8	1.6
8	13	1.625
13	21	1.615384615...
	...	
144	233	1.618055556...
233	377	1.618025751...
	...	

フィボナッチ数はヒマワリや黄金らせんにも現れる。

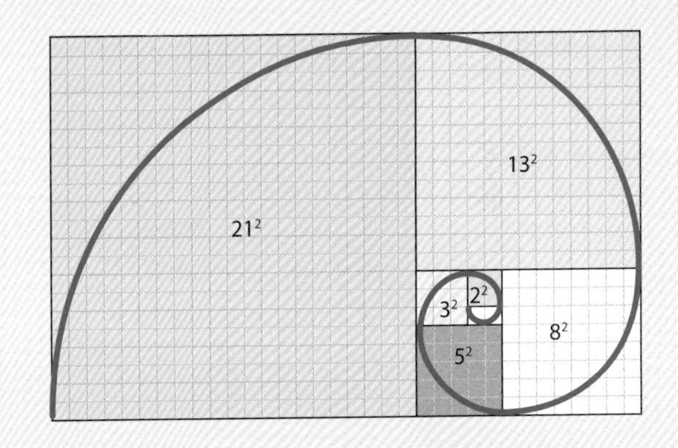

黄金長方形を分割してできる、黄金らせんをつくる正方形はフィボナッチ数の長さの辺を持つ。

参照：
▶らせん…22ページ
▶建築の幾何学
…106ページ

完全な図形
The Shapes of Perfection

古代ギリシャ人は、ほかの多くの古代文明の人々と同じように「完全性」という概念に魅了された。彼らがほかと違った（ただし現代の科学者とは共通していた）のは、万物の成り立ちにも関心を向けた点だ。

仮に完全性が存在するとしても、身近な世界には極めて稀にしか存在しないのではないか。古代ギリシャ人にとってこの考えは妥当に思えた。しかし、幾何学が完全性にいくらか近づく可能性を彼らに与えてくれた。平らな面を持つ立体である多面体のうち、彼らが特に興味を持ったのは立方体、正四面体、正八面体、正二十面体、正十二面体の5つだ。これらの各面は、すべて正多角形（等しい長さの辺を持つ平面図形）で同じ角度で交わる。そのため、古代ギリシャ人は、5つの立体を「完全な多面体」と考えた。完全な多面体を定めたのは、テオドロス（22ページ参照）の弟子のテアイテトゥスといわれる。テアイテトゥスは紀元前420年ごろ、完全な多面体が5つしか存在しないことを証明した。彼の功績の偉大さを考えると不当に思えるが、完全な多面体は、それを愛好した哲学者プラトンにちなんでプラトンの立体と呼ばれている。テアイテトゥスに関する情報は、プラトンが残した記録に頼るほかなく、それほど多くは知られていない。それによるとテアイテトゥスは、大きく飛び出した目で鼻づまりがひどく、戦傷がもとで亡くなったという。

より完全な世界

完全な多面体がプラトンの立体と呼ばれるのは、プラトンの理論に深くかかわっているからだ。プラトンによれば、身の回りのすべての物体は「イデア」と呼ばれる完全なものの不完全なコピーにすぎない。イデアを直接見たり触れたりすることはできないが、理性によって知ることはできる。したがってボールやオレンジ、あるいはそのほかの球の形をした物体は実在するが、見えない完全な球の大まかなコピーにすぎない。エジプトのピラミッドも完全な四角錐の大まかなコピーなのだ。この考え方は、ある意味では理にかなっている。手で円を描くと、その円が不完全なのはまちが

5つの正多面体は、哲学者プラトンにちなんで名付けられた。彼は、これらであらゆる物質の性質が説明できると考えていた。

やってみよう！

すべては三角形である

すべての凸多角形（内角がすべて180°未満の多角形）は三角形に分けることができる。任意の多角形を描き、任意の一角を選んで、その角とほかのすべての角を直線で結べば確かに三角形に分けられることがわかる。プラトンは、正多角形からなるプラトンの立体もすべて三角形でできていると考えた。

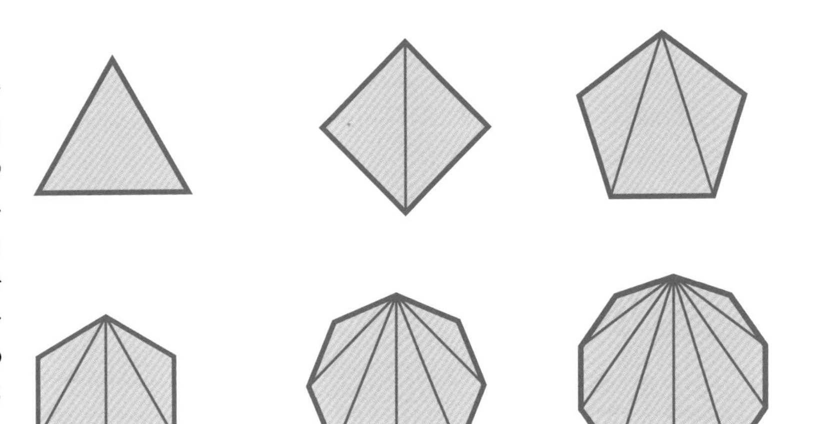

いない。手で描いた円を見る人々は、それが完全な円ではないこと、しかし完全な円を表そうとしていることを認識しているはずだ。コンパスを使えばより完全に近い円を描けるが、それでも完全からはほど遠い。

自然を構築するもの

実在するどの円も完全ではないが、人は完全な円がどのようなものかわかる。ということは、人には幾何学的な世界について生まれながらの感覚が備わっているとプラトンは考えた。つまり、イデアの世界だ。多くの古代ギリシャの思想家と同じく、プラトンは実験や観測を軽視し、深く考えたり議論したりすることを好んだ。最終的にプラトンは、神秘的なイデアをめぐる思想にのめり込み、円や立方体のみならず木や帽子など世界のすべては不完全であり、目には見えない完全なイデアのコピーであるという結論に至った。プラトンにとって5つのプラトンの立体は、球や四角錐よりも重要だった。なぜなら、プラトンの立体は三角形からできているからだ。プラトンは三角形を、現在の科学でいえば原子のように、自然を形づくる基本的な構成要素と考えていたのだ。

元素をつくる立体

プラトンは、プラトンの立体を使えば物質の構造を説明できると考えていた。当時の多くの思想家は、万物は土、空気、火、水の四元素で構成されていると信じていた(最初にこの理論を思いついたのはタレスで、彼は万物が水でできていると考えた)。さらには第5の元素を加える論者もいた。月の軌道の向こう側にしかなく、太陽と星のもとになったというエーテルだ。

Column
プラトンの立体はいくつある？

プラトンの立体は正多面体だ。各辺の長さや各面の面積と同じく、すべての角の大きさが等しい。なお平らな部分は面、ふたつの面が交わる部分を辺と呼ぶ。3つ以上の辺が集まる点は頂点だ。プラトンの立体であるための条件は、以下の通りだ。

1. 平らな面を持ち、各頂点で少なくとも3つの面が交わらなければならない。頂点で接する平面の数が3未満の立体を想像できるだろうか。そんな立体はない。

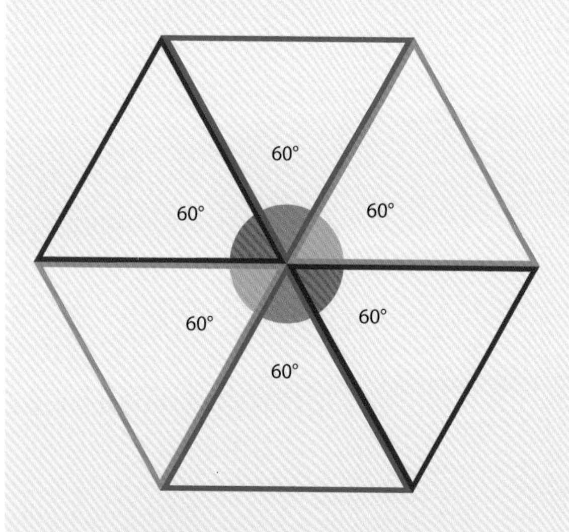

2. すべての頂点について、内角の和、つまりそれぞれの頂点の周りに集まる角の大きさの和を計算することができる。頂点の周りの内角の和の最大値は360°だが、これは面がすべて同一平面上にある場合にしか起こらない。言い換えると、図形全体が平面になる場合だ。上の図は6つの正三角形（3つの辺が同じ長さの三角形）の頂点が同じ平面上の1点で接するとき、その周りの内角の和が6×60°＝360°となることを示している。頂点が立体になれば、この最大値をとることはない。

3. 立体図形の場合、3次元の頂点で交わる三角形を想像する必要がある。頂点の周りの内角の和は必ず360°未満になり、頂点が高くなると内角の和は小さくなる。さらに、プラトンの立体は定義により、接する面はすべて同じ正多角形なので、頂点の周りの内角はそれぞれ120°未満でなければならない。この規則によって、プラトンの立体をつくれそうな多くの正多角形が除外される。たとえば、正六角形の内角は120°なので除外される。6本以上の辺を持つすべての正多角形も除外だ。したがってプラトンの立体は、辺が6本未満の正多角形、つまり正三角形、正方形、正五角形でしかつくれない。

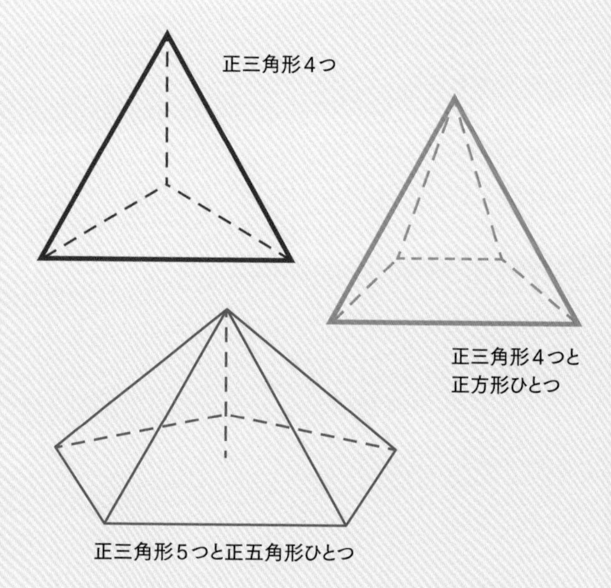

4. 正三角形の内角は60°なので、内角の和を360°未満にするには三角形の角が3つ、4つ、または5つ集まる頂点がつくれる（上の図参照）。この3例からそれぞれ正四面体、正八面体、正二十面体がつくれる。

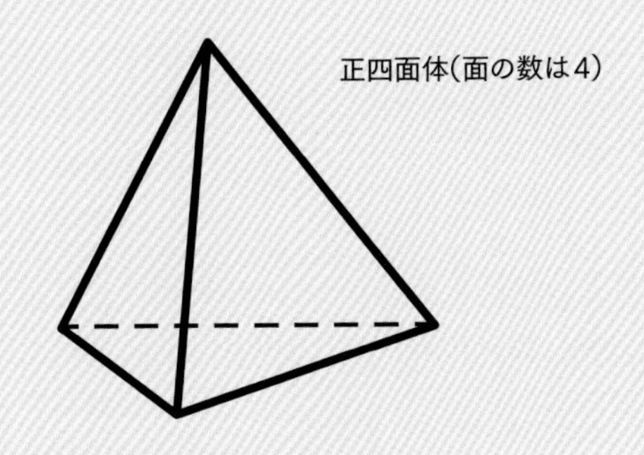
正四面体(面の数は4)

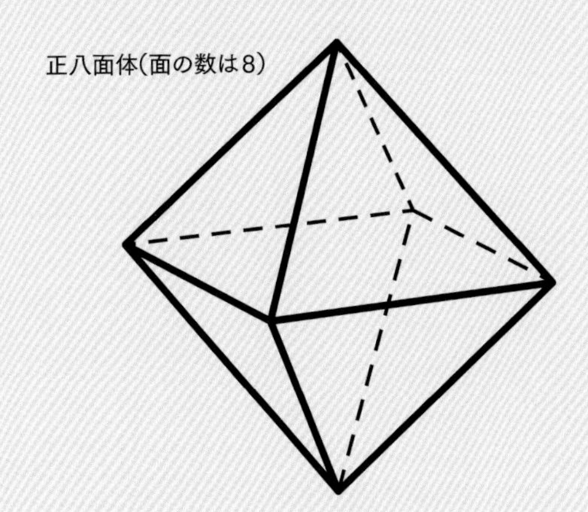
正八面体(面の数は8)

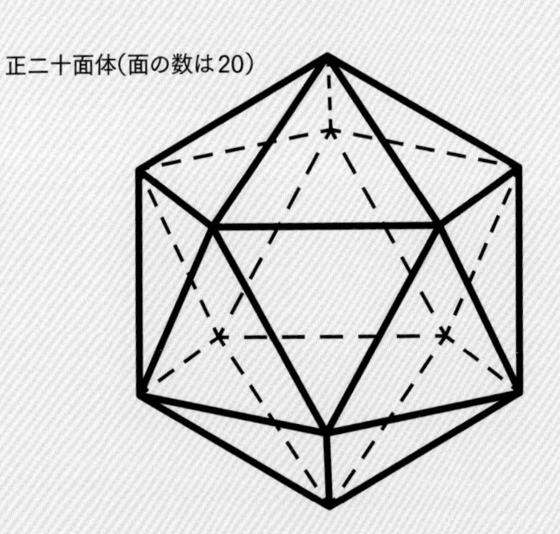
正二十面体(面の数は20)

5. これで三角形からつくれるすべての正多面体を考えた。次は正方形だ。正方形の内角は90°なので、頂点の周りの内角の和が360°未満になるのは、ひとつの頂点に集められる正方形が3つのときだけだ。あと3つの正方形を加えて、立方体ができる。

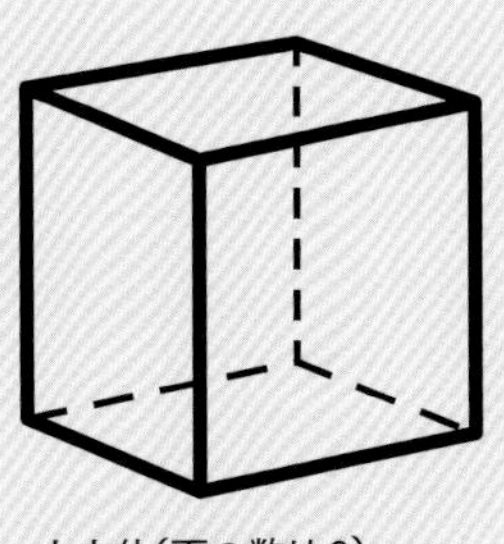
立方体(面の数は6)

6. 正方形からつくれるのは立方体だけなので、最後に残った正多角形である正五角形を考えよう。正五角形の内角は108°なので、こちらも3つの五角形のときだけひとつの頂点に集まることができる。さらに9つの正五角形を加えて正十二面体ができる。

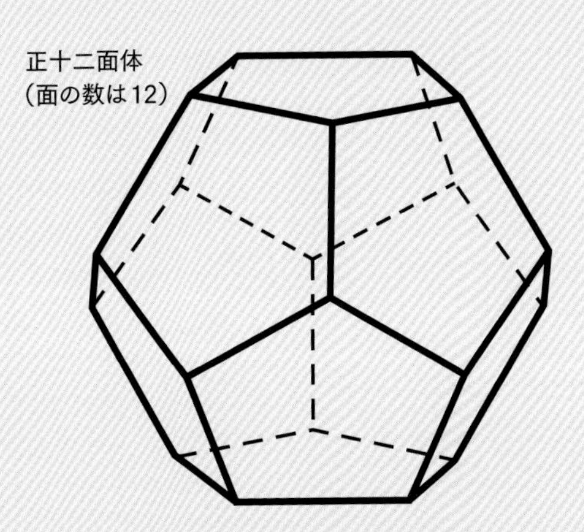
正十二面体
(面の数は12)

7. もう使える正多角形が残っていない。したがって、プラトンの立体は以上5つだけとなる。

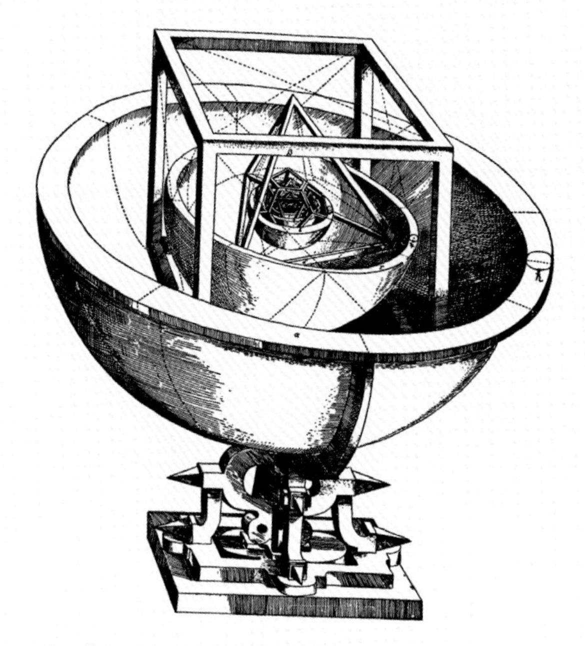

のちに惑星の周回軌道を解明するヨハネス・ケプラーは、外球に収めた5つのプラトンの立体を使って、太陽系の模型をつくろうとした。

プラトンの立体が5種類で、世界を構成する元素も5つ。プラトン（そのほかの古代ギリシャ人たちも）はこのふたつの事実を重ね合わせ、5つの元素の性質をその構成要素の形によって説明しようとした。たとえば土は立方体でできていて、そのためにきっちりすき間なく詰まっている。一方、火は四面体でできており、火に触れると火傷するのは四面体が鋭くとがっていて鋭いからだと考えた。

危険な遺産

テアイテトゥスの証明は、数学的に優れた成果だった。一方のプラトンの理論は、原子の概念を発展させるきっかけになったともいえる。どちらの業績も偉大だが、プラトンの立体の圧倒的な人気は、古代ギリシャ時代のずっと後まで問題の種になった。16世紀でもっとも優れた幾何学者にして天文学者の一人であるヨハネス・ケプラーは、プラトンの立体5つをそれぞれの内側に収めていくことで惑星から太陽までの距離を説明できると信じていた（当時知られていた惑星は5つだけだった）。ケプラーはこの試みを通じてほぼ正しい答えを得たのだが、立体を収める順番は何通りもあるので大ざっぱな値しか得られなかった。そしてほかのほとんどすべての立体でも、同じような答えが出るのだ！

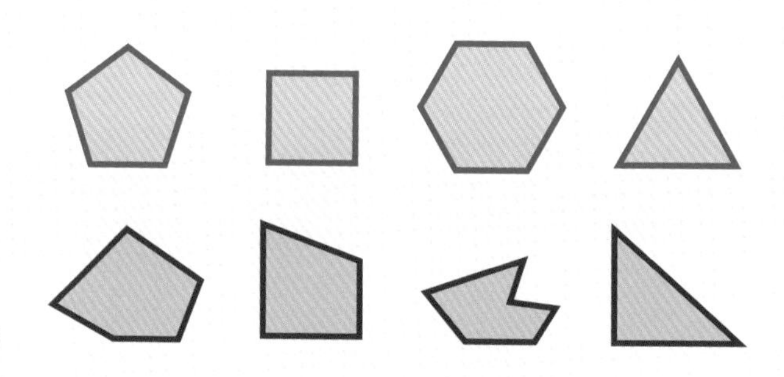

青い多角形は正多角形で、長さが等しい辺が、等しい角度で交わる。赤い多角形は不規則だ。

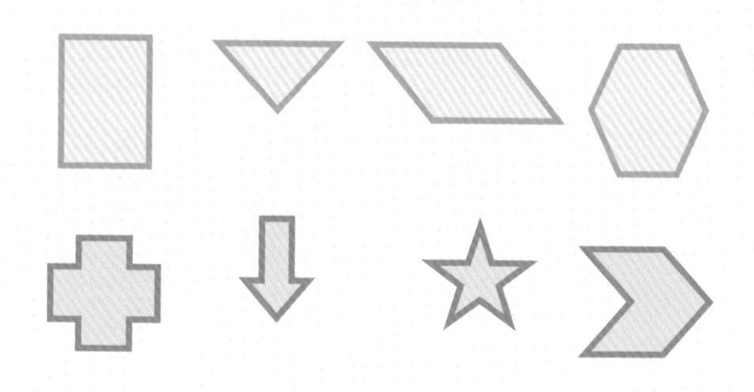

黄色い図形は凸多角形で、内角の大きさはすべて180°以下。緑の図形は凹多角形で、180°を超える大きさの内角を持つ。

正多角形と多面体

プラトンの立体を構成する面は、辺の長さがすべて同じだ。こうした図形は正多角形と呼ばれる。正多角形でない不規則な多角形は、異なる長さの辺を持つ。たとえば辺の長さがすべて等しい正三角形は正多角形だが、直角三角形は正多角形ではない。不規則な多角形には、凸多角形と凹多角形の区別もある。凸多角形は内角がすべて180°以下だ。ある頂点から別の頂点に線を引くと、凸多角形では線が図形からはみ出さない。それに対して、凹多角形は少なくともひとつ、180°を超える大きさの内角を持つ。2種類以上の正多角形を使い、かつすべての頂点に集まる角の和が等しい立体は13個つくれる。これをアルキメデスの立体という（次ページの図参照）。一方、アルキメデスの立体でもプラトンの立体でもない場合、ほかに3つの可能性がある。2個1組の正多角形を長方形でつないだ角柱（プリズム）、ふたつめは反角柱（2個1組の正多角形を三角形でつないだ立体。アンチプリズム）。最後の3つめは、数学者ノーマン・ジョンソンにちなんで名付けられたジョンソンの立体だ。ジョンソンの立体はふたつ以上の種類の正多角形でできていて、頂点の周りの内角の和はさまざまだ。底面が正方形の角錐はジョンソンの立体のひとつだ。ジョンソンの立体は、これまでに全部で91個が報告されている。

Column
図形の仲間分け

多角形の定義を変えると、違う方法で図形の仲間分けができる。たとえば正方形は、4本の等しい辺と4つの直角を持つと定義できる。このうち辺がすべて等しくなければならないという条件を削除すると、長方形の定義になる。さらに角が等しいという条件も削除し、向かい合う辺が平行であるという新しい条件を加えると、平行四辺形になる。ただし長方形の辺の長さはすべて同じであってもよいので、正方形は長方形に含まれる。同じように平行四辺形の4つの角は同じであってもよいため、長方形も平行四辺形に含まれる。右の図は、さまざまな種類の四角形を分類したものだ。角に描かれている小さな正方形は直角を意味する。図形の辺のうち2本（あるいは4本）に同じ印が入っていれば、その2辺（または4辺）が等しいという意味だ。

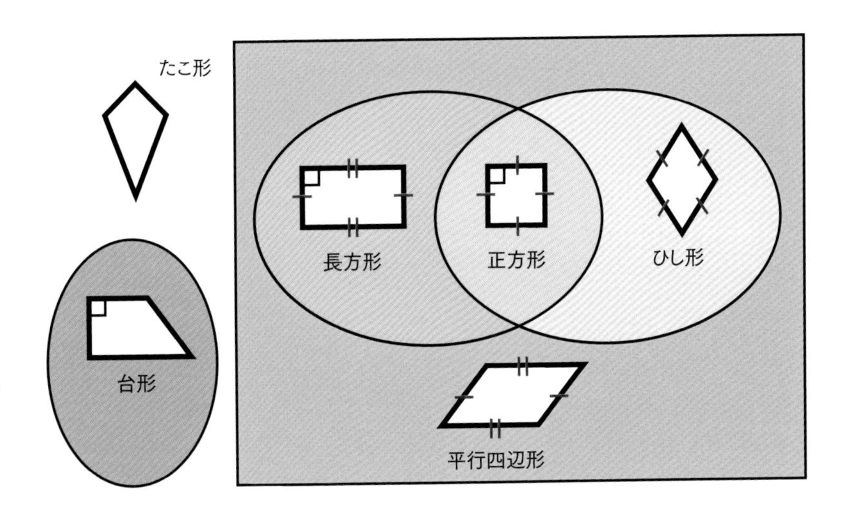

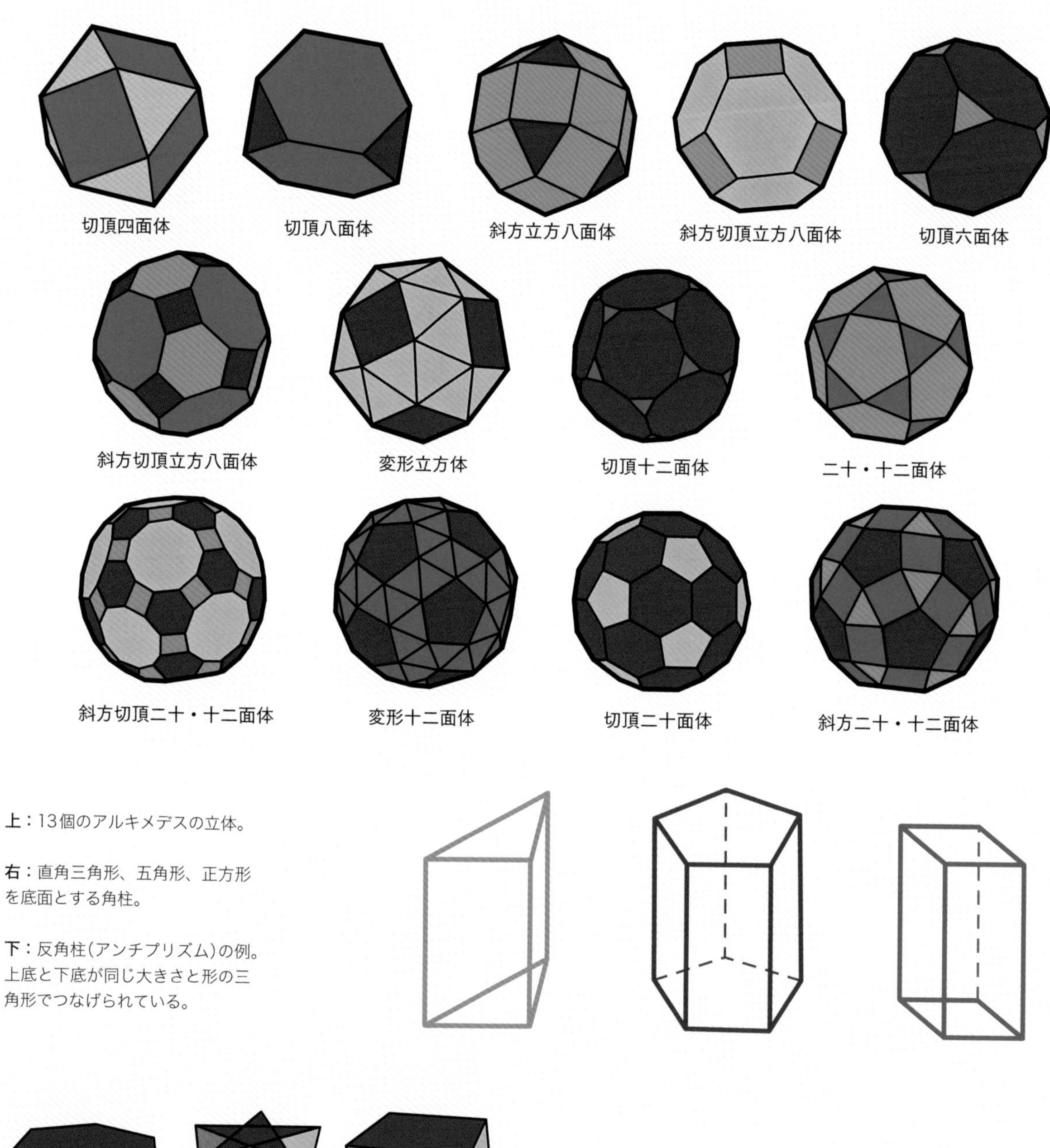

上：13個のアルキメデスの立体。

右：直角三角形、五角形、正方形を底面とする角柱。

下：反角柱（アンチプリズム）の例。上底と下底が同じ大きさと形の三角形でつなげられている。

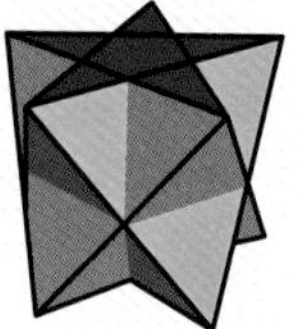

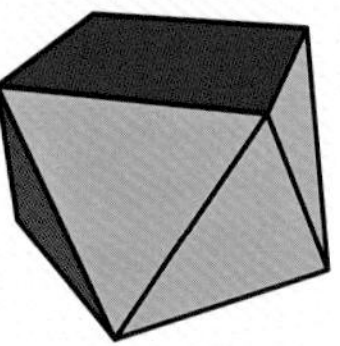

参照：
▶空間を満たす…92ページ
▶結晶…136ページ

Column

「メランコリア」の謎

多面体を扱う作品を発表する芸術家の多くは、おそらくドイツのアルブレヒト・デューラーに影響を受けている。デューラーは自作の多くに多面体を用いただけでなく、新たな多面体として変形立方体（スナブキューブ）を発明した。この多面体を正確に描くのは困難だ。デューラーは多面体の展開図を発明したことでも知られる。展開図は２次元の図形で、切り抜いて折って貼り合わせると３次元の立体をつくれる。たとえば下の図を見ても変形立方体の正確な形はわからない。しかし、デューラーが残した展開図のおかげで、彼がどんな立体を思い描いていたかがわかる。さて、デューラーは1514年に「メランコリア」と題した奇妙な銅版画を制作した。そこには、正確な形がわからないように描かれた多面体が描かれている。何百年ものあいだ、この多面体が何なのか、何を意味するのかについて議論が続いてきた。おそらくこの謎を謎のままにするために、デューラーはこの立体の展開図を残さなかったのだろう。

上：アルブレヒト・デューラー作「メランコリア」には、謎の多面体だけでなく、魔方陣などの数学的モチーフが描かれている。

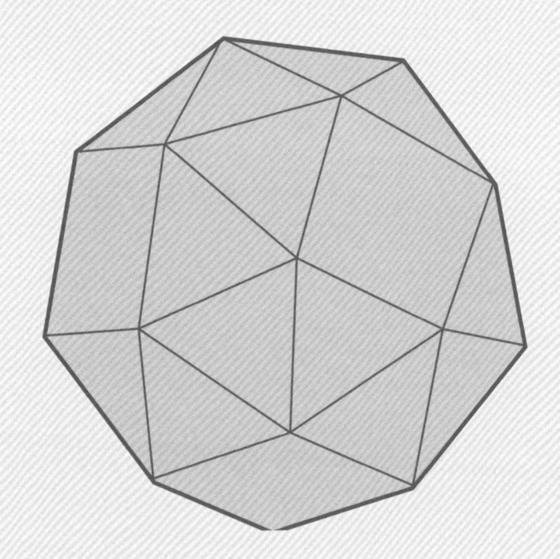

デューラーによって示された変形立方体（スナブキューブ）は、アルキメデスの立体のひとつだ。

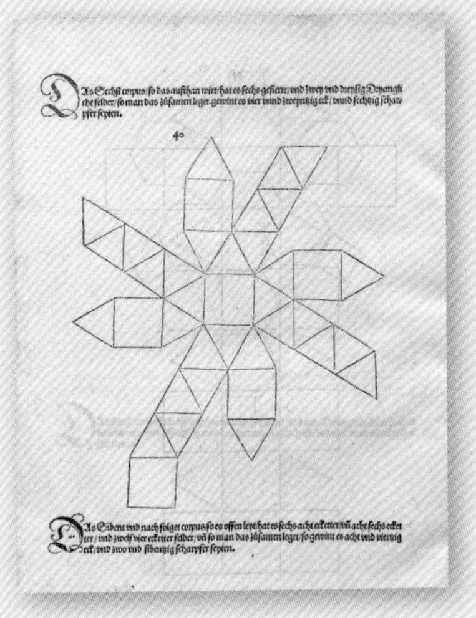

DAs Sechst corpus/so das aufthan wirt/hat es sechs gefierte/vnd zwey vnd dreyssig Dryangkliche felder/so man das zůsamen leget/gewint es vier vnd zweyntzig eck/vnnd sechtzig scharpffer seyten.

40

DAs Sibent vnd nach folget corpus/so es offen leyt/hat es sechs acht ecketter/vñ acht sechs ecketter/vnd zwelf vier ecketter felder/vñ so man das zůsamen leget/so gewint es acht vnd viertzig eck/vnd zwo vnd sibentzig scharpffer seyten.

左：デューラーが描いた変形立方体（スナブキューブ）の展開図。

円錐の秘密
Secrets of the Cone

ふたつの円錐を先端と先端で接して配置し、平面で切断すると、その切断面は切断される角度によって４つの図形のいずれかになる。底面に水平に切断すれば円、少し傾けて切断すると楕円、母線（側面に沿った線分）と平行に切断すると放物線、母線と平行ではない平面で切断すると双曲線になる。双曲線がふたつの図形の組になるのは、切断面がどちらの円錐も通るからだ。

円錐は古代の美術品や工芸品によく見られる。上は古代エジプトの花瓶。下は粘土製の円錐に聖句を刻んだシュメールの神への奉納品。

これらの図形は円錐断面と呼ばれ、数学の黎明期においてプラトンの立体と同じくらい関心を集めた。その後、代数学など数学のほかの領域が発展するにつれて、円錐曲線の重要性も高まっていった。

円錐の頂点で

円錐断面について最初に研究したのは紀元前350年ごろの数学者メナエクムスだ。彼に関する確たる情報

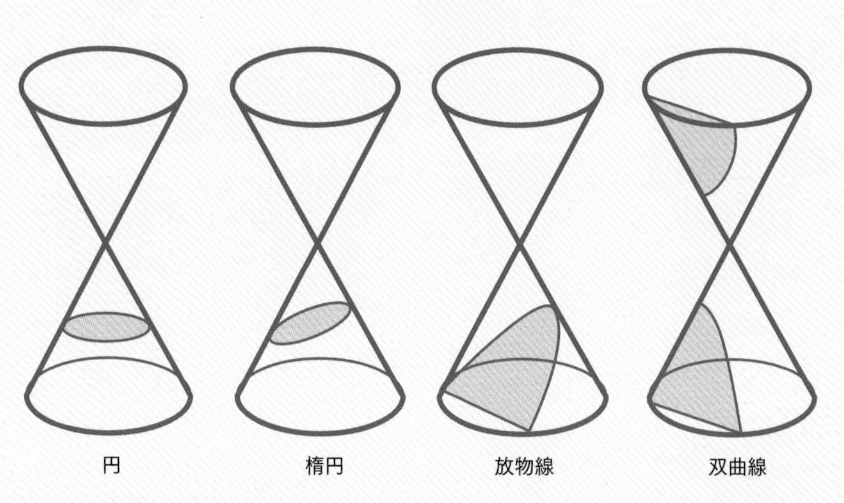

Column
新しい道具

20世紀半ばにコンピューターによる描画ソフトができるまで、楕円を描くのは簡単なことではなかった。そのため1650年代には、オランダの数学者フラン・ファン・シューテンが、仲間たちの毎日がもっと楽になるように工夫を始めた。彼は2本のピンとひもを使って楕円を描く方法を発明したが、放物線または双曲線を描く簡単な方法は発見できなかった。 その代わり、彼はヒンジ付きの棒をもとに、放物線（左下）と双曲線（右下）を描く道具をつくりあげた。さらに、楕円（中央下）を描く道具もつくった。

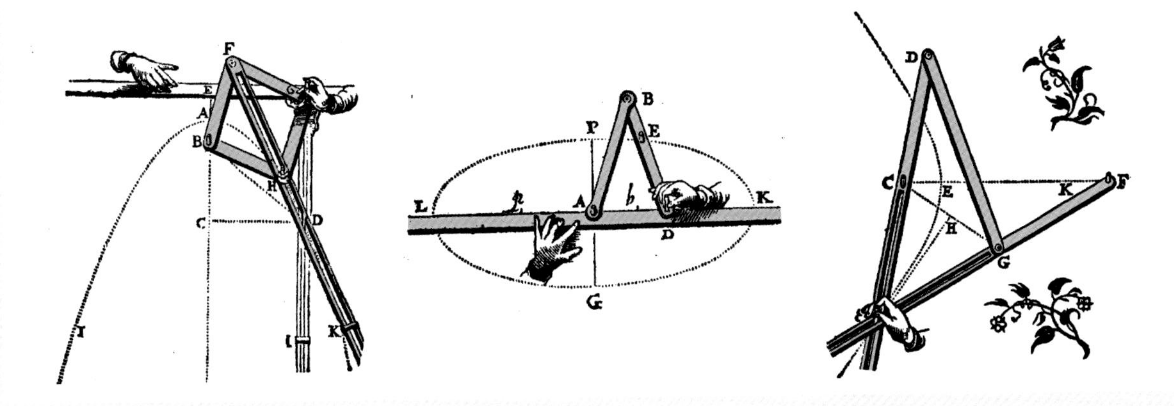

はほとんどないが、何人かが書き残したところではアレクサンドロス大王の家庭教師だったという。アレクサンドロスから、幾何学を短時間で簡単に習得する方法をたずねられたメナエクムスは「王よ、国の中を移動するには王のための道と一般市民のための道がありますが、幾何学には万人のためのひとつの道しかないのです！」と応えたという。

アポロニウス

メナエクムスの著作はすべて失われているので、彼が円錐曲線について何を発見したかはほとんどわからない。この問題について、8巻に及ぶ優れた著作を残したのはベルガのアポロニウスだ。メナエクムスの約1世紀後の人物である。古代ギリシャの人物の中ではめずらしいことに、アポロニウスは短い自伝を書き残したため、彼についてはかなりのことが知られている。自伝によれば彼は、しばらく研究仲間として共にすごした幾何学者のナウクラテスから依頼されて本を書いたという。アポロニウスは、ナウクラテスが去る前に全8巻をなんとか完成させた。しかし急いで書いたために、アポロニウスは本の細部を確認する時間がないと気に病んだらしい。

楕円

すべての惑星とほとんどの彗星は、太陽のまわりの楕円軌道上を周回し、惑星の衛星もすべて楕円軌道上を周回している（17世紀、ヨハネス・ケプラーが発見した）。これらの楕円は、円にかなり近いものから

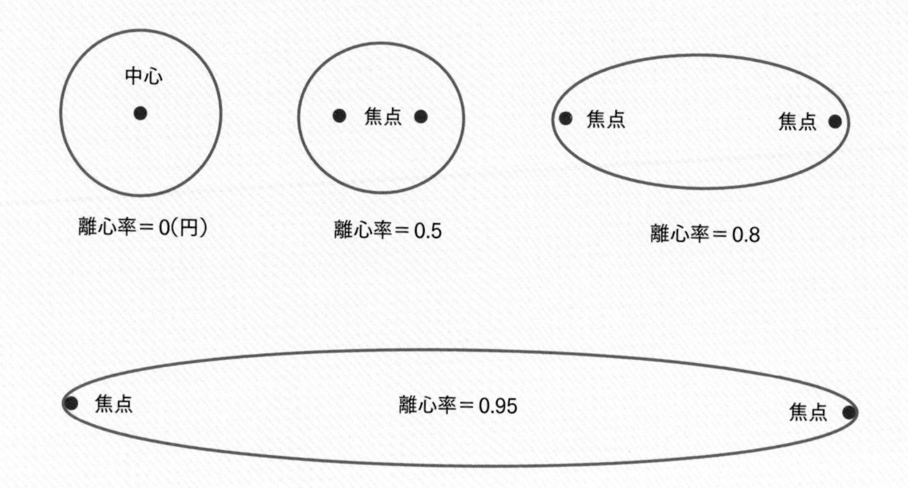

楕円が平らであるほど、その離心率は高くなる。赤い点が焦点で、楕円の離心率が高いほど、焦点どうしの距離が離れる。

非常に扁平なものまでさまざまだ。楕円の形は離心率でわかる（上の図参照）。楕円は、板に立てた2本のピンにひもを結び､鉛筆でひもを引っ張りながら描く。ピンの位置が楕円の焦点だ。衛星が地球を周回するときは､常に地球を焦点のひとつにした楕円軌道をとる。これと同じことは、小さな物体がはるかに大きな物体のまわりを周回する場合に成り立つ。すべての楕円軌道は少なくともひとつの焦点を持つ。軌道が円であれば、焦点は中心点だけだ。

頂点と準線

円と楕円が有限の領域を囲む閉じた形で、それぞれ決まった長さの曲線で構成されているのに対して、放物線と双曲線は無限の空間を分ける無限の長さの曲線だ。放物線は空間をふたつに分け、双曲線は空間を3つの領域に分ける。放物線と双曲線はどちらも焦点を持つが､曲線をひとつに定めるには別の要素も必要だ。それが下の図に示した「準線」と呼ばれる直線と、準線にもっとも近い曲線上の点である「頂点」だ。

準線
頂点
焦点

放物線を定める3つの変数または測定点は焦点、頂点、準線だ。

楕円

3
2
焦点
中心
準線

楕円上のすべての点が、準線より焦点に近い。図の例では、その距離の比は２：３だ。

放物線

焦点
1
1
準線

放物線上のすべての点で、焦点と準線までの距離が等しい。

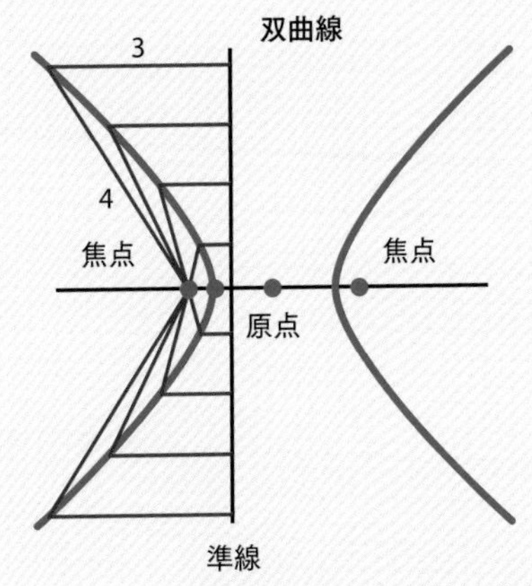

双曲線上のすべての点が、焦点より準線に近い。図の例では、その距離の比は４：３だ。

円錐はいらない

円錐断面は興味深く、役にも立つ。だが曲線を得るために、ふたつ連なった円錐を切断するのは面倒だし、奇妙にも思える。幸い、準線と焦点を使えば、円錐を切断しなくても円錐断面を描くことができる。焦点までの距離と準線までの距離が一定になる点でできた線を引けばいいのだ。焦点までの距離を準線までの距離よりも短くすると、楕円が描ける。同じように、ふたつの距離が等しければ放物線、準線により近ければ双曲線になる。簡単とは言えないが、手作業で描けるのだ。

宇宙に描く軌跡

天文学者にとって、放物線は楕円と同じくらい興味深いものだ。小さな物体が、ほかの大きな物体のそばを（楕円形の）軌道に乗ることなく通過した場合、大きな物体の重力によって小さな物体の軌跡は放物線を描く。また望遠鏡の反射鏡は、横から見ると放物線になっている。衛星放送の受信アンテナや電波望遠鏡でよく見る形だ。放物線状に曲がった円盤は、遠くの物体が発する光（またはほかの種類の波）を焦点に向かって反射する。言い換えれば、放射線状の円盤は光の焦点を合わせる。生成された反射像をとらえるには、光を検出できる機器（たとえば、カメラや目）を焦点の位置に置けばよい。

弾道

弾丸や大砲の砲弾は、空中を放物線を描いて移動する。といっても完全な放物線ではない。空気抵抗のために発射された物体が後ろに引っ張られ、放物線が少し縮むからだ。空気がない月面では、物体が軌道に乗るほどのスピードでない限り、正確な放物線の軌跡をたどる。軌道に乗れば楕円または円形軌道を描くことになる。これを解明したのはアイザック・ニュートンだ。彼のもっとも有名な著作『プリンキピア』には、大砲からさまざまな速度で発砲する砲弾の実験が記されている。

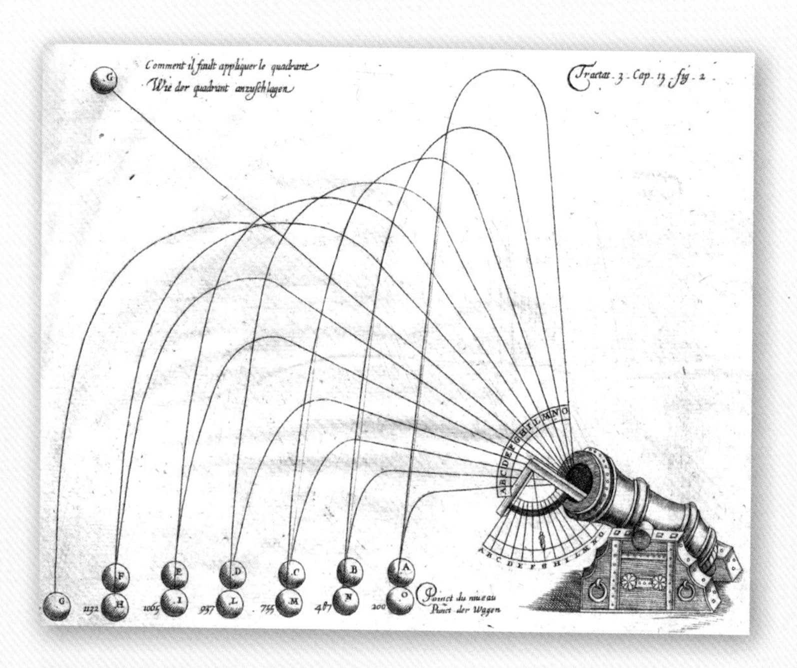

砲弾は直線状に飛ぶという古い学説(上)は、軌跡が曲がって飛ぶという正しい学説に取って代わった(下)。ガリレオのこの発見は、大砲の照準を定める技術の改良に使われた。

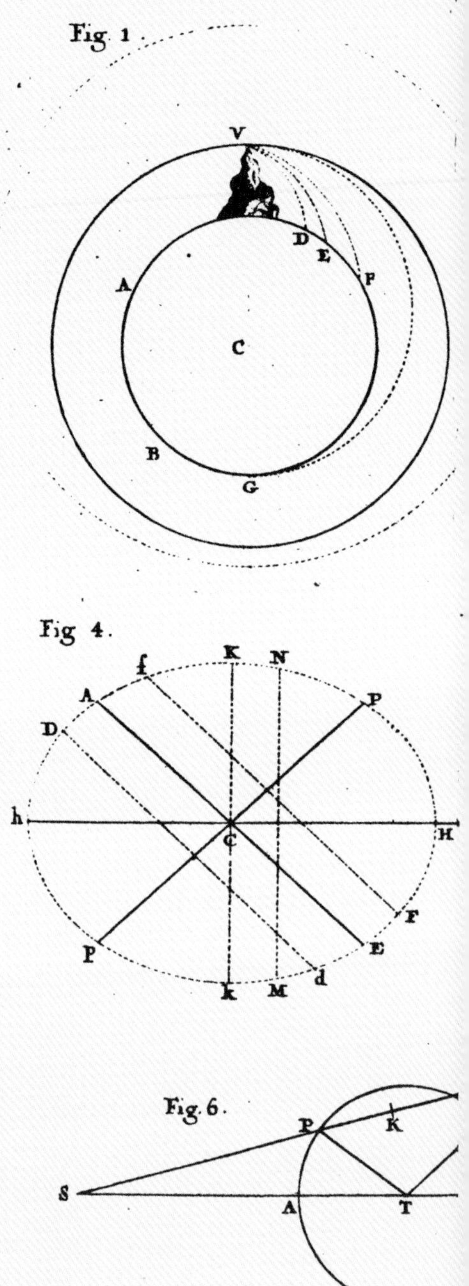

ニュートンは、重力と運動に関する1687年の著作『プリンキピア』の裏表紙を、ニュートンの大砲(上)と、飛行する物体の楕円と放物線の軌道を示した図で埋め尽くした。

Column
われらが楕円体の故郷

円を3次元にすると球になるのと同じく、楕円を3次元にした図形には、楕円体と回転楕円体がある。また楕円にもいろいろな形があるように、回転楕円体にもいろいろな形がある。大きく分けると、扁長型と扁平型だ。

扁平楕円体は、短軸を軸にして楕円を回転させてできる立体だ。たとえばオレンジの形や地球の形などである。地球の重力は、自身が球形になるように引っ張っているが、自転による遠心力のために赤道のところでふくらんだ形が保たれている。この効果は、重りを付けたひもをぐるぐる回して回転の速度を上げていくと、重りがどんどん上昇していくのと同じだ。アイススケート場で、その場で回転したとき、腕が外側に引っ張られるのも同じ効果だ。また木星は、われわれが知る中でもっとも扁平な惑星だ。北極と南極間の距離より、幅は約7%広い。一方、長軸を軸にして楕円を回転させると、扁長楕円体ができる。ラグビーのボール、鶏の卵、マンゴーやキウイのなど果物はこの形をしている。

完璧な球体は自然界では稀な存在だ。ほとんどの球体は実際には楕円体で、扁長(上)または地球のように扁平であり、中央で膨らみ、極で平らになっている。

大砲の照準を定める

ニュートンの研究に先立つこと数十年の1590年代に、イタリアの科学者ガリレオ・ガリレイが、地球上で発射された物体は、空気抵抗がなければ放物線を描いて飛ぶことをすでに解明していた。放物線の性質がすでにわかっていたことは、ガリレオの研究にとても役に立った。というのも、物体の運動を解析する数学のツールはまだ発明されていなかったからだ（のちにそれを開発したのはニュートンである)。ガリレオの発見は、当時ほとんどの科学者がまだ受け入れていた古代ギリシャ人たちの学説を打ち破った。その学説とは、発射された物体は、物体を撃ち出した力を使い果たすまで直線状に飛び、その後まっすぐ落下するというものだ。この問題は、遠くの標的を大砲で攻撃するのに役立つ点で重要だった。一方、双曲線は自然界でありふれているわけではないものの、高速で飛ぶ一部の彗星は太陽のまわりで双曲線の軌跡を描く。

参照：
▶円と球…14ページ
▶幾何学＋代数学…98ページ

ユークリッドの革命
Euclid's Revolution

アレクサンドリアのユークリッドは、紀元前4世紀から3世紀ごろの人物だと考えられている。

幾何学の歴史上、ユークリッド以上に重要な人物は存在しない。ユークリッドがいなければ幾何学は存在しなかったかもしれない。多くの古代ギリシャの人物と同じく、ユークリッドについてわかっていることはほとんどないが、彼の偉大な著作『原論』は残っている。『原論』は、歴史上もっとも重要な本のひとつだ。ほぼ2000年にわたって、学校に通う子どもたちも学者たちも同じように、ユークリッドの『原論』を使って数学を学んできた。

『原論』が重要なのは、ふたつの理由による。まず、ユークリッドの時代までに知られていた幾何学の知識をほぼすべて集めていること。本には465個の定理と作図が載っている。それによってユークリッドは数学の役割を明確にした。彼は単に定理を紹介するのではなく、それらすべてを証明したのだ。彼は証明を非常に確かなものという意味で用いた。たとえばいくつかの三角形の内角を測り、内角の和がすべて180°だったとする。しかしすべての三角形にそれが当てはまると結論づけることはしなかった。翌日に賢明な数学者が内角270°の三角形を見つけないなどとどうして言えるだろうか？　実はこの種の危惧が実際18世紀に持ち上がった（130ページ参照）。

数学の礎

現代の道具を用いたとしても、完全な三角形を描くことはできない。ユークリッドの時代は図を砂の上に描くのがふつうだったため、ほとんどの三角形は完全とはほど遠く、正確な角度も測れなかった。『原論』が重要であるふたつめの理由、そしてユークリッドが天才といわれるゆえんは、公理（ユークリッドは仮定と呼んだ）という発想を持ち込んだことにある。公理は多くの定理が前提とする根本命題だ。ユークリッドは公理をたった5つだけ示した。4つはあまりに明白で、説明する価値もないように見える。1）任意のふたつの点があれば、2点間に直線を描くことができる。

BOOK I. PROP. XV. THEOR. 15

F *two right lines* (—— *and* ——) *interfect one another, the vertical an-gles*  *and* , *and* *are equal.*

In the fame manner it may be fhown that

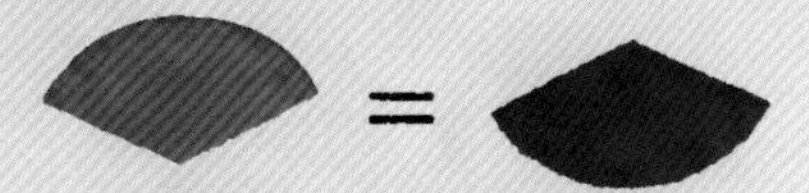

Q. E. D.

Column
定理

定理は証明された命題を指す。ギリシャ時代以前、誰も数学の命題を証明しようなどとは考えなかった。ギリシャ人たちが証明の重要性を認めたのはユークリッド以降だ。すべての定理を証明しなければならないというユークリッドの取り決めは、当時は斬新だった。しかし現在の数学と科学の各分野では、この考えがすべての基礎になっている。

1847年、『原論』の図版をカラーにしたものが刊行された。このページに示したのは、ユークリッドによる比較的単純な証明のひとつ。

Column
作図

ユークリッドは、作図をするときにコンパスと直線定規しか使わなかった。彼がこのふたつの道具のみに限定したのは、古代ギリシャのすべての数学者がこのふたつだけを使っており、道具が正しく作られているかどうかを検証しやすかったからだ。当時の数学者たちは数に頼るのを嫌っていたので、直線定規の縁には現代の定規のような目盛りの数字はなかったはずだ。ユークリッドの時代の数世紀前、ピタゴラス（または彼の弟子のひとり）は、書きつくしたり、定規に印を付けたり、分数にしたりして表すことのできない「無理数」を見つけた。そのひとつが2の平方根だ。この数は1.41421356とほぼ等しいが、小数で正確に表すことはできない。正確な値は誰も知らないし、この先も特定されることはない。数学者が無理数を扱う方法を知る何世紀も前の話だ。

ユークリッドが示した、角を2等分する作図法。

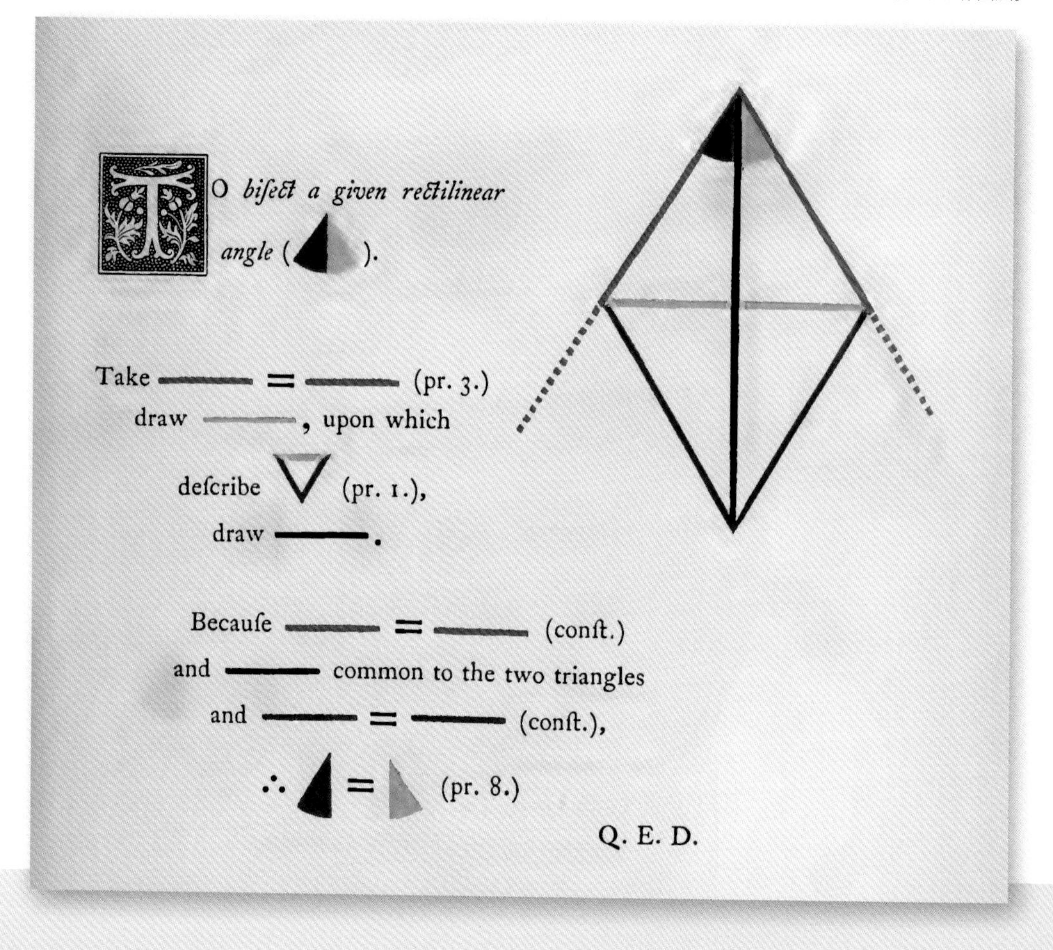

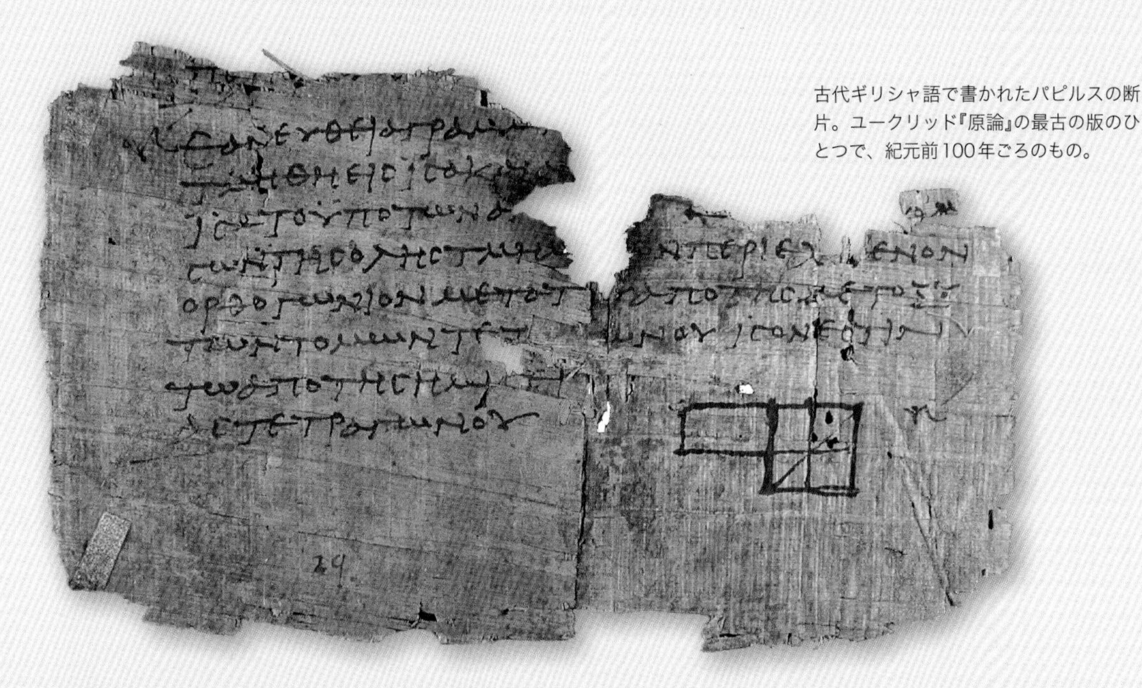

古代ギリシャ語で書かれたパピルスの断片。ユークリッド『原論』の最古の版のひとつで、紀元前100年ごろのもの。

2）どんな直線も、好きなだけ伸ばすことができる。3）いかなる場所を中心とし、いかなる半径であっても、円を描くことができる。4）すべての直角は等しい。

ゲームのルール

ユークリッドを悩ませたもののひとつは、「とにかく信じない」から始まる議論だった。たとえばエラトステネスを考えてみよう。彼は自分の理論に、太陽まで届く大きさの図形を利用した（50ページ参照）。「幾何学がそのように使えるなど信じない。太陽に届くような直線はないのだから、あなたの結論には同意しない」と誰かが言ったとしよう。ユークリッドはこう答える。「どんな直線も好きなだけ延ばすことができるというわたしの公理を受け入れるなら、この結論もまた受け入れなければならない。公理を受け入れるかどうかはあなた次第だが、わたしはそれを証明するつもりはない。いずれにせよ、議論すべきことは何もない」。つまり、公理は幾何学というゲームのルールのようなものだ。ユークリッドのゲームをプレイすれば、多くのことが学べるだろう。ただしそれは、公理というルールを受け入れた場合のみだ。公理についてもうひとつ重要なのは、いくつかの明確な定義と公理のみが必要だということだ。もっとも複雑な証明でさえ、定義

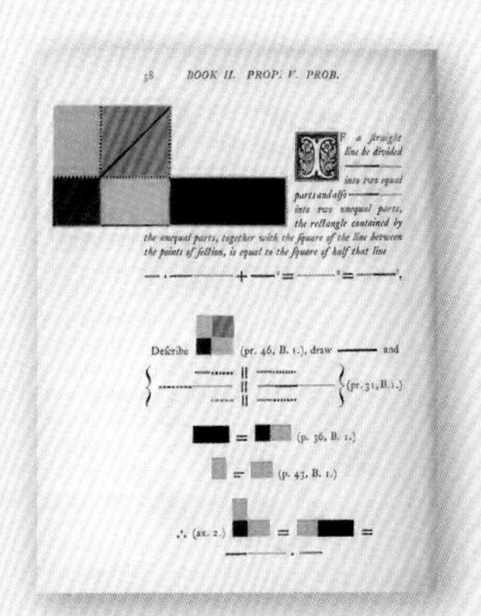

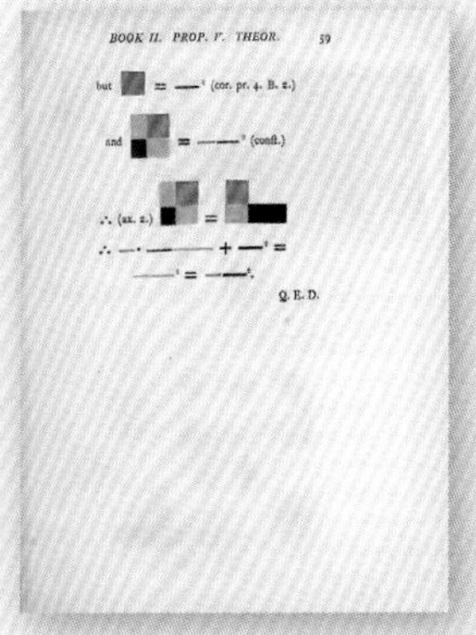

上のパピルスの断片に書かれた証明の完全なもの。

と公理だけに基づき、小さな段階に分けて各段階を慎重に論理的に検証しながら進めることが可能だ。つまり、複雑な証明も公理と同じくらい確実なのだ。

完璧とは限らない

ユークリッドのおかげで世界がよりよくなったことは間違いない。だが、『原論』が及ぼした巨大な影響には問題が3つある。最初のそしてもっともささいな問題は、いくつかの誤りが含まれていることだ。しかし、これは悪いことばかりではない。偉大なるユークリッドでさえ間違うのだから、ほかの人間であればどれだけ注意深くなければならないかがわかるからだ。それに、ユークリッド自身による公理と方法を使って誤りを証明できるという事実自体が、それらの方法がどれほど強力であるかを示している。結局、誰が言うことも信じなくていいし、誰の名声や才能を気にかける必要もなく、信じるべきは証明だけなのだ。2つめの問題は、ユークリッドの証明の一部が必要以上に複雑に入り組んでいるのに対し、明確な説明が足りない証明もあることだ。これでは『原論』を教材として使うのが難しくなる。現代人が『原論』で幾何学を学ばない主な理由もここにある（今日、幾何学を学習するもっとも簡単な方法は、YouTubeのような動画サービスを使うことだ。証明を理解するには、図が連続的に変形していく動画を見るのが一番わかりやすいからだ)。

最大の問題

『原論』が抱える問題の中で、3つめがもっとも重大なものだ。ユークリッドの5番目の公理は、ほかのものほど明白ではない。この公理を表す言い回しはいくつかあるが、比較的単純な表現によると「ある直線に対して、それに平行な直線は1種類だけである」。これはかなり明白で、合理的な公理であるように思える。定規で直線を引き、できる限り平行になるように別の線を引く。ほかに何本でも同じように平行な直線を引くことはできるが、それらもすべて互いに平行になる。つまり、それらはすべて同じ種類の直線といえる。これらの直線のどれとも平行ではないが、もとの直線に平行な線を引けといわれても困るだろう。とはいえ、この5番目の公理は「すべての三角形の内角の

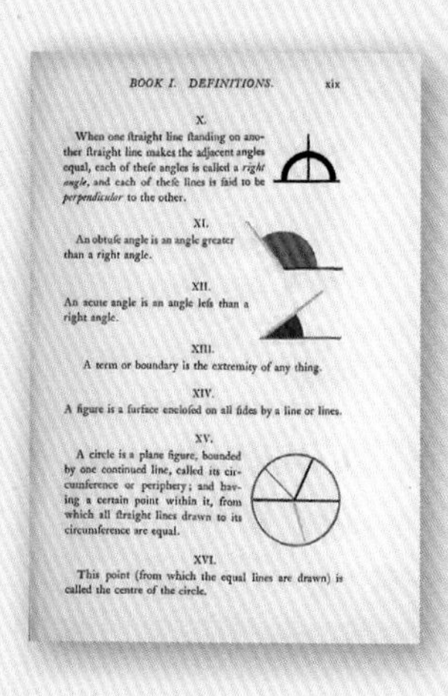

BOOK I. DEFINITIONS. xix

X.

When one ſtraight line ſtanding on another ſtraight line makes the adjacent angles equal, each of theſe angles is called a *right angle*, and each of theſe lines is ſaid to be *perpendicular* to the other.

XI.

An obtuſe angle is an angle greater than a right angle.

XII.

An acute angle is an angle leſs than a right angle.

XIII.

A term or boundary is the extremity of any thing.

XIV.

A figure is a ſurface encloſed on all ſides by a line or lines.

XV.

A circle is a plane figure, bounded by one continued line, called its circumference or periphery; and having a certain point within it, from which all ſtraight lines drawn to its circumference are equal.

XVI.

This point (from which the equal lines are drawn) is called the centre of the circle.

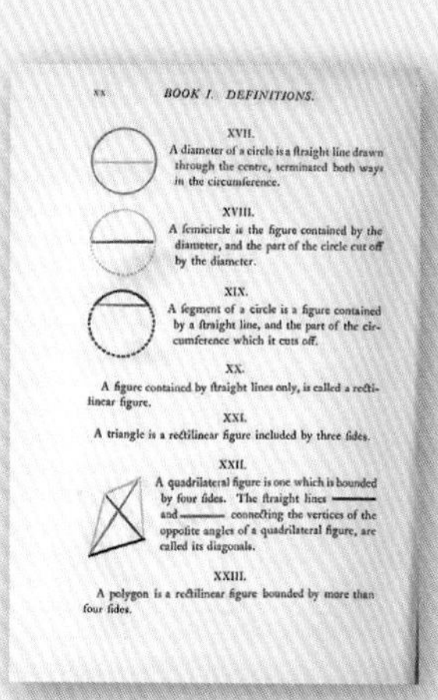

xx BOOK I. DEFINITIONS.

XVII.

A diameter of a circle is a ſtraight line drawn through the centre, terminated both ways in the circumference.

XVIII.

A ſemicircle is the figure contained by the diameter, and the part of the circle cut off by the diameter.

XIX.

A ſegment of a circle is a figure contained by a ſtraight line, and the part of the circumference which it cuts off.

XX.

A figure contained by ſtraight lines only, is called a rectilinear figure.

XXI.

A triangle is a rectilinear figure included by three ſides.

XXII.

A quadrilateral figure is one which is bounded by four ſides. The ſtraight lines ——— and ——— connecting the vertices of the oppoſite angles of a quadrilateral figure, are called its diagonals.

XXIII.

A polygon is a rectilinear figure bounded by more than four ſides.

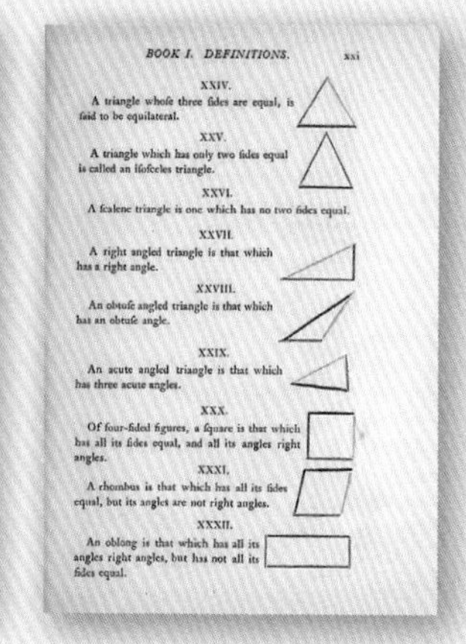

BOOK I. DEFINITIONS. xxi

XXIV.

A triangle whoſe three ſides are equal, is ſaid to be equilateral.

XXV.

A triangle which has only two ſides equal is called an iſoſceles triangle.

XXVI.

A ſcalene triangle is one which has no two ſides equal.

XXVII.

A right angled triangle is that which has a right angle.

XXVIII.

An obtuſe angled triangle is that which has an obtuſe angle.

XXIX.

An acute angled triangle is that which has three acute angles.

XXX.

Of four-ſided figures, a ſquare is that which has all its ſides equal, and all its angles right angles.

XXXI.

A rhombus is that which has all its ſides equal, but its angles are not right angles.

XXXII.

An oblong is that which has all its angles right angles, but has not all its ſides equal.

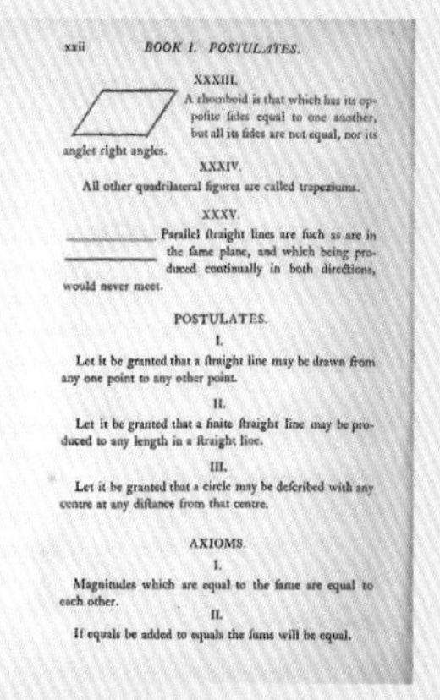

xxii BOOK I. POSTULATES.

XXXIII.

A rhomboid is that which has its oppoſite ſides equal to one another, but all its ſides are not equal, nor its angles right angles.

XXXIV.

All other quadrilateral figures are called trapeziums.

XXXV.

Parallel ſtraight lines are ſuch as are in the ſame plane, and which being produced continually in both directions, would never meet.

POSTULATES.

I.

Let it be granted that a ſtraight line may be drawn from any one point to any other point.

II.

Let it be granted that a finite ſtraight line may be produced to any length in a ſtraight line.

III.

Let it be granted that a circle may be deſcribed with any centre at any diſtance from that centre.

AXIOMS.

I.

Magnitudes which are equal to the ſame are equal to each other.

II.

If equals be added to equals the ſums will be equal.

和は180°である」という命題と同じことを言っている。内角の和が180°を超える三角形がいままで発見されなかったからといって、そのような三角形が存在しないと証明されたわけではない。この三角形に関する命題は、証明する必要がある定理であって、公理ではない。この5番目の公理に、ほかの公理ほどの完成度がなかったことは、ユークリッド自身ショックだったらしく、彼もまたほかの多くの人々も、この公理をほかの4つの公理を用いて証明しようとした。しかし誰にも達成できなかった。実はこれにはもっともな理由がある（68ページでくわしく説明しよう）。

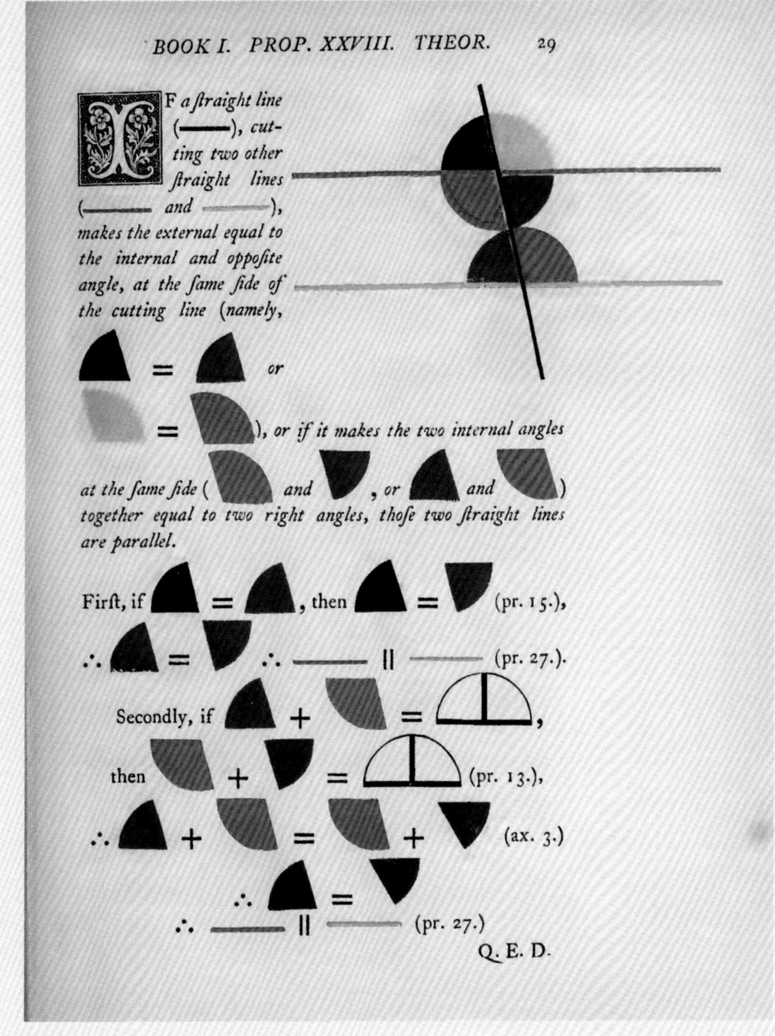
BOOK I. PROP. XXVIII. THEOR. 29

If a ſtraight line (——), cutting two other ſtraight lines (—— and ——), makes the external equal to the internal and oppoſite angle, at the ſame ſide of the cutting line (namely, = or =), or if it makes the two internal angles at the ſame ſide (and , or and) together equal to two right angles, thoſe two ſtraight lines are parallel.

Firſt, if = , then = (pr. 15.),

∴ = ∴ —— ‖ —— (pr. 27.).

Secondly, if + = ,

then + = (pr. 13.),

∴ + = + (ax. 3.)

∴ =

∴ —— ‖ —— (pr. 27.)

Q. E. D.

ユークリッド自身は平行線公理を証明できなかったが、考案されてから2200年後、この公理は幾何学に革命をもたらすことになる。

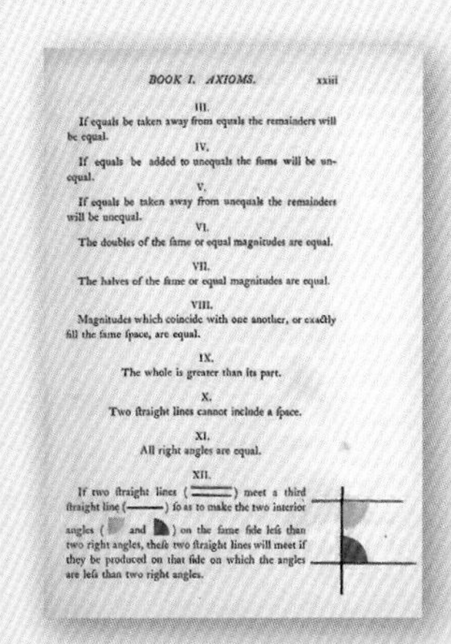
BOOK I. AXIOMS. xxiii

III.
If equals be taken away from equals the remainders will be equal.

IV.
If equals be added to unequals the ſums will be unequal.

V.
If equals be taken away from unequals the remainders will be unequal.

VI.
The doubles of the ſame or equal magnitudes are equal.

VII.
The halves of the ſame or equal magnitudes are equal.

VIII.
Magnitudes which coincide with one another, or exactly fill the ſame ſpace, are equal.

IX.
The whole is greater than its part.

X.
Two ſtraight lines cannot include a ſpace.

XI.
All right angles are equal.

XII.
If two ſtraight lines (══) meet a third ſtraight line (——) ſo as to make the two interior angles (and) on the ſame ſide leſs than two right angles, theſe two ſtraight lines will meet if they be produced on that ſide on which the angles are leſs than two right angles.

ユークリッドの『原論』冒頭には、5つの公理に基づく数十の定義が書かれている。

参照：
▶三角形と三角法
…56ページ
▶非ユークリッド幾何学
…130ページ

エラトステネス、地球を測る
Eratosthenes Measures the Earth

エラトスネスの発想は、同時代の人々よりはるかに進んでいた。彼は地理学の創始者で、地球全体の研究を進め、最初期の世界地図を描いた。世界の真実を突き止めるため数を用いた点でも、群を抜いていた。エラトステネスは、彼以前の人々と異なり、過去を正確な日付に基づいて記述した。その点で歴史学を発展させようとした最初の人物でもある。さらに地球の大きさも数によって明らかにしようとした。

地球の大きさはエラトステネス自身の大きさの数兆倍にも達するため、直接測るという方法ではどうにもうまくいかなかった。だいたい、地球のほとんどの場所がどんなところか、地球が丸いのかどうかすら誰もわからなかった紀元前250年当時のことだ。世界の端に至った旅人はそこから落っこちると考えている人もいたくらいだ（1799年、ある探検隊が地球一周の4分の1を踏破した）。

幾何学を使う

エラトステネスはとても単純で、かつ巧妙な方法を思いついた。この方法ではまず前提として太陽までの距離があまりに遠く無限大に近いとみなす。次に、数百キロメートル離れたふたつの場所で同時に測定する必要がある。当時このような長距離間で情報を伝達するには、もっとも速い手段でも数日かかっていた。しかしエラトステネスは、エジプト北部にある自宅からどこにも移動せずに地球の周の長さを計算したのだ。

太陽の位置

エラトステネスは、地球上で正午に太陽が真上に来る場所を探す方法を知っていた。井戸を見下ろすというのがその方法だ。太陽が真上にあるときだけ、のぞき込んだ頭の影が井戸に落ちる。空のもっとも明るい部分がその周りに映るから、反射像が見やすい。その井戸の真北あるいは真南であれば、どこでもそのとき正午になる。

ふたつの都市

エラトステネスは、シレーネの町（現在のエジプト南部にある都市アスワン）の井戸で、夏至の日にその現象が起こることも知っていた。彼自身はアレクサンドリアの家から出ず、シレーネまでラクダの隊列で向かった商人にシレーネまでの

熱帯地方より北または南では、太陽光が井戸にまっすぐ入ることはない。

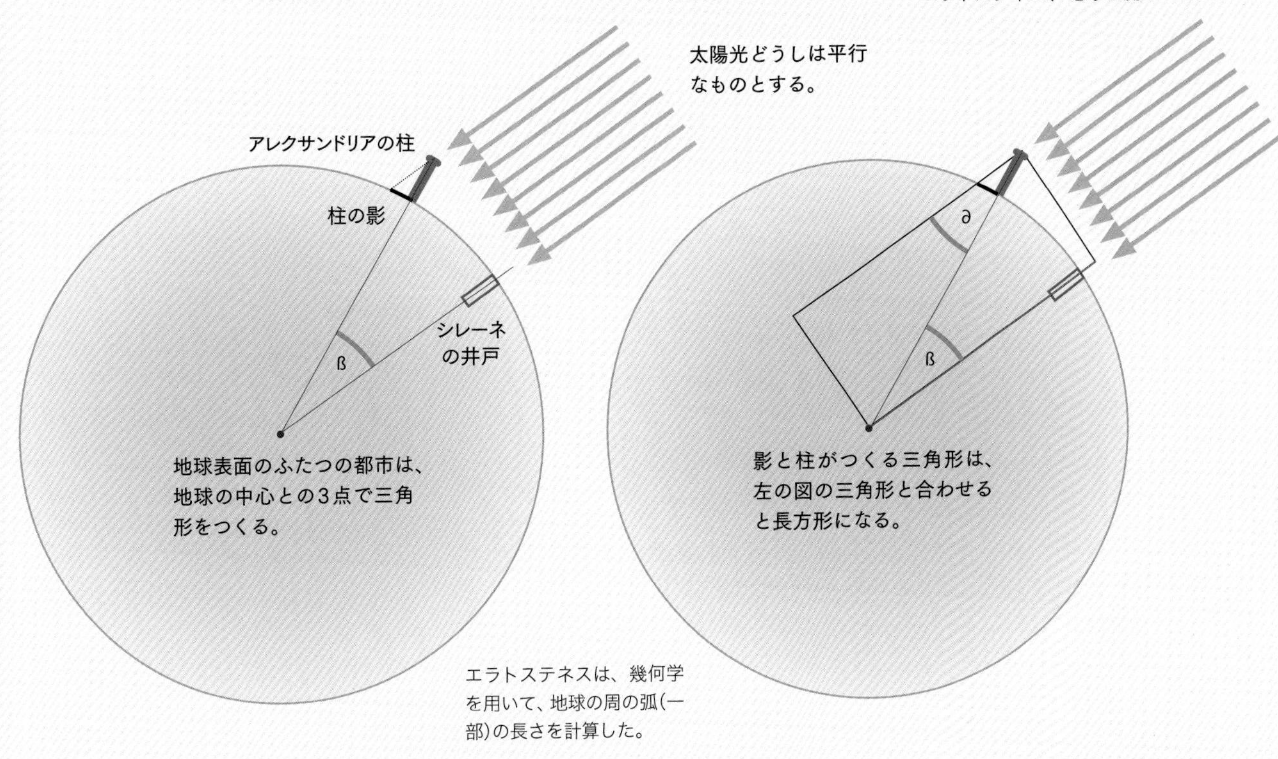

エラトステネスは、幾何学を用いて、地球の周の弧(一部)の長さを計算した。

距離をたずねた。シレーネまでの距離は5,000スタディアだという。正午に、エラトステネスはアレクサンドリアで垂直に立てた柱の影の長さを測った。この柱はグノモン（24ページ参照）であり、三角形を使えば求める答えを見つけられる。柱と影がつくる角度（∂）は7°だった。この測定によって、アレクサンドリアとシレーネを結ぶ地球の表面の弧に対する中心角、βの角度がわかる。何本か補助線を加えると、ふたつの合同な直角三角形を含む長方形が描け、角度βが角度∂と等しいことがわかる。角度βは7°だ。円全体に対するβの比は7°/360°であり、約50分の1だ。

結論

したがって地球の周の長さは、アレクサンドリアからシレーネまでの距離を50倍した250,000スタディア、つまり39,375キロメートルとなる（1スタディアムを157.5メートルとした場合）。この値は実際の数値にとても近い。エラトステネスはこのほかにも多くの数学分野で業績を残し、古代世界最大の知識の保管庫であるアレクサンドリア図書館の館長を務めた。

参照：
▶三角形と三角法
…56ページ
▶丸い世界の平面の地図
…82ページ

アルキメデス、幾何学を応用する

Archimedes Applies Geometry

アルキメデスは、数学の多くの分野で画期的な業績を挙げた。その一生を通じて彼は、あらゆる種類の図形を愛したようだ。実際、彼の最後の言葉は「わたしの円を踏まないでくれ」だった。その言葉を聞いた相手は兵士で、アルキメデスがいた都市シラキュースを占領した侵略軍の一員だった。偉人はその場で兵士に殺された。

この惨劇が起こったのは紀元前212年のことだ。ローマ軍によるシラキュースへの長い包囲攻撃があったものの、アルキメデスが発明したさまざまな兵器がその攻撃を防ぎ続けた後の出来事である。その兵器とは、船を沈める「かぎ爪」や太陽光を焦点に集める「熱線」といわれるものだ。そんなアルキメデスには有名な逸話が残っている。ある日アルキメデスはシラキュースの王ヒエロン2世から助けを求められた。王はすでに代金を支払った金の冠が純金ではなく、金工師によって安い金属と混ぜられたものではないかと疑っていたのだ。アルキメデスは、もっと安い金属、たとえば銀は金よりも軽いので、ある決まった体積で比べたとき、金と銀の混合物は純粋な金よりも軽いことに気づいた。王冠の体積さえわかれば、王冠の重さを量り、同じ体積の純金の重さと比べることができるはずだという考えだ。

アルキメデスの最期の瞬間。ギリシャ風のコンパスと、砂に描かれた幾何学的な図形が見える。

入浴中の大発見

幾何学のおかげでアルキメデスは、立方体のような単純な立体の体積を求めることができた。しかし王冠のような複雑な立体ではどうだろうか。この問題の突破口は、風呂場で得られた。彼が湯に身を沈めたとき、湯がいくらかあふれた。アルキメデスは、風呂おけが湯でいっぱいのとき体を完全に沈めたら、あふれた水の体積が自分の体の体積とまったく同じであることに思い至った。王冠を水に沈めた際に、あふれた水の体

アルキメデスの有名な「エウレカの瞬間」のあと、彼が浴室に王冠と水があふれる装置を置いた場面が描かれている。この発見からアルキメデスは、物体が浮いたり沈んだりする仕組みも解明した。

積を測れば、王冠の体積を求めることができる。彼はこの発見に興奮し、「エウレカ！」（見つけたぞ！）と叫んで通りを裸で駆け抜けたという。

機械をつくる

古代ギリシャの時代、日々の仕事は奴隷によってまかなわれていたので、数学者はその種の問題に意識を向けてこなかった。しかしアルキメデスは違ったようだ。エジプトへの旅で、彼はらせんを何か実用的な目的に使えないかと考え、熱心に探求し始めた。らせんを円筒の中で回転させると水を送り出すことができるので、彼はその仕組みを応用し、ポンプをシラキュースに導入したようだ。今日、アルキメデスのらせんと呼ばれるものである（下のコラム参照）。

多角形の新たな使い道

アルキメデスは多角形を用いて、当時すでに知られていたπの値を正確な値に大きく近づけた。円に内接

Column

アルキメデスのらせん

アルキメデスのらせんは、水を汲み上げる道具として世界中で使われてきた。いくつかの用途においてはまだ現役だ。というのも、ほかのポンプと違って、たとえば下水のように何かの混入物を含む液体も扱えるからだ。小型のものは、ほかのポンプのように繊細な血液細胞を傷つけることがないので、病院などで血液を送り出す道具として使われる。

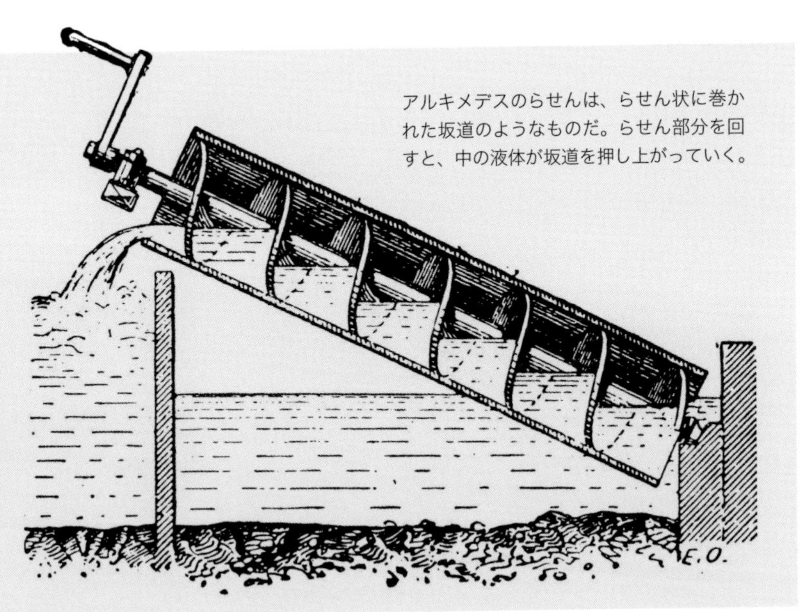

アルキメデスのらせんは、らせん状に巻かれた坂道のようなものだ。らせん部分を回すと、中の液体が坂道を押し上がっていく。

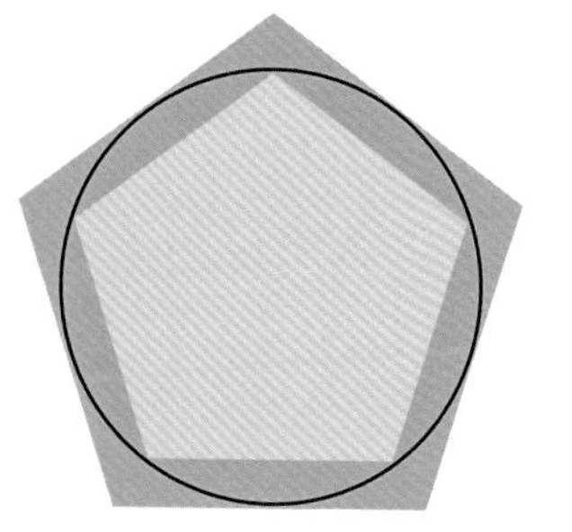
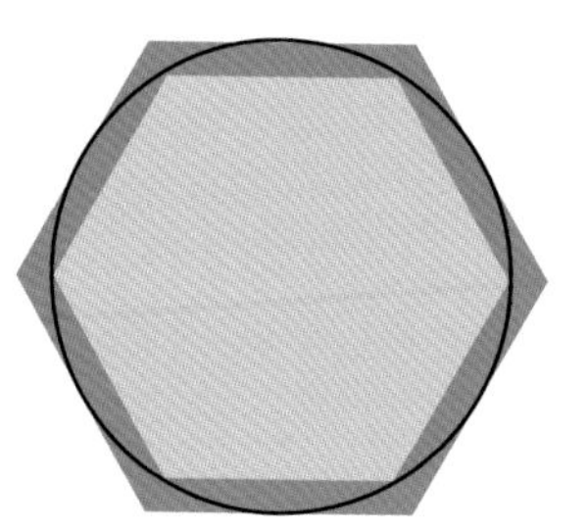
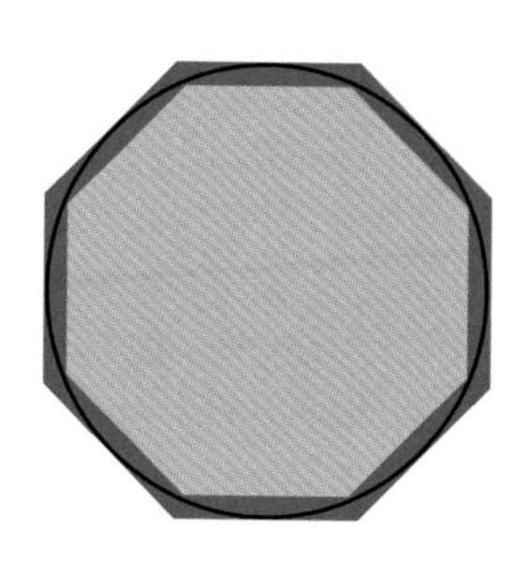

アルキメデスはふたつの多角形の間に円を挟むことで、円周の長さの近似値を求めた。彼は、これらの多角形の辺の長さを計算で求めたので、この種の図を実際に描く必要はなかった。

する多角形を描き、次に円に外接する多角形を描くと、円周の長さはふたつの多角形の周の長さのあいだのどこかの値になるということに彼は気づいた。多角形の辺の数が多いほど、その周の長さは円に近づく。アルキメデスの試行は正九十六角形まで進んだ。円に内接する正九十六角形と外接する正九十六角形の周の長さを計算し、πが約3.1408から3,1429のあいだであることを示した。これはπの実際の近似値、約3.14159にとても近い。

曲線の下の領域

アルキメデスは、多岐にわたる数学テーマでいくつも重要な発見をした。もし彼の貢献がなければ、それぞれのテーマの発展は数世紀も遅れることになったはずだ。彼の発見の中でもっとも先進的だったのは、放物線の一部の領域、つまりU字型の曲線のような領域の面積を計算する方法に関するものだ（38ページ参照）。まず、放物線に内接する三角形の面積を計算する。そうすると三角形を引いたふたつの空白が残る（右の図Aで、黄色の部分）。次に、これら黄色の領域にちょうど収まるふたつの三角形の面積を計算する。これによって4つの小さな黄色い領域が残る（下の図B）。ここまでは、アルキメデスがπの値を推定したときと同じ作業だ。次の一歩こそが、彼の真の腕の見せ所だった。

無限を合計する

アルキメデスはさらに4個、8個、16個と三角形を加えていくのではなく、三角形の面積を数列（現在では幾何数列と呼ばれる）と見なし、数列が永遠に続くとどうなるかを検討した。そして数列の和を求めるため、のちに無限級数と呼ばれるものを使って答えを出した。こうして放物線の面積の正確な値を求めることができた。領域を無数の図形に分け、それぞれの面積を足すという方法は積分の核心だ。積分は現在、すべての数学的手法の中でおそらくもっとも強力なものだが、その価値にふさわしい発展を遂げるのは17世紀以降である。

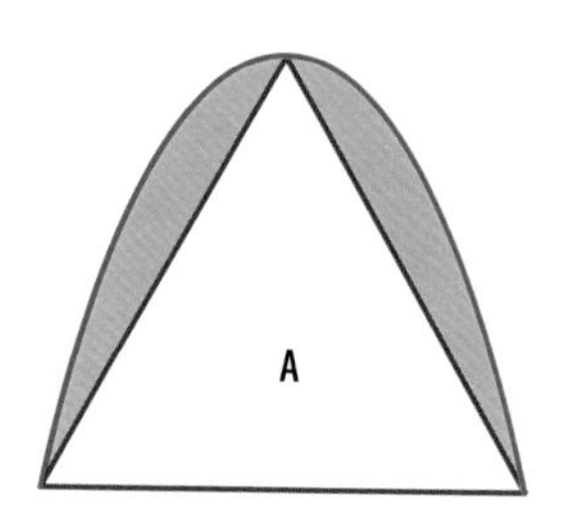

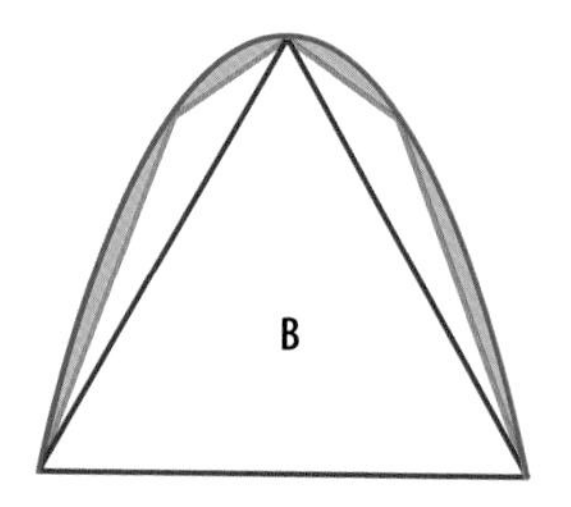

やってみよう！

アルキメデスの胃の秘密

アルキメデスの業績の中には奇妙なものもある。そのひとつにオストマキオン（これは「胃」という意味だが、なぜ胃なのかはわからない）と呼ばれる、子ども向けのゲームがある。正方形を14個のピースに切り分け、いろいろな組み合わせで形をつくるというゲームだ。ピースはひどく損傷していたので、アルキメデスがなぜこんな単純なものに興味を持ったのか、探り出すのは困難だった。もっとも確からしい答えは、今世紀になってようやく発見された。彼は、ピースを合わせて正方形をつくるいくつかの方法を考え出そうとしていたのだ。 2003年までに見出された組み合わせの数は17,152通りだった。4人の数学者が数週間かけて計算した結果だ。アルキメデスは、現代において組み合わせ論と呼ばれる数学分野に、わずかとはいえ踏み込んでいたのだ。

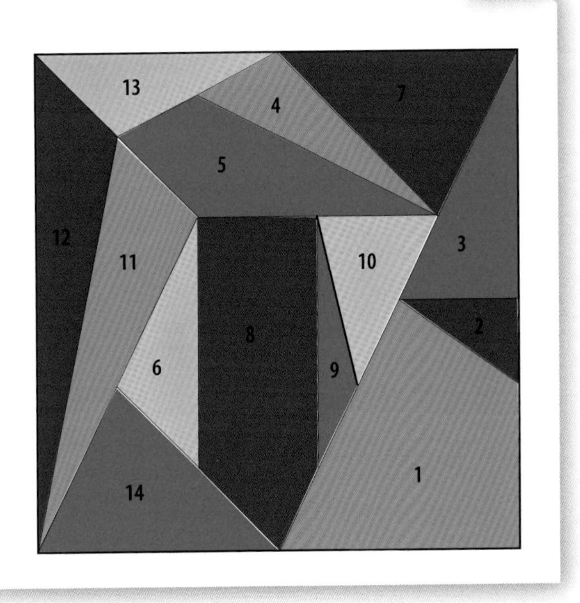

球と円柱

球の体積と表面積がそれぞれ、球がぴったり収まる円柱の体積と表面積の3分の2であることを突き止めたのもアルキメデスだ。この成果は彼にとって思い入れが深かったらしく、死後1世紀以上経って発見された彼の墓石には、球と円柱が丁寧に彫られていた。

アルキメデスの墓の所在はふたたびわからなくなった。この絵は、シチリアの巨大な火山であるエトナ山のふもとの丘の上に、円柱と球を戴いた墓がある様子を示している。

参照：
▶らせん…22ページ
▶完全な図形…30ページ

三角形と三角法
Triangles and Trigonometry

天空のふたつの星の距離をどう測るか？　偉大な天文学者ヒッパルコスは、星図を描くためこの課題を解決する必要に迫られた。

定規（右の図の1と2）を目の前に持ち上げればいいと思われるかもしれない。しかし問題は腕の長さに左右されることだ。ほかに、腕の角度を利用する方法がある。腕をまずひとつめの星に向け、次にもう一方の星に向け、2方向のあいだの角度を測るのだ（図の3)。この方法は面倒だし、不正確なことが多い。しかし幸いにも、ふたつの方法には単純な関係がある。この関係を最初に探り出したのはヒッパルコスかもしれない（彼はまた､角度を測定する単位として「°（度)」を発明したといわれる。バビロニアの数体系から発想を得たものだ)。

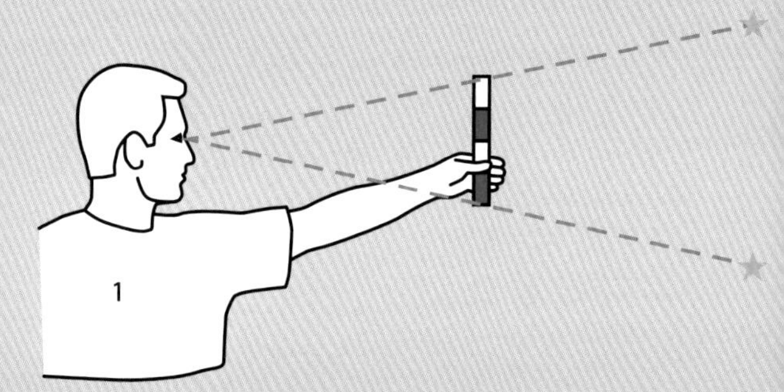

腕が長い天文学者(1)にとっては、ふたつの星は4単位離れている。腕が短い天文学者(2)にとっては、ふたつの星は2単位しか離れていない。

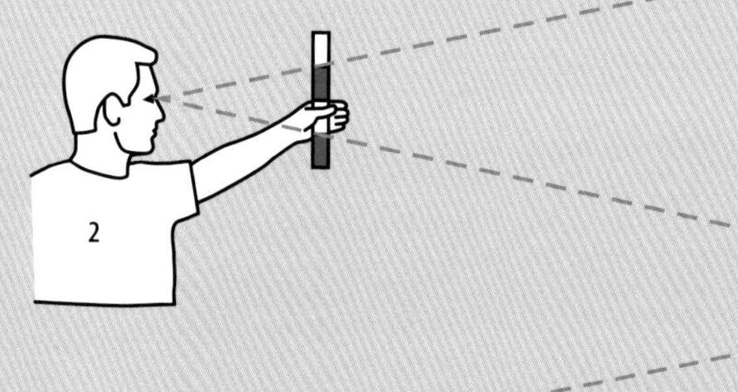

観測機器

まず、ヒッパルコスはふたつの星のあいだの角度を測った。棒を使うと腕よりも測定が簡単なので、おそらく彼はヤコブの棒を使ったのだろう（次ページの上の図)。ヤコブの棒は三角形をつくる。ABとBCは直角三角形の短辺で、ACは3番目の辺である斜辺だ。角度を表す記号として使われるギリシャ文字のθ（シータ）は、直線が円を横切っているように見える。角

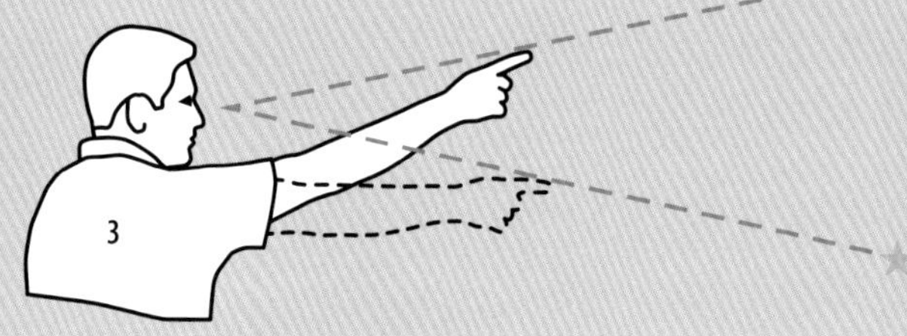

天文学者の腕の長さに関係なく、ふたつの星がつくる角度は常に25°だ。

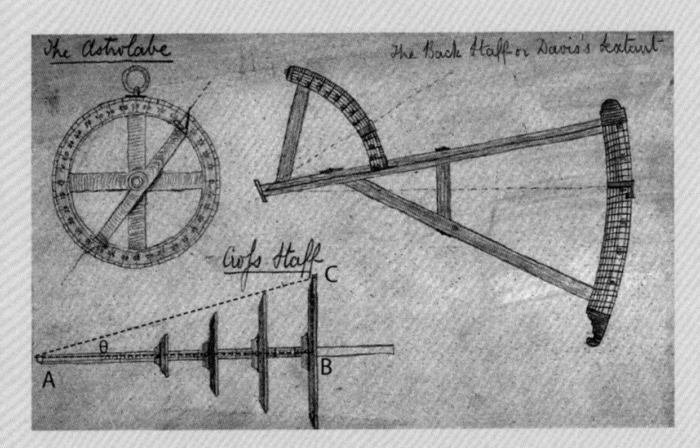

天文学者たちは、星の角度と位置を測定するため、いくつもの装置を開発してきた。左上の装置はアストロラーベ、右上はバックスタッフで、どちらも左下のヤコブの棒から発展した。これら初期の装置は、測った角度を簡単に2等分できるように設計されていた。

度は円を分割した一部としてあらわされることからθが使われるのだろう。上の図にある角度θの大きさは、直角三角形の辺の長さで決まるので、3辺のうち2辺を使って求めることができる。直角三角形の各辺とθの大きさは、3種類の三角関数によって関連づけられている。それぞれの三角関数*sin*(サイン、正弦)、*cos*(コサイン、余弦)、*tan*（タンジェント、正接）は次のように定義される。

$$\sin\theta = BC \div AC$$
$$\cos\theta = AB \div AC$$
$$\tan\theta = BC \div AB$$

したがって角度θは、ヤコブの棒で測った長さから求められる。長さがわかっているのはABとBCだから、求めるのには正接関数を使う。上の図では、AB（交わる点までの棒の長さ）は約114cm、BC（交わる短い棒の半分の長さ）は約50cmある。よって、$\tan\theta$ =50/114、つまり約0.44だ。直角三角形の辺と角度の比を使う測量法は、三角法と呼ばれる。

古代から現代まで

この$\tan\theta$ =0.44から角度θを求める。かつては三角形を描いて測っていたが、後世になって正接値の表がつくられた。ヒッパルコスも自分でそのような表をつくったかもしれない。そうだとすれば、その表は長いあいだ失われたままだ。現在、電卓やコンピューターおよびほとんどの携帯電話には、正接関数が組み込まれている。こうした機器を使うと、$\tan\theta$ =0.44のときのθの値は約24°だとわかる。この値は、0.44の逆正接と呼ばれることもある。

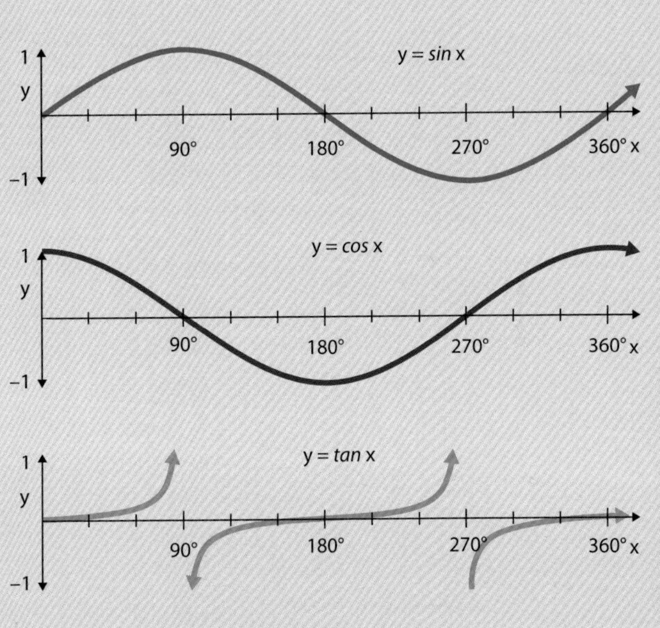

ある角度の*sin*、*cos*、*tan*を求める方法はいくつかある。もっとも単純かつ大まかな方法は、このようなグラフから値を読み取ることだ。

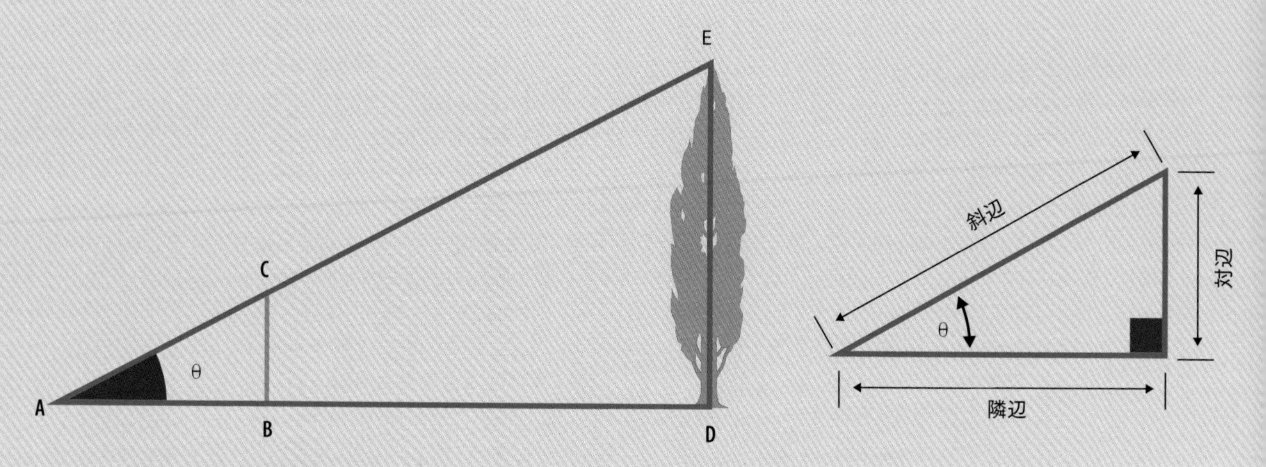

天文学で使われるのと同じ三角法を用いて、
木の高さを測ることができる。

三角形から木の高さを測る

三角法を使えば木、建物、山の高さを測ることもできる。上の図では、垂直な柱（BC）があり、A地点にいる人物から見て、木のてっぺんと棒の頂点が一直線上になるように立てられている。柱までの水平距離と柱の高さを測ると、角度θに対する正接が求められる。そこから角度も求められる。BC/ABは3/4＝0.75だったとしよう。0.75は36.8°の正接である。さてこの図には、木そのものを含むふたつめの直角三角形ADEがある。この直角三角形についても、角度θの正接と、三角形の高さ（木の高さ）を木までの距離（これは歩測で簡単に測れる。仮に100メートルとしよう）で割った値は等しくなる。つまり、*tan* θ =DE/AD。したがってDE=*tan* θ × ADとなる。*tan* θ =0.75であることがすでにわかっているので、木の高さは0.75×100メートルとなる。つまり高さは75メートルだ。

一般式

新たな直角三角形が出てくるたびに記号を振るのはやめて、直角三角形の各辺に名前をつけ、三角関数を定義しよう。

sin θ ＝対辺÷斜辺
cos θ ＝隣辺÷斜辺
tan θ ＝対辺÷隣辺

これらの3つの主な三角関数に対して、それぞれの「逆」もある。

secant θ ＝斜辺÷対辺
cosecant θ ＝斜辺÷隣辺
cotangent θ ＝隣辺÷対辺

やってみよう！

アルゴリズム

三角関数同士には互いに関連がある。その結果、さまざまな定理が得られている。それらは数学の多くの分野だけでなく、物理学や工学でも使われる。同じ三角形の中の複数の角を扱う場合、それを表す記号としてはふつうθではなく、A、B、Cを使う。xが使われることもある。もっとも便利な定理のひとつは$(\sin x)^2+(\cos x)^2=1$だ。この定理はふつう、$\sin^2 x+\cos^2 x=1$と書かれることが多い。ほかにもたくさんの定理があるが、代表的なのは次の3つだ。

1. 角の和に関する定理

$\sin(A+B)=\sin A\times\cos B+\cos A\times\sin B$

同様に、

$\sin(A-B)=\sin A\times\cos B-\cos A\times\sin B$

$\cos(A+B)=\cos A\times\cos B-\sin A\times\sin B$

$\cos(A-B)=\cos A\times\cos B+\sin A\times\sin B$

$\tan(A+B)=(\tan A+\tan B)\div(1-\tan A\times\tan B)$

$\tan(A-B)=(\tan A-\tan B)\div(1+\tan A\times\tan B)$

2. 三角関数の和に関する定理

$\sin A+\sin B=2\sin((A+B)/2)\times\cos((A-B)/2)$

さらに、

$\sin A-\sin B=2\cos((A+B)/2)\times\sin((A-B)/2)$

$\cos A+\cos B=2\cos((A+B)/2)\times\cos((A-B)/2)$

$\cos A-\cos B=-2\sin((A+B)/2)\times\sin((A-B)/2)$

3. 2倍角に関する定理

$\sin 2A=2\sin A\times\cos A$

さらに、

$\cos 2A=\cos^2 A-\sin^2 A=2\cos^2 A-1=1-2\sin^2 A$

$\tan 2A=2\tan A/(1-\tan^2 A)$

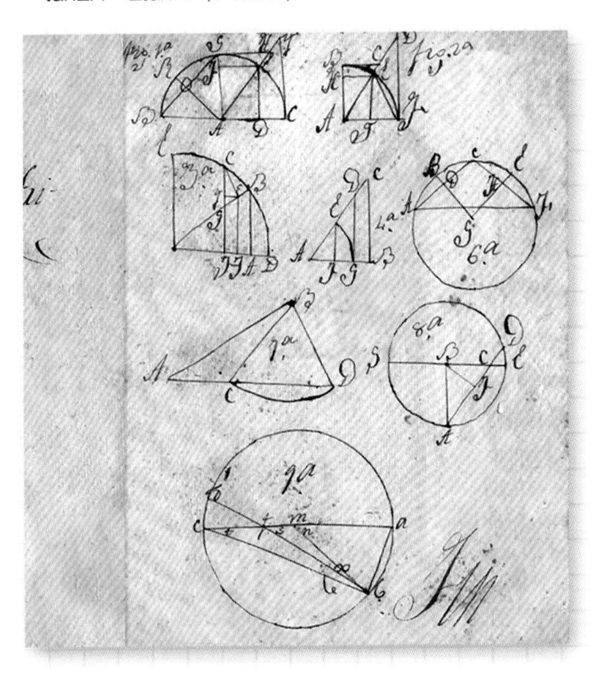

直角のない三角形

すべての三角関数は直角三角形について定義されているが、すべての三角形が直角を持つわけではない。

三角形には以下の3つの種類がある。

三等辺：すべての辺の長さが等しい
二等辺：2辺の長さが等しい
無等辺：等しい長さの辺がない

ピタゴラスの定理を拡張すると、いくつかの三角法に関する定理はすべての三角形に適用できる。

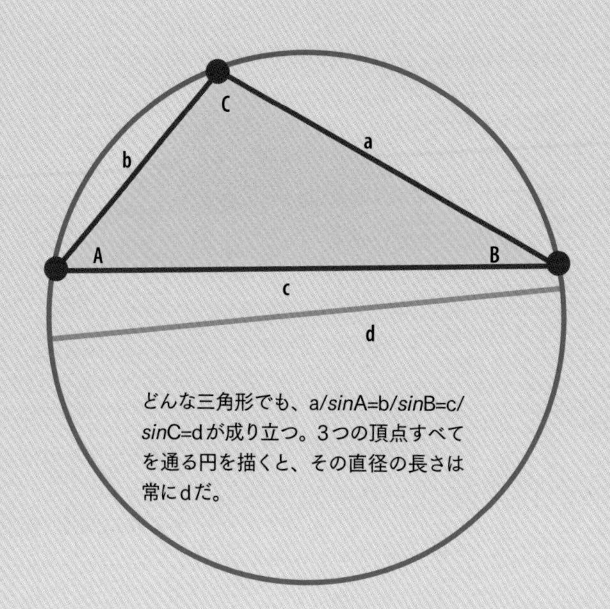

どんな三角形でも、a/*sin*A=b/*sin*B=c/*sin*C=dが成り立つ。3つの頂点すべてを通る円を描くと、その直径の長さは常にdだ。

Column
謎の三角形

図の三角形AとBは、それぞれ同じ4つのピースでできているが、その配置は異なる。しかし三角形Bの面積は、三角形Aよりもマス目1個分大きい。どうしてこんなことが起こるのか？　この問いは実は引っかけだ。人間の目では容易には見分けられないが、これらの三角形の斜辺は実は直線ではなく、少し曲がっている。AもBも三角形ではないのだ。これがこんなふうにピースを再配置できる理由だ。

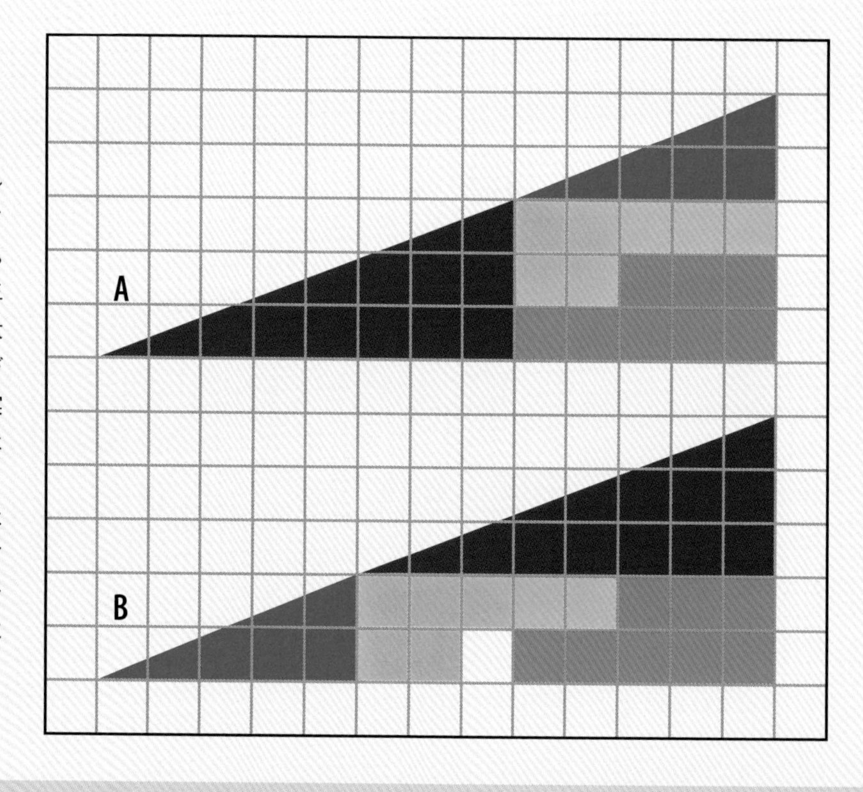

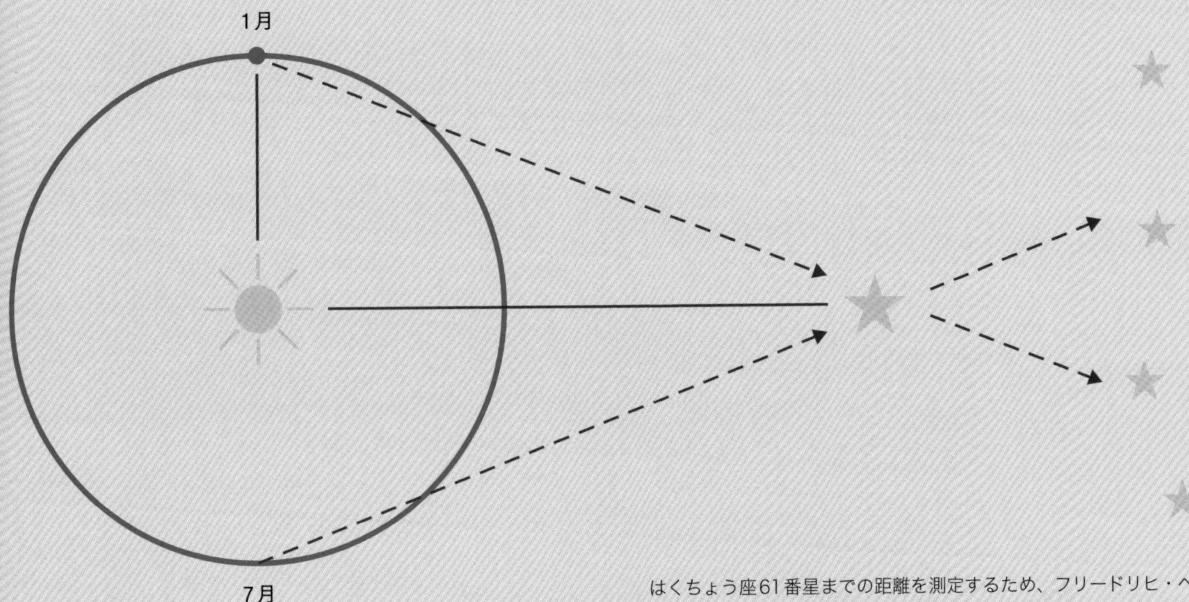

はくちょう座61番星までの距離を測定するため、フリードリヒ・ベッセルは6か月ごとに観測した。地球が半年で公転軌道を半周するからだ。つまり、半年を挟むと、測定点どうしは約3億キロメートル離れることになる。ベッセルはこの2点を三角形の底辺とし、観測によって三角形の遠い端っこの角の角度がわかるので、三角法を使って三角形の辺の長さを計算した。その三角形は極端に細長く、長いほうの辺は短いほうの辺の約300億倍あった。

余弦定理

ピタゴラスの定理は、任意の三角形についての$c^2=a^2+b^2-2ab\times \cos C$という公式に拡張することができる。この拡張定理は、直角三角形にも当てはまる。Cが直角なら$\cos C=0$なので、方程式の$-2ab\times \cos C$の部分は0になり、ピタゴラスの定理が残るからだ。ピタゴラスの定理のこの拡張は、一般に余弦定理と呼ばれる。

三角形を囲む

13世紀、ペルシャの数学者ナシル・アルディン・アルトゥシは、三角法の分野の創始者のひとりといわれている。彼は、三角形の任意の辺を対角の角度の正弦で割ると、常に同じ値になることを証明した（左ページの上の図を参照）。この値は、三角形に外接する円の直径の長さでもある（円と三角形について、くわしくは14ページ参照）。三角法は、三角形の辺と角だけでなく面積と体積についても多くのことを教えてくれる。たとえば三角形の面積は、次の式で表される。

$$面積=\frac{1}{2}ab\times \sin\theta$$

aとbは任意の2辺で、θはこの2辺がつくる角度だ。

ふたつの星の距離は？

2世紀近く前、三角法を使うことで太陽系の外の星までの距離がはじめてわかった。1838年、フリードリヒ・ベッセルは、地球からはくちょう座61番星と呼ばれる星までの距離を、約10.3光年（約97兆キロ

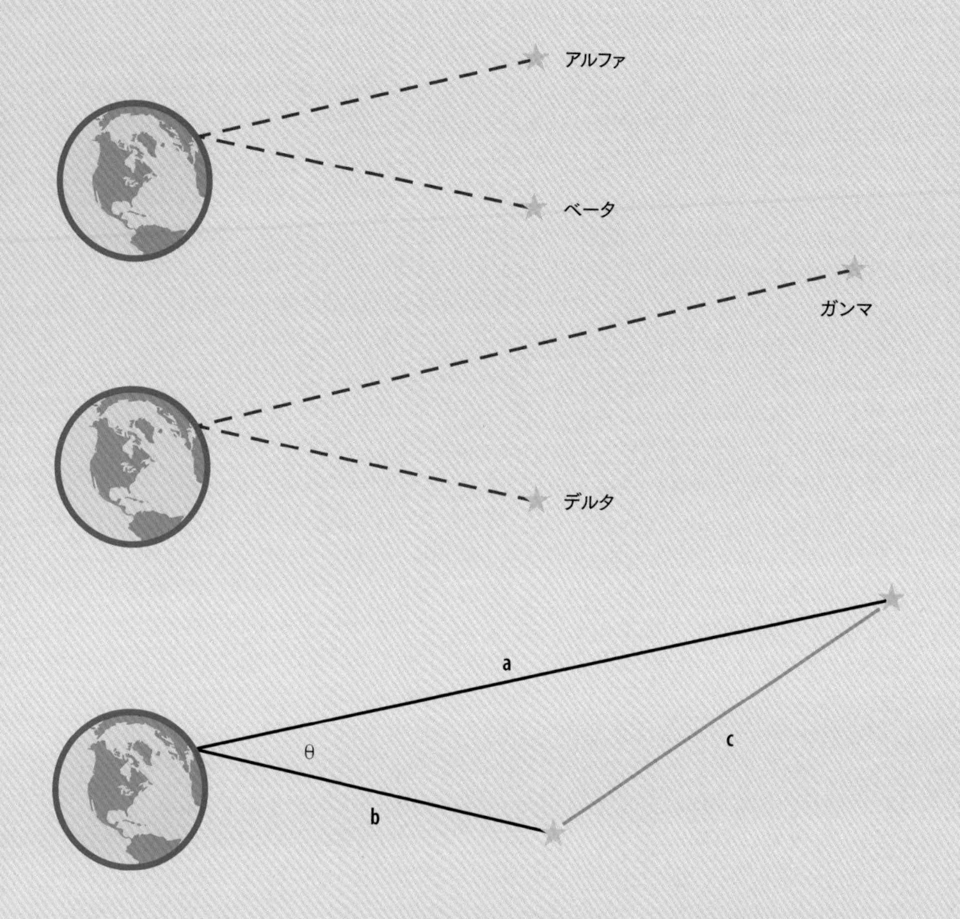

ヒッパルコスは星と星がつくる角度しか測れなかったため、星と星の距離を知り得なかった。地球上からは、アルファ星とベータ星はガンマ星とデルタ星と同じくらい離れて見える。ベッセルほか数人の天文学者たちが、ふたつの星までの距離aとbを測定してはじめて2星間の距離cがわかった。つまりθ、a、bを使い、余弦定理（$c^2=a^2+b^2-2ab \times \cos\theta$）から$c^2$を計算する。次に、$c^2$の平方根をとってcを求める方法だ。

メートル）と測定した。これは、約11.4光年という実際の値にとても近い値だ。この方法でいくつかの星までの距離が測定できるようになったおかげで、天文学者たちは、ヒッパルコス以来の課題を一気に解決することができた。ヒッパルコスは、星と星の見た通りの距離を測ることはできたものの、その星と地球の距離はわからなかった。そのため、ふたつの星のあいだの実際の距離についてはわからないままだったのだ。空で近くに見えるふたつの星が、本当に宇宙空間でも近い可能性はあるが、たまたまほぼ同じ方向にあり、実際にはとても離れていることがあり得るのだ。

三角形を超えて

三角関数の研究は、三角形を直接使わなくても進めることができる。1400年ごろ、インドの数学者マーダヴァが級数だけで三角関数を定義した。彼については、数学上の実績以外はほとんど知られていない。生没年も、マーダヴァが住んでいたといわれる町サンガマグラマの場所さえもわからない。

マーダヴァが発見した正弦関数の級数は以下の通りだ。

$\sin x = x - x^3/(3 \times 2 \times 1) + x^5/(5 \times 4 \times 3 \times 2 \times 1) - x^7/(7 \times 6 \times 5 \times 4 \times 3 \times 2 \times 1) + x^9/(9 \times 8 \times 7 \times 6 \times 5 \times 4$

Column
力の三角形

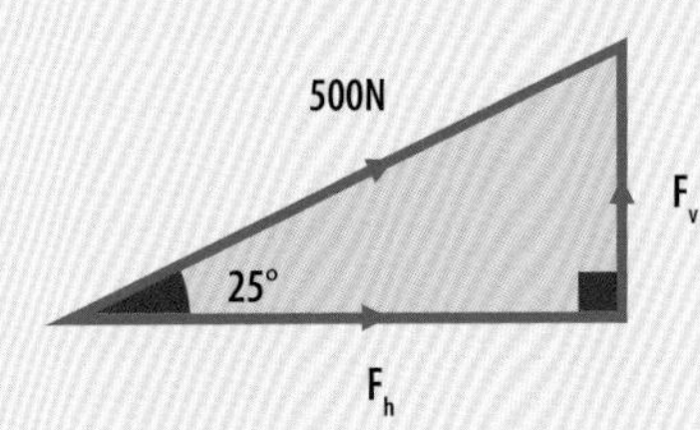

そりを動かすには、できるだけ傾きを小さくして引くほうがいい。三角法を使えば、その値を正確に計算できる。力はニュートン（N）という単位で量る。リンゴを持ち上げるには約1Nかかる。写真の雄ウシが引っ張る力を500Nとしよう。この力のすべてをそりを引くために使うと仮定すると、ウシが氷の上に横たわるようなおかしな動きになる。おそらく、ウシがそりを引っ張るときにとれるちょうどいい角度は25°だ。この場合、そりは氷の上をどのくらいの強さで引っ張られるだろうか？

図でF_h（hとは水平方向のこと）と記されているのがその強さだ。式はF_h=500N×*cos* 25°となる。25°の余弦は約0.9063だから、水平に引く力は約453.2Nだ。垂直方向に引く力は、F_v=500N×*sin* 25°という式で表せる。25°の正弦は約0.4226なので、この力は約211.3Nだ。これらの答えは、ピタゴラスの定理$a^2+b^2=c^2$で確かめることができる。ここまでの値をこの式に代入すると、$453.2^2+211.3^2=500^2$になる。実際、この左辺を計算すると、およそ205,400+44,600=250,000だから、平方根をとると500だ。

×3×2×1）…

この級数は1670年代、アイザック・ニュートンとゴットフリート・ライプニッツによって再発見された。マーダヴァは、余弦関数と逆正接関数をあらわす級数も見出した。この数列は、三角関数を定義して近似値を計算する新しい方法だけでなく、強力な数学的ツールとしての機能を3つ備えている。永遠に続く級数（無限級数）、各項がべき関数である級数（べき級数）、または5×4×3×2×1のような階乗（整数の積のこと。5から1のかけ算を5の階乗と呼び、5!と表す）の3つだ。

参照：
▶幾何学＋代数学
…98ページ
▶建築の幾何学
…106ページ

不可能な幾何学パズル３選

Three Impossible Geometric Puzzles

今日、われわれは計算したり数学を学んだりするときに、数多くの道具を使うことができる。分度器から、もっとも強力なスーパーコンピューターまでさまざまだ。しかし古代ギリシャの人々は、ふたつの単純な道具だけを使って数学的な知識のすべてを発見し、また証明した。まっすぐな定規とコンパス（むしろ現代でいうディバイダーに近い）だ。彼らはふつう砂や粘土の上に図を描き、使い終わったらブラシで消していた。先のとがった鉛筆すら使い道がなかっただろう。第一、誰もまだ鉛筆を発明していなかった。

単純かつ効果的

ギリシャの幾何学用具の大きな利点は、スーパーコンピューターと違って故障はほとんどなく、何かあってもすぐ原因をはっきりさせられることだ。ギリシャ人たちはこれらの単純な道具で大きな成果を挙げた。ユークリッドはたったふたつの道具だけで、彼の定理のすべてを証明できた。古代ギリシャの人々は、すべての数学上の問題は定規とコンパスで解決できると思っていただろう。しかし、本当にそうだろうか？　紀元100年より前のある時期、「デロスの巫女」にかかわる奇妙な話が広まり始めていた。

聖なる秩序

当時、デロス島は致命的な伝染病であるペストに襲われていた。デロス島の人々は神々と意思疎通ができるとされる巫女に助けを求めた。彼女はその申し出には同意したが、デロス人たちに現在の祭壇の2倍の大きさの新しい祭壇を建てることを条件に課した。デロスの人々は容易い条件だと安堵した。祭壇は立方体だったので、彼らは高さが2倍で奥行きが2倍、幅が2倍の祭壇を建てたがペストの猛威はおさまらなかった。数学の問題を解くときは、回答する前にまず問題の内容を理解することが大切だ。デロス人たちは、巫女が「2倍の大きさ」と言ったとき、その意味をたずねるべきだった。巫女が求めていたのは、体積がもとの祭壇の2倍の立方体だった。デロス人たちは、もとの祭壇の8倍の体積の立方体をつくってしまったのだ。そして巫女の一見簡単に思える条件は、実は達成不可能なものだった。

立方体の体積を2倍にする

なぜ不可能なのかを考えるには、デロス人たちが知り得なかった数学の知識が必要だ。その後2000年にわたって発展することがなかった分野の知識である。祭壇は立方体だから、新しい祭壇の体積（V）は$V=H^3$となる。Hは立方体の高さ（または幅、または長さ）だ。デロス人たちは、$V=2\times v$のときのHの値を求める必要がある。vはもとの祭壇の体積だ。hをその1辺の長さとすると、$v=h^3$なので、$V=2\times h^3$、つまり$H^3=2\times h^3$となる。したがって、$H=\sqrt[3]{2\times h^3}$なので、$H=\sqrt[3]{2}\times h$となる。ここまでくると$\sqrt[3]{2}$、つまり2の立方根の値を求めるだけだ。

未知の数

しかし、この値を求める方法はなかった。定規とコンパスでもダメだし、ほかの方法でも不可能だ。もっとも優秀な数学者でも、世界一強力なコンピューターであっても値を求めることはできなかった。$\sqrt[3]{2}$を電卓や表計算ソフトのシート、またはコンピューターに入力すると、おそらく1.259921のような答えが出てくる。しかし、1.259921の3乗は2ではなく1.999999762になる。

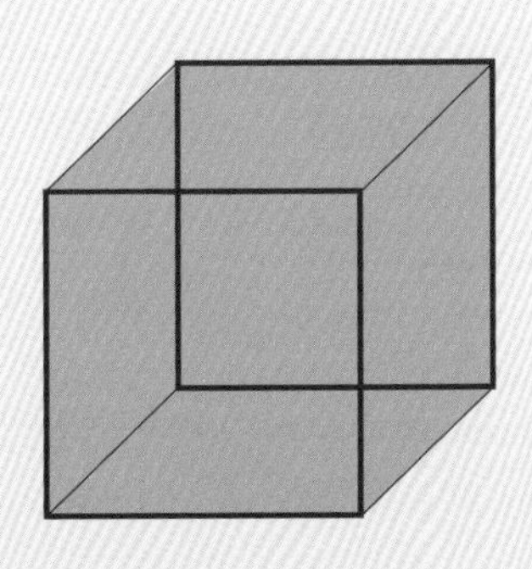

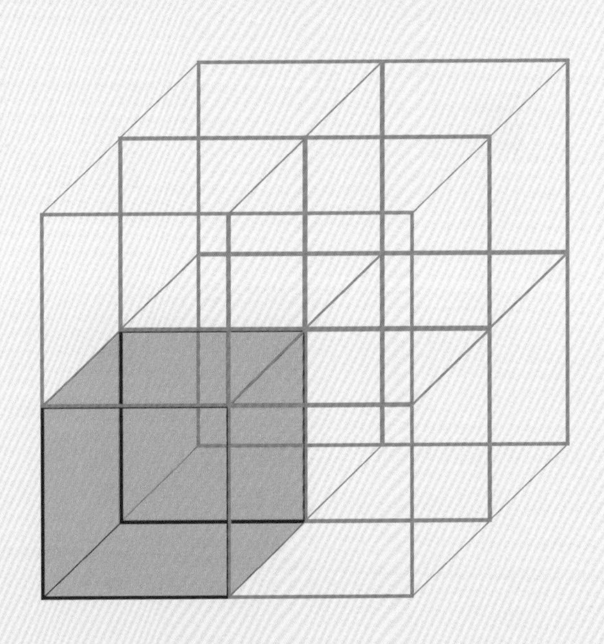

左：デロス島の遺跡の現在の様子。

右：立方体の形の祭壇の奥行き、幅、高さのすべてを2倍にすると、建物は8倍の大きさになる。

Column
落ち着いて計算しよう

紀元100年ごろの作家プルタルコスが伝えるところによれば、デロス島の人々が巫女に嘆願したのは、政治的対立によってデロス島の社会が崩壊する危機にあったためだという。偉大な哲学者で、数学者でもあるプラトンは、幾何学に集中すれば心が落ち着くと説いて、デロス人たちがこの問題に取り組むのを助けた。プラトンは、粘り強い思考によってどんな問題でも解決できるという信念を持っており、いつも人々にこのアドバイスを授けていた。

ボエティウスは数学者ではなく、中世の哲学者として名を残している。

「アカデミア」として知られている公園の学校で、生徒たちとともにすごすプラトン。

計算機がその計算の答えは2だというなら、それが誤りだ。値のすべてを表示する場所がないために、値を丸めた答えを表示しているにすぎない。$\sqrt[3]{2}$のかなり厳密な近似値を出すことはできるが、正確な値がわからなければ、正確に2倍の体積を持つ立方体をつくることはできない。正確な値を出せない数は$\sqrt[3]{2}$のほかにもたくさんある。それらは無理数と呼ばれ、数学者たちは、エジプトとペルシャで研究が進む紀元1000年ごろまで、この数に適切に対処できなかった。

πの問題

デロス島の問題は、多くの数学者たちを悩ませた3つの問題のひとつだ。ふたつめは、半径が1単位の円と同じ面積を持つ正方形の辺の長さを問うものだ（単位はインチ、メートル、またはそのほかの単位、何でもかまわない）。円の面積は、式$A=\pi r^2$で表せる。$r=1$なので、面積Aはπと等しい。したがって求める正方形は、面積がπ、すなわち辺の長さが$\sqrt{\pi}$の正方形ということになる。そして$\sqrt[3]{2}$と同様、誰にも$\sqrt{\pi}$の正確な値を知ることはできない。何年にもわたって「円を正方形に」する努力が続いたのちの紀元500年ごろ、ローマの学者

Column
超越数π

$\sqrt[3]{2}$と同様に、$\sqrt{\pi}$とπは無理数だが、それだけではない。$\sqrt[3]{2}$の場合、これ自体の正確な値を計算することはできないが、$(\sqrt[3]{2})^3-2=0$のような、正確な答えを持つ等式には用いることができる。πはそのような式では使えない（正確に言い直すと、πは有理数を係数とする多項式方程式の解にはならない）。したがってπは超越数である。超越とは、文字通りほかの数を「超える」ことを意味する。現在、数のほとんどは超越数であることがわかっているが、実際に発見された超越数はわずかだ。というのも、ある数がどの方程式の解にもならないことを証明するのはとても大変だからだ。

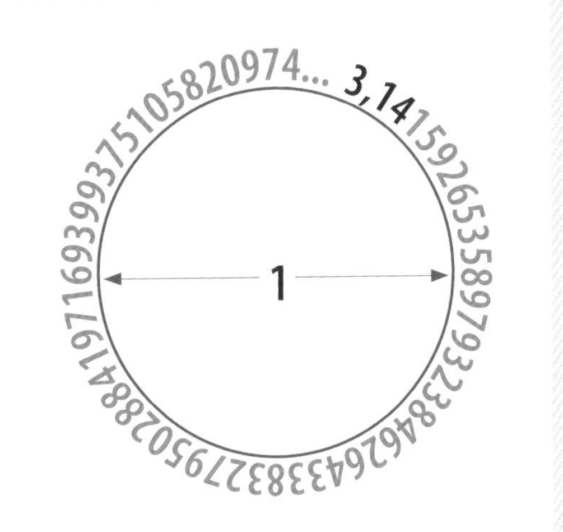

ボエティウスが「円を正方形にする方法を知っている」と主張した。しかし残念ながら、説明に時間がかかりすぎると付記している。このあまり説得力のない話は、円を正方形にする問題への新たな関心を呼んだ。1775年までに、パリ科学アカデミーには、数多くの円を正方形にする方法の「証明」が届き、そのすべてを入念に確認しなければならなかったので、ついにこれ以上の受け入れを拒否した。

複雑な単純化

1882年、πが超越数（上のコラム参照）であることが証明され、この問題の解決は不可能となった。しかしそれでも、アメリカの数学者エドウィン・J・グッドウィンは、とても単純で残念ながらたいへんふざけた解決策を発見した。彼は$\pi=3.2$と定義すること

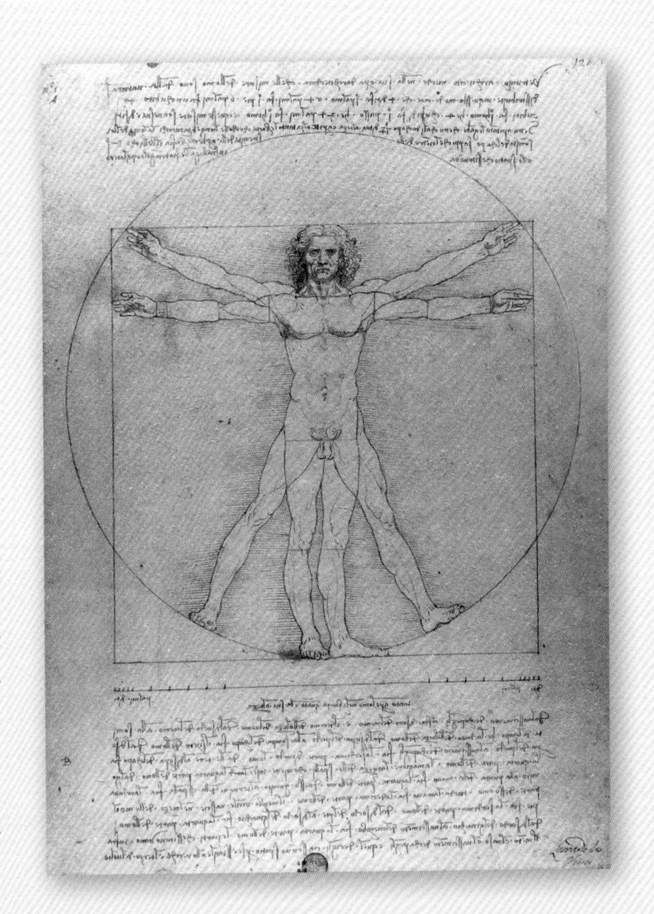

レオナルド・ダ・ヴィンチのウィトルウィウス的人体図は、円を正方形にする問題を示唆している。

で、πが超越数ではないことにしたのだ。これはアメリカ合衆国の面積を測るとき、国土が三角形であることにして測るというのと同じような話である。それにもかかわらず、彼の働きかけでこの内容を含む提案が1897年にインディアナ州議会で大真面目に議論された。もし数学科の大学教授クラレンス・アビアタール・ウォルドが提案の欠陥を指摘する機会がなければ、危うく法律として制定されるところだった。

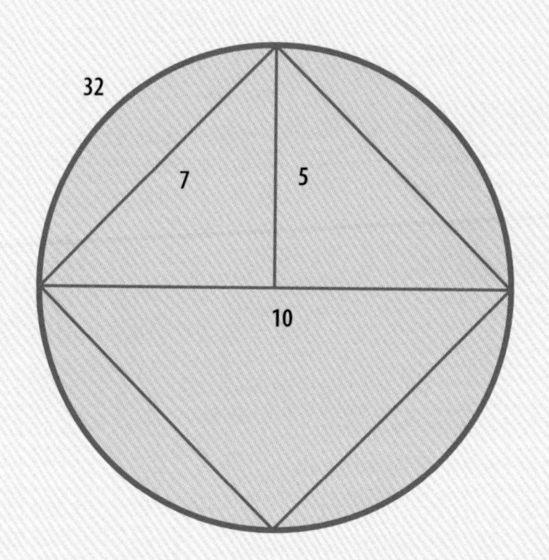

グッドウィンが定めた偽のπの値を使うと、図の各辺が図中の数のような長さになる。もちろんこの寸法通りに図形を描くことは不可能だ。

やってみよう！

直角を三等分する

点Aで直角（角度でいうと90°）を3等分するには、まず点Aを中心とした好きな大きさの円を描く。この円と水平な方の直線の交点を点Bとし、点Bを中心として、最初の円と同じ大きさの円を描く。続いて点A、点B、ふたつの円が交わる点（点C）を直線で結ぶ。これによって正三角形ができる。正三角形のすべての角は60°だ。したがって角θは60°であり、この角との直角の差は90°−60° =30°。30は90の3分の1なので、これが求める角度となる（図の角α）。

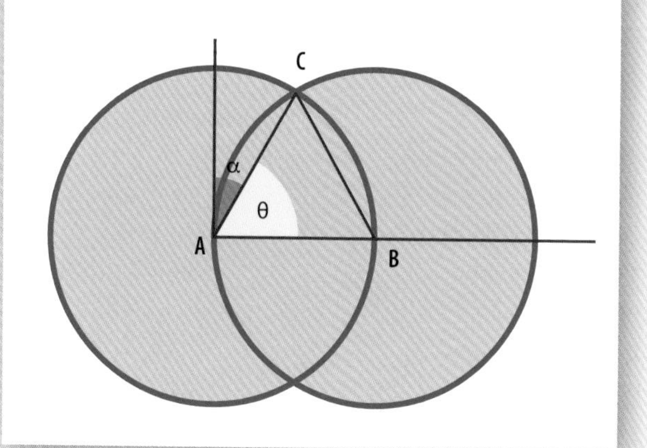

最後の問題

3番目の問題は、角の三等分だ。定規とコンパスを使えば、すべてとはいわないが多くの角についてこの問題は解決できる（左の囲み参照）。さらにほかの技術を使えば、どんな角についても解決できる（右ページの囲み参照）。ここまで3つの解決不可能問題が解けなかったとしても、その過程は時間の無駄ではなか

1897年にインディアナ州議会は、π＝3.2であるという法律をほとんど定めるところだった。

やってみよう！

イカサマによる角の三等分

定規とコンパス以外の道具を使えば、任意の角を簡単に三等分できる。以下はアルキメデスによる方法だ。

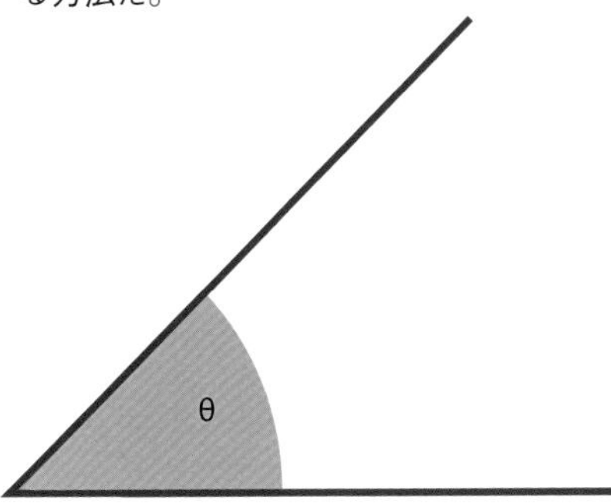

この角 θ を三等分するには、角を中心とする円を描き（大きさは何でもいい）、円の中央を横切る水平な直線（緑）を伸ばす。

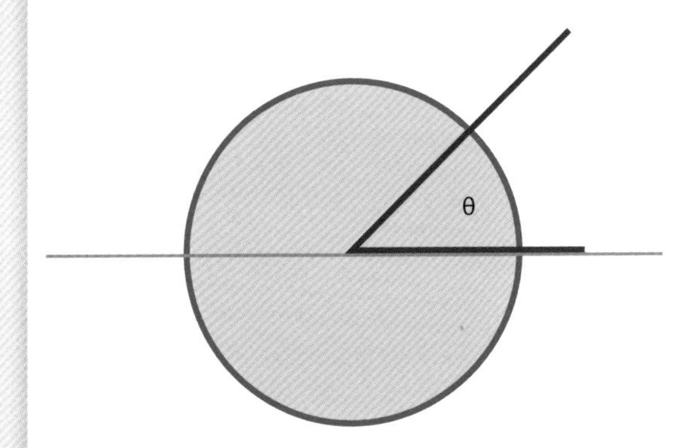

円内の3本の線分の長さはすべて半径だ。その半径の長さを定規に書き写す。

この定規を図の中に置き、半径部分の一方の端を水平な直線上に、もう一方の端が円周上にくるように置く。定規はまっすぐに、もとの角と円の交点を通る。

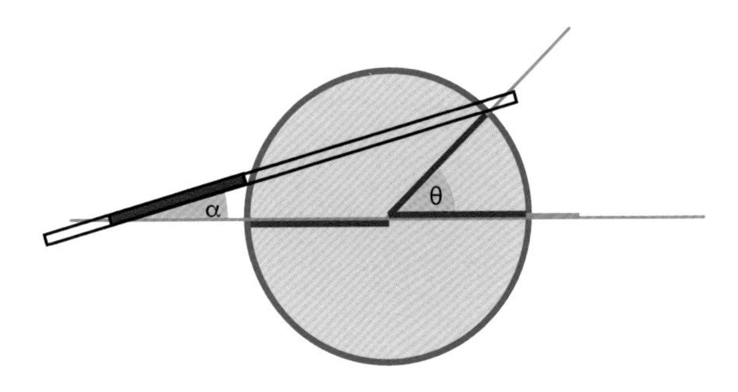

定規をこのように置くのには、ちょっとした技術と判断力が必要だが、数学的な操作はいらず、つまりこの部分が「イカサマ」だ。

角 α は θ の3分の1なので、三等分されたことになる。

った。なぜ解決できないのかを知ることで、数にはいろいろな種類があることをより深く理解できるようになったからだ。何かに役立つことだけでなく、未知の探索も数学の大事な目的なのだ。

参照：
▶ユークリッドの革命
…44ページ
▶三角形と三角法
…56ページ

タイルとテセレーション

Tiling and Tessellations

3世紀初頭、エジプトのアレクサンドリアに暮らしたパップスは、古代ギリシャ最後の偉大な数学者である。彼は著書で、知られている限り最初の女性数学者であるパンドロシオンに触れている。残念ながら、パンドロシオンがどんな発見をしたかについては語らず、彼女のできの悪い一部の生徒について愚痴を書き残したのみだ。さらにアレクサンドリアにおける幾何学研究の貧弱さについて、かなりの不満を記している。一方、双曲線を使って角を三等分する手法など、新しい理論と手法を開発した。しかし、パップスの手法はギリシャ幾何学の規則を破っていた。定規とコンパス（52ページ参照）以外の道具を使ったのだ。

パップスは、図形をつなぎ、または敷きつめたりして模様をつくるための数学についても研究していた。数学者たちがテセレーション（平面充填）と呼ぶものだ。彼は正多角形(すべての辺の長さが等しい多角形)の中で、テセレーションができるのは正方形、正三角形、そして正六角形だけであることを証明した最初の一人だった可能性もある。テセレーションとはつまり、平面をすき間なく埋め尽くすということだ。

アラブの影響

パップスの時代以降、数学研究が西ヨーロッパで長い停滞に入った一方で、中東では急速に発展していた。アラブとペルシャの学者たちは、古代ギリシャの写本を読み解き、ギリシャの人々が中断したところから研究を始めた。この地域の支配的な宗教であるイスラム教は、祈りの場にあらゆる生きものの姿を掲げることを禁じていた。その代わり、複雑で美しいタイル模様が飾りとして用いられ、テセレーションに関する数学には特に関心が集まった。建築家と幾何学者は定期的に集まり、たくさんの種類の図形を含むタイル模様について議論した。

このようないびつな形の四角形でもテセレーションがつくれる。

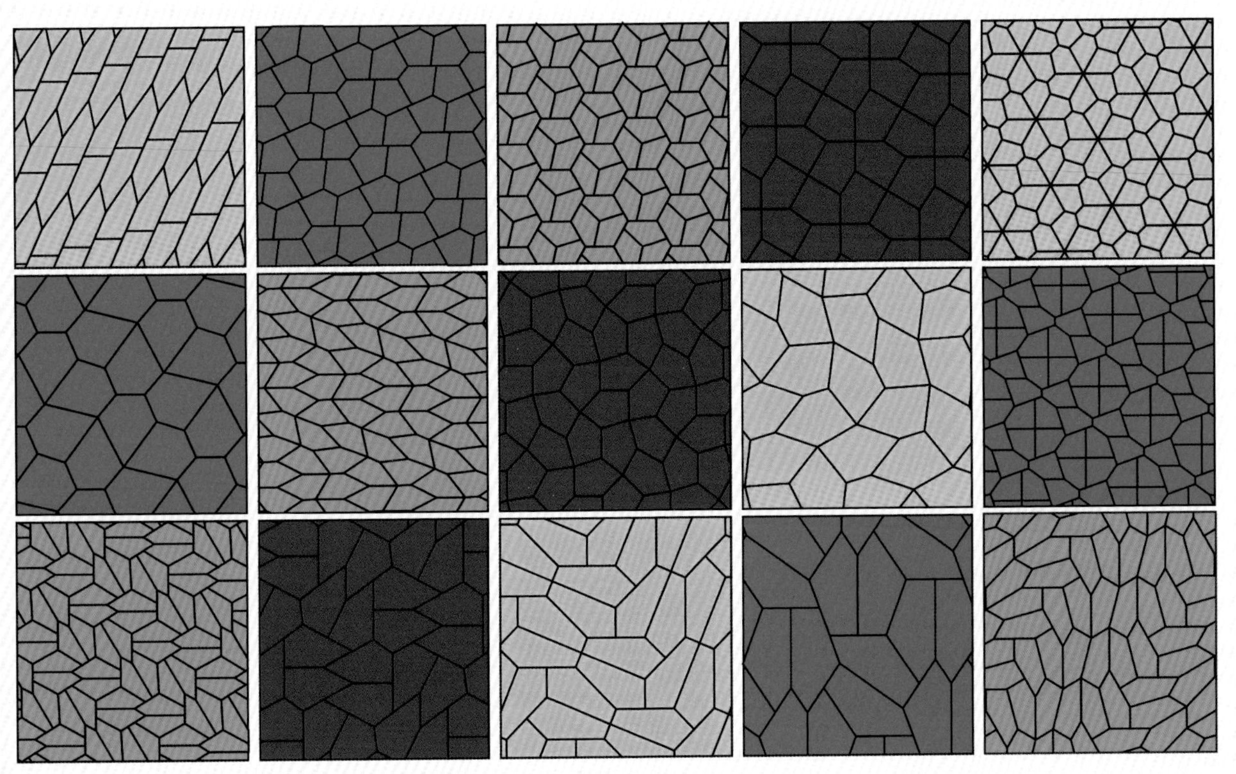

五角形を敷き詰める方法は、これまでに15種類あることがわかっている。

多角形を敷く

多くの不規則な多角形、つまりそれぞれの辺の長さが異なる多角形によるテセレーションは、あらゆる三角形、四角形で可能だ。一方、五角形を敷き詰めるのは難しい。まず正五角形をすき間なく敷き詰めることはできない。ただし、不規則な五角形なら敷き詰められることがある。五角形を敷き詰める方法は、上の図の15通りが知られている。このうちもっとも新しいものは、2015年に発見された。

文様群

多角形を敷き詰める方法は無限にあるが、それぞれが持つ対称性の種類に応じて、17種類に分類できる。この分類を文様群という。回転させたり、左右を入れ替えたり、鏡に映したりしても模様が変わらないものもある（次ページのコラム参照）。文様群の分類はとても難しく、同じ群に属する模様でもまったく違って見えることもある。壁によくあるレンガの模様はcmm群と呼ばれるグループに属し、180°回転したり、垂直または水平に反射したり、横または垂直にずらしたりしても模様は変わらない。cmm群に属するほかの模様は、次ページ下部に17種類すべての例とともに示してある。あなたは日常の風景の中でcmm群の模様を見つけられるだろうか？　簡単ではないはずだ。

Column

正方形で埋めつくせ

この模様が示すように、テセレーションに使う正方形は同じ大きさでなくてもいい。テセレーション研究で重視される対称性には、おもに3つの種類がある。この模様には1種類の対称性しかない。この模様を描き写して、横、上、下などにずらすと、写した模様の線が下の模様と重なる。これを並進対称という。一方、この模様は回転対称ではない。模様をどの角度で回しても、常に下の模様と違うからだ。また、鏡映対称でもない。鏡に映すと違う模様になるからだ。

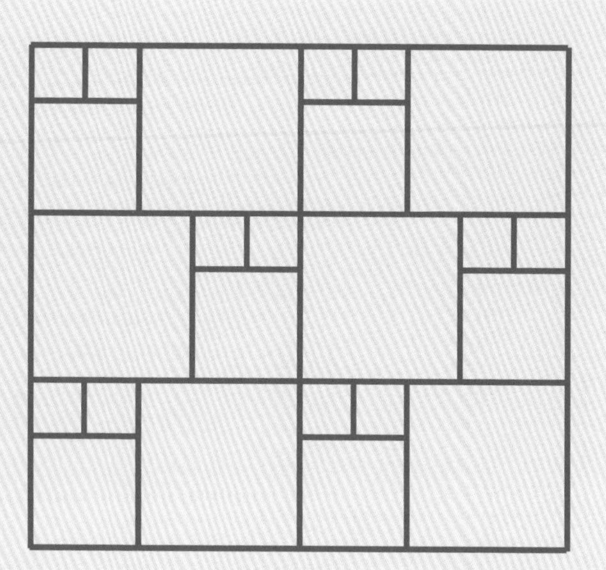

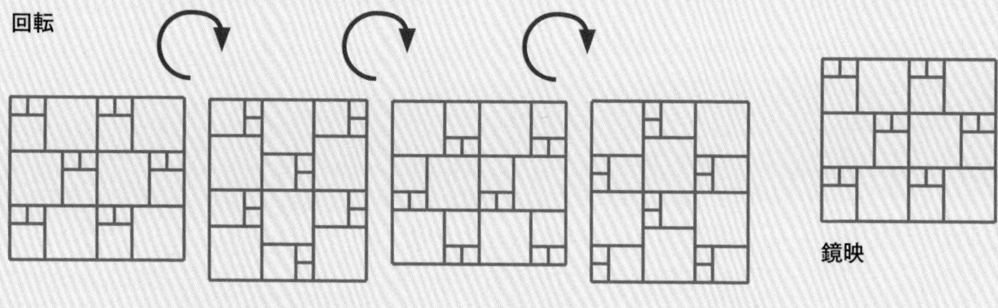

文様群の17種類それぞれの例。 cmm群は右から2番目の列の真ん中だ。

Column
アルハンブラ

スペイン、グレナダのアルハンブラ宮殿は9世紀に建てられた。13世紀には、少なくとも14種類の文様群を含むタイル張りに改装された。1948年に最初のいくつかの群が発見されて以来、アルハンブラ宮殿のタイルに17種類の群すべてがあるのかどうか、議論が交わされてきた。1922年、オランダの芸術家M. C.エッシャーがアルハンブラ宮殿を訪れた。彼はタイル模様に感銘を受け、その後テセレーションを含む多くの新たな作品を制作した。

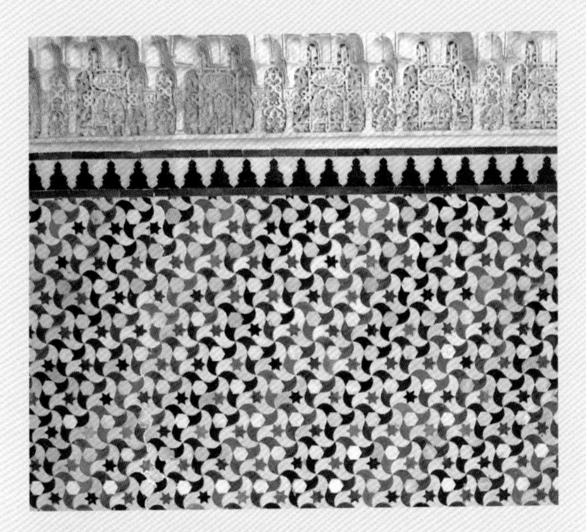

非周期的な敷き詰め方

同じ模様を繰り返さずに、平面を埋めつくすことができるだろうか？　つまり、模様の一部分を写したとき、写した模様をはめ込めるところがほかにない状態だ。これは、非周期充填と呼ばれる。図形の種類が多ければ、非周期充填は簡単につくれる。道の舗装によくある「乱形石貼り」だ。しかし、使える図形が一種類に限られる場合はどうだろうか？　ハインツ・ヴォーダーベルクが、一種類で非周期充填が可能な図形を発見したのは1936年だ。この図形を非周期充填すると、ヴォーダーベルクのらせんと呼ばれる模様ができる。ヴォーダーベルクは同時代の人々のはるかに先を進んでいた。非周期充填が本格的に研究され始めたのは1970年代後半のことだ。なかでももっとも興味深

ヴォーダーベルクのらせん。

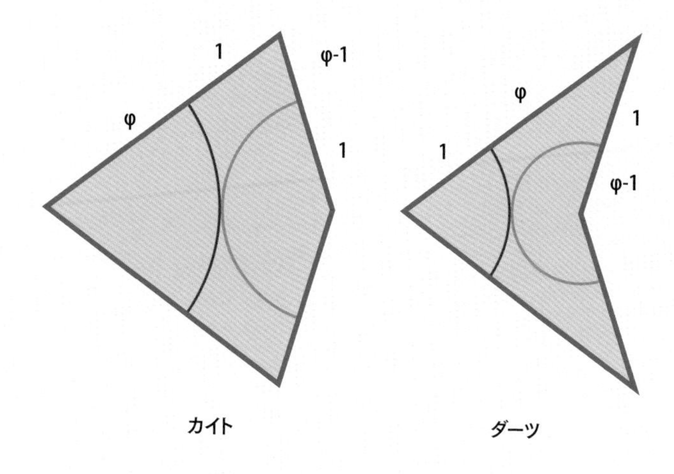

カイトとダーツを使って、たとえばこんな非周期充填模様がつくれる。

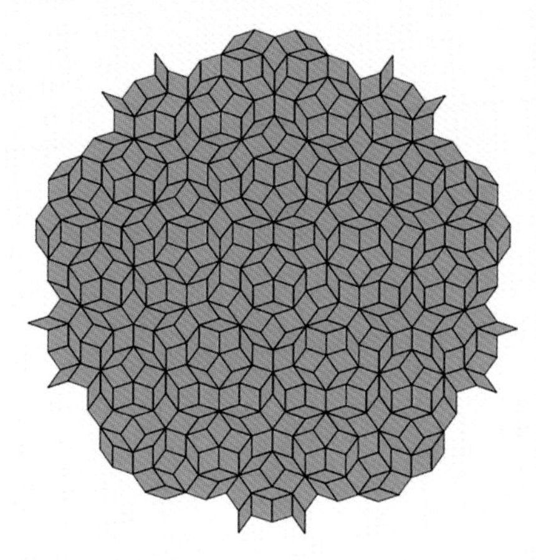

い発見をしたのが、ロジャー・ペンローズである。スティーブン・ホーキングと共同で、幾何学を利用した新しい宇宙論を開発した数学者兼理論物理学者である。幾何学はペンローズの心をとらえてやまず、物理学におけるペンローズの画期的な業績の多くは、幾何学的な落書きから始まっている。ペンローズがつくった新しい種類のテセレーションは、カイト（凧）とダーツ（矢）のふたつの図形に基づいているが、どちらも黄金比ϕを用いて描かれている（ϕについてくわしくは26ページ参照）。

端まで埋める

プロのタイル職人にとって、壁やそのほかの場所の端をどうするかがときに問題になるが、タイルの端を切り取って収めるのがふつうだ。一方、数学者は、テセレーションを行う平面の端がどうなっているかをあまり気にしない。テセレーションがどこまでも続くと考えるだけだ。しかし、ペンローズのタイルは例外だ。ペンローズのタイル（上の図）の外の縁をなぞって線を引き、タイルを全部外して、その線の中でもう一度タイルを並べ直すとしよう。たとえ何百枚のカイトとダーツのタイルがあったとしても、もとの形に収まるのはもとの模様とまったく同じものだけだということがわかるだろう。これは同時に、ペンローズのタイル模様のほんの一部を調べるだけで、全体がどんなに大きくても、領域全体の形を計算できることを意味する。

自然界の形

ペンローズのタイルはあまりに巧みで奇妙なので、この構造を持つ「準結晶」が自然界に存在することが判明すると、科学者も数学者も驚かされた。準結晶は1980年代に研究され、いくつかの奇妙な特性を持つことがわかった。たとえば一部の金属準結晶は、ふつうの鋼を装甲板に変え、非常に滑りやすい表面構造を形成する。さらに金属はふつう熱伝導性が高いにもかかわらず、優れた断熱材にもなる。

Column ペンローズの三角形

1950年代に、ペンローズは芸術家M. C.エッシャーの展覧会を訪れた。エッシャーの作品に刺激を受けた彼は、一見すると成立しているようで実は成立しない三角形を考案した。さらにこの三角形(現在はペンローズの三角形と呼ばれている)を生み出したのと同じ発想を生かして、上りながら下ってもいる階段を考えた。ぐるぐる回るのは階段だけではなく、発想もめぐりめぐってエッシャーに戻った。エッシャーもペンローズの発想に感銘を受け、自分の絵画にそれらを描いたのだ。

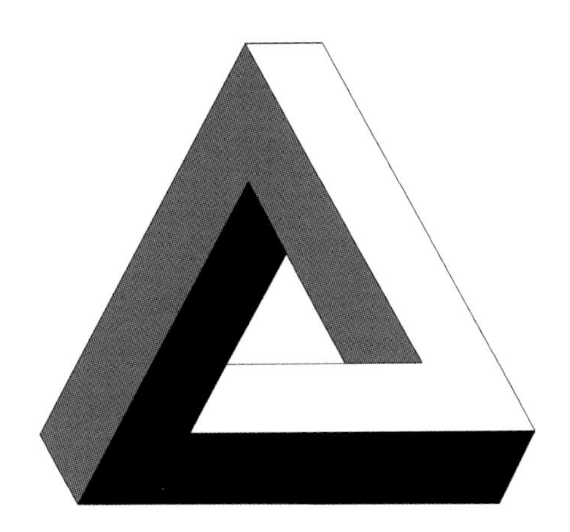

上:ペンローズの三角形。

下:ペンローズの階段。

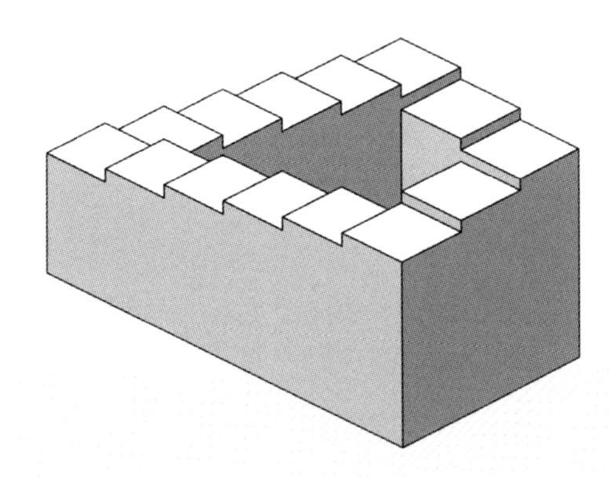

M.C.エッシャーの絵画に現れる、奇妙にからみ合う幾何学的なモチーフは、多くの芸術家を刺激し、日常の風景を見直すきっかけを与えた。

参照:
▶美をめぐる数学
…26ページ
▶結晶…136ページ

透視図法
Perspective

幾何学の研究にはよく平行な直線が登場する。平行線は多くの問題を引き起こしてきた。ユークリッドがその存在を証明しようと試み、失敗して以来ずっとだ。しかし、幾何学者たちはその証明をなしとげなければならない。なぜなら２本のレールがもし平行でなかったら、列車は走れないではないか。

問題は、線路の上を浮遊でもしなければ（あるいはかなり背が高くなければ)、2本のレールは平行に見えないことだ。これが新たな疑問を呼ぶ。これらの線を絵に描くとき、どのように描くのがよいだろうか？正確に描くにはどのような規則を当てはめればよいか？　そして絵の精度をどのように検証するのか？

平行な2本のレールが遠くで交差し、消えているように見える。しかし、どんなにがんばってもその「消失点」にたどり着くことはない。

イタリアの画家マサッチオが1427年に描いた「聖三位一体」は、消失点を用いて、真に迫る奥行きを作品に与えた。

オランダのハンス・フレーデマン・デ・フリースが1568年に描いた「人物を伴う建築のカプリッチョ」は、たくさんの異なる構造物がひとつの消失点に向かって整列している。

よりよい眺め

この疑問に、芸術家たち、特に15世紀イタリアで活動する芸術家たちは特別強い関心を持った。ルネサンス期（ヨーロッパにおいて、古代の知識が「復活」した時期）には、学術と芸術への新たな関心が生まれ、画家たちは事物が実際に見えている様子に近い、説得力のある絵をつくりあげようと熱心に取り組んだ。たとえば、彼らは近くのものを遠くのものより大きく描いた。今では当たり前のやり方に思えるが、それ以前の多くの画家たちは、もっとも重要な事物や人物を大きく描くという、まったく異なる規則に従っていた。

消失点

多くの画家たちが「透視図法」で描く方法を試したが、芸術の世界を真に変えたのはイタリアのブルネレスキだった。彼は、消失点と呼ばれる点を絵の中央に置いた。この点がどんな働きをするかは、左ページの線路の写真を見れば明らかだ。ほかの画家たちも、次第にこの新しい方法を使い始めた。

Column
イリュージョン

われわれは透視図法で描かれたものにあふれた世界で育っているので、絵の中で直線のあいだがだんだん狭まっていても実際にはそうではないと考えることに慣れてしまっている。これは非常に強力な思い込みで、下のような図を見ると、平行な線が描かれた壁の前で、3人の大きさが異なる男性が立っているように見えてしまう。3人の大きさが実はまったく同じ大きさなのだと言われても、そんなふうには見えない。測らなければ納得できないだろう。

消失点を超えて

消失点という発想は画期的ではあるが、消失点を絵の中心に置くだけでは、透視図法のすべての問題を解決することはできない。それぞれ違う方向に進む2本の線路だとどうなるのか？　ルネサンス当時、誰も線路の描き方を気にする必要はなかったが（鉄道のレールが発明されたのは1760年代）、複数の消失点が必要な景色はたくさんあった。

幾何学との関係は？

この問いは、17世紀のフランス人ジラール・デザルグを魅了した。彼は音楽、絵画、石切り、教育学、植物学、数学など、かなり幅広い分野に関心を持っていた。そして建築家としてさまざまな角度から建築図を描く必要があったため、透視図法が実用面で抱えている問題をよく知っていた。1650年代までに、画家たちは透視図法の原則に慣れ、テーブルの表面などを長方形ではなく不規則な四角形として描くようになっていた。画家たちは、幾何学の規則を単に無視していたわけではない。異なる規則と置き換えていたのだ。

数理系

この新たな規則は、まだ数学的に証明されてはいなかったが、現実に近い描写を確かに生み出すことができた。デザルグに感銘を与えたのは、画家たちが平行線を無限の彼方の消失点に集めるという方法を使いこなしていることだった。デザルグは画家たちがつくりあげた規則全体を理解し、新たな「射影幾何学」を定義して、画家たちに生かしてほしいと望んだ。しかし画家たちは誰もデザルグの業績に気づかなかったようだ。ルネ・デカルトやブレーズ・パスカルなど、一流の数学者の何人かはデザルグの発想に興味を持っていたが、ほとんどの数学者は彼の著作に注意を払わなかった。その理由のひとつは、デザルグが幾何学を説明するのに植物学に基づいた新しい用語を使ったことにある。彼は幾何学をもっと明瞭にしたかったらしく、直線を「手のひら」、直線に印があれば「幹」、ほかの直線と交わっていれば「木」と呼んだ。しかしこの用語が定着することはなく、彼の業績を理解しづらいものにしただけだった。その重

Column

現実を写す

今では描きたい風景を写真に撮り、写真に写った形をなぞれば、わざわざ透視図法を意識しなくてすむ。ルネサンス期の画家たちの中には、1435年頃に発明された器具を使って同じことをする者がいた。糸を木枠に張って正方形のマス目をつくり、画家はマス目を透かして向こうを見て、マス目それぞれの中に見えるものを、同じくマス目が描かれた紙に描き写すという方法だ。

ドイツの画家アルブレヒト・デューラーが1525年に描いたエッチング。透視図法における、物体から出る光線を写し取るのに、替わりに糸を使っている画家を描いている。

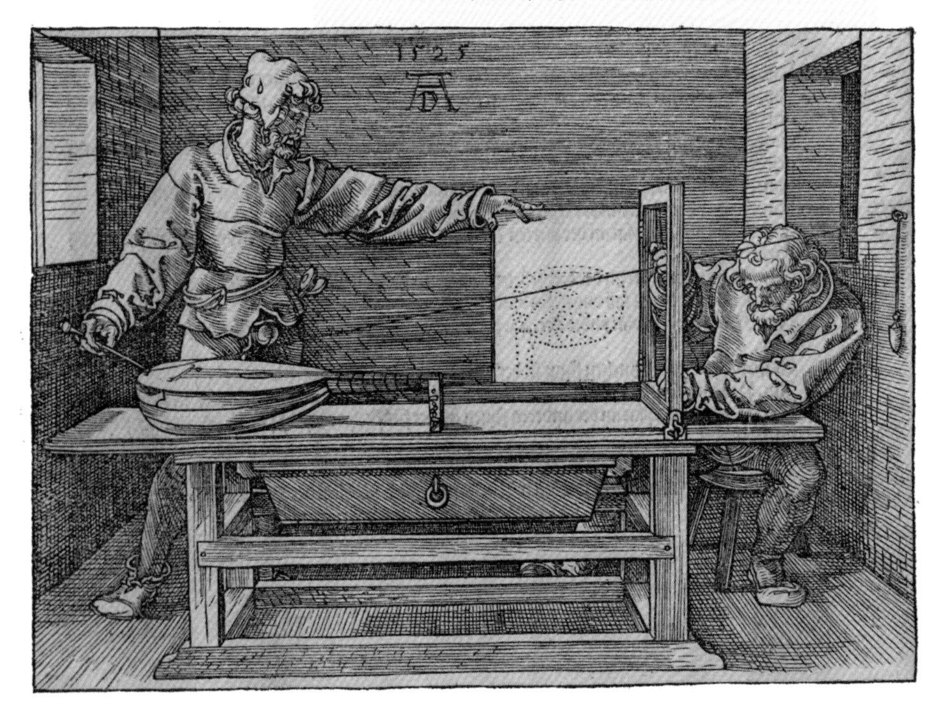

やってみよう！

デザルグの定理

二等辺三角形の形をした道路標識を描き写すとき、ある角度から見ると二等辺三角形には見えないことがある。さて、正しい図形とは何だろうか？1639年、ジラール・デザルグはその答えを出すための定理を考え出した。

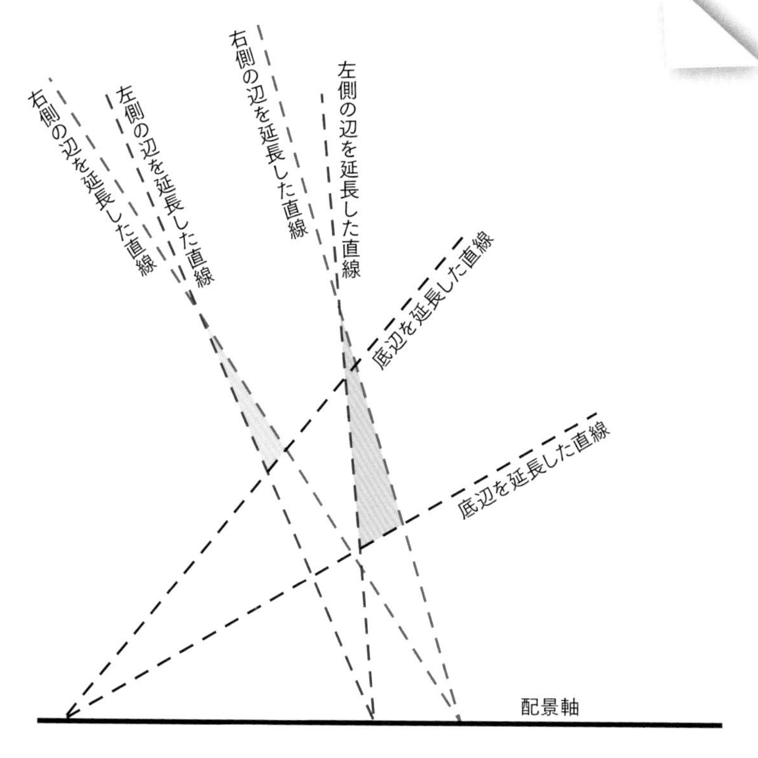

上：デザルグの定理によって、上の図の青い三角形が、緑の三角形の正確な透視図であることが示される。点線は両方の三角形の辺を延長したものだ(三角形の底辺を通る直線など)。ふたつの三角形の辺に対応する直線の交点が1直線上に並んでいれば、三角形を正しく描き写せることがわかる。この交点が並ぶ直線を配景軸という。

下：デザルグ(絵の中央の人物)は1643年にパスカルとデカルト(デザルグに向かって右側の人物)と、気体の性質について議論した。このふたりのフランスの天才は、デザルグの視点に関する研究に注目した数少ない数学者だった。

Column
双対の立体

双対性は、幾何学の多くの分野に表れる。任意のプラトンの立体に対して、それぞれの面の中心に点を打ち、これらの点を頂点とする新しい立体をつくる。この新たな立体は、別のプラトンの立体（四面体の場合は同じ立体ができるので、こちらもプラトンの立体）になる。新たな立体は最初の立体の双対で、互いに鏡像関係にある。立方体には6つの面と8つの頂点があるが、その双対である八面体には8つの面と6つの頂点があるのだ。

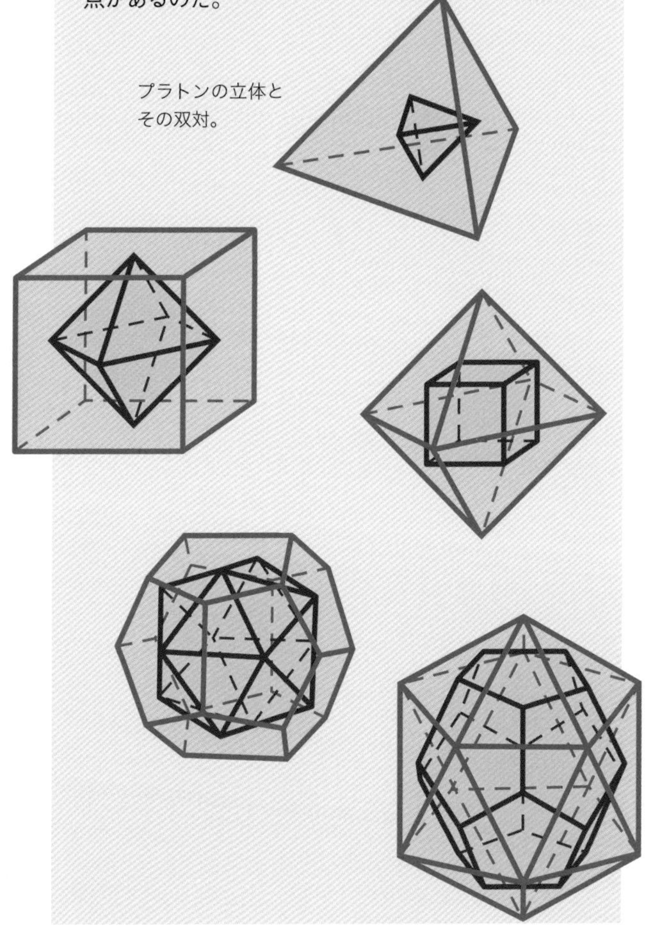
プラトンの立体とその双対。

要性が十分に認識されたのは、ようやく20世紀になってからだ。今日、射影幾何学はコンピューターゲーム、CGI、仮想現実の開発に不可欠なものとなっている。

数学的対称性

デザルグの新たな手法は、古代から人々を悩ませてきたある数学問題も解決した。数学者たちは、対称性を好むものだ。そのため、お互いが鏡の関係であるようなふたつの定理の組み合わせがたくさんある。三角形は、1辺と2角（ふたつの角）、または2辺と1角（ひとつの角）で決まる。数字の「1」と「2」を交換するだけで、両方の定理が得られるのだ。これを双対性という。2番目の定理は1番目の双対であり、その逆も同様だ（左のコラム参照）。数学のもっとも基本的な事実のひとつに「任意の2点を通る1本の直線を引くことができる」がある。これはユークリッドの公理のひとつだ。この公理の双対は「任意の2本の直線は1点を通る」となる。さて、これはきちんとした命題のように見えるが、常に正しいとは限らない。当てはまらない例はひとつだけで、2本の直線が平行な場合だ。しかしデザルグが考案した新しい射影空間では、もはや例外はない。2本の平行線でさえ1点、つまり消失点を通るのだ。

参照：
▶完全な図形…30ページ
▶ユークリッドの革命…44ページ

丸い世界の平面の地図

Flat Maps of a Round World

人々は地球が球であること（だいたいの話だが）を、古代ギリシャ時代から知っていた。しかしその後何世紀にもわたって、ほとんどの人は陸上を短い距離しか移動せず、航海では海岸から海岸へ渡っていたため、地球の形は実用上ほとんど問題にならなかった。

探査が始まる

しかし13世紀までに、勇敢な船乗りの中に地球上の大部分を航海し、そこで発見したものを示す地図をつくる者が出てきた。そして1500年ごろまでには、地球全体の地図をつくるのに十分なほど世界に関する

マルティン・ベハイムが1492年に描いた、当時の世界地図。同年のアメリカ大陸へのクリストファー・コロンブスの航海によって、この地図はすぐに古いものになってしまった。

情報が得られていた。地図は球に描くのが一番いい。だが、球は旅行者が持ち運ぶのには向いていない。その点、平面の地図の方がはるかに優れている。しかし、立体の世界をどう平面に描くのか？　これは、オレンジを平らにして外側の皮全体が見えるようにするのと似た課題だ。まず表面を切り、さらに多くの切れ目を入れるか、皮を伸ばすかする必要がある。同じことが世界地図にも当てはまる。切り目をたくさん入れるか、あちこちを伸ばすかのどちらかだ。

緯度と経度の線は地球上では直線に見えるが、宇宙から見ると円であることがわかる。

緯度と経度

　地球儀であろうと平面であろうと、すべての世界地図（あるいは広い地域を描いた地図）には、緯度と経度の線が入る。これらの線は太陽によって定義されている。太陽は東から昇り、西に沈むことから、これらのふたつの方向が定まるのだ。経度の線（経線）は東

ゲラルドゥス・メルカトルは、1569年に初期の完成度の高い世界地図の図法を発明したが、その地図は誤解の原因ともなった。

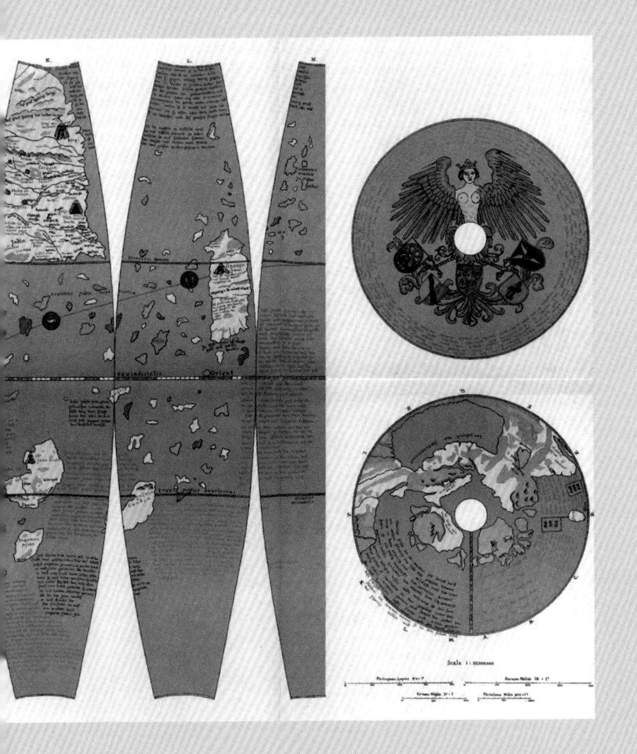

西の位置を示す（したがって、北から南に引かれる）。太陽が最高点にあるとき、時刻は正午であり、太陽への方向は北半球にいる観測者にとっては南、南半球にいる観測者にとっては北だ。こうして北と南が定まり、緯度の線（緯線）は南北の位置を示す。経線と緯線が本当に地球上で描かれていたら、宇宙空間からはそれぞれの線が円に見えるだろう。

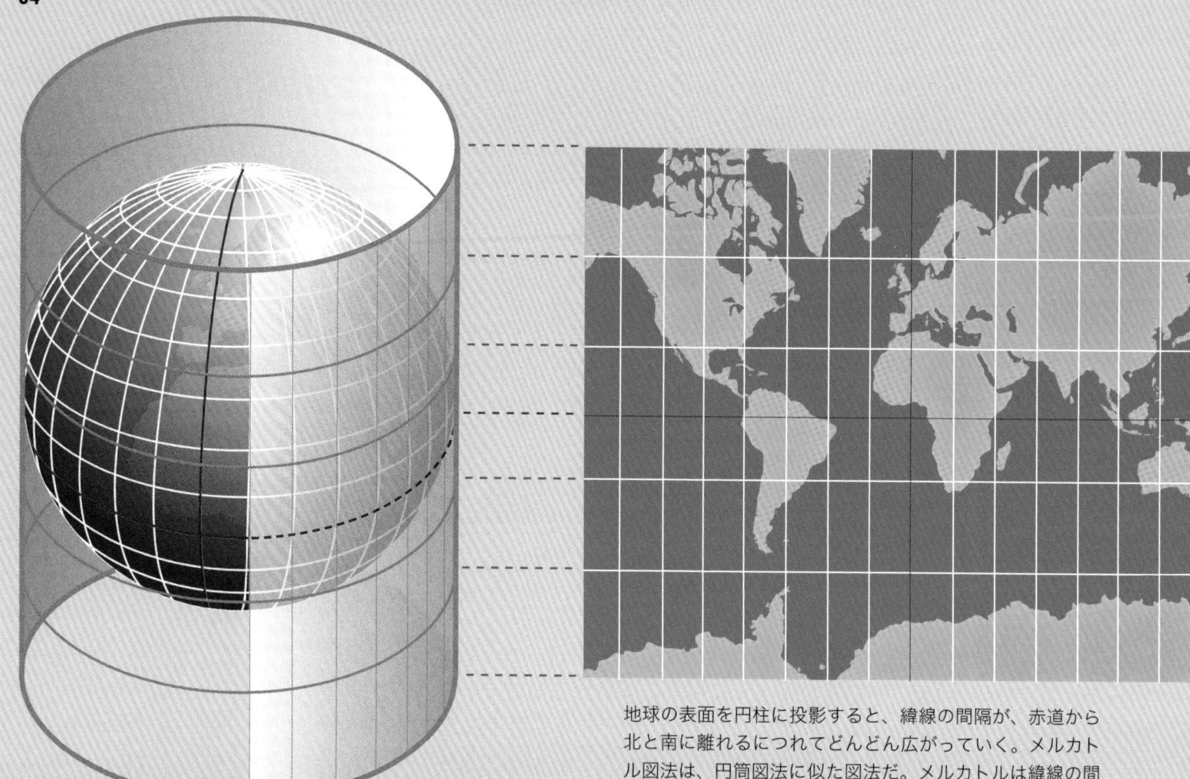

地球の表面を円柱に投影すると、緯線の間隔が、赤道から北と南に離れるにつれてどんどん広がっていく。メルカトル図法は、円筒図法に似た図法だ。メルカトルは緯線の間隔のばらつきを少し小さくしたが、依然としてヨーロッパと北アメリカのあたりを含め、高緯度の地域が不釣り合いに大きな場所を占めている。

投影図

地球を地図に描くさまざまな方法の多くは投影法と呼ばれる。最初期のものに円筒図法がある。なぜ円筒図法と呼ばれるのか。その仕組みを理解するには、透明な地球と、その中に明るい光がある状態を想像するとよいだろう。さらにトレーシングペーパーのような半透明の1枚の紙で、地球がぴったり接する円柱をつくる。内部の光は地球の表面にあるものの影を紙の円柱上に投影し、それが世界地図として見えるというわけだ。

メルカトル図法

最初の優れた世界地図は、メルカトル図法を用いてつくられた。この名前は、ベルギーの発明家、ゲラルドゥス・メルカトルにちなんでいる。彼が1569年に最初にその種の地図をつくったからだ。画期的な業績を挙げたほかの数学者たちと同じく、彼も多くの分野で研鑽を積んだ。当時もっとも偉大な学者のひとりであるゲンマ・フリシウスから数学と地理学を学び、名高い彫刻家ガスパール・ファン・デル・ヘイデンからも彫刻家としての訓練を受けた。3人はともに地図と地球儀をつくりあげ、大きな収入を得て名を挙げた。

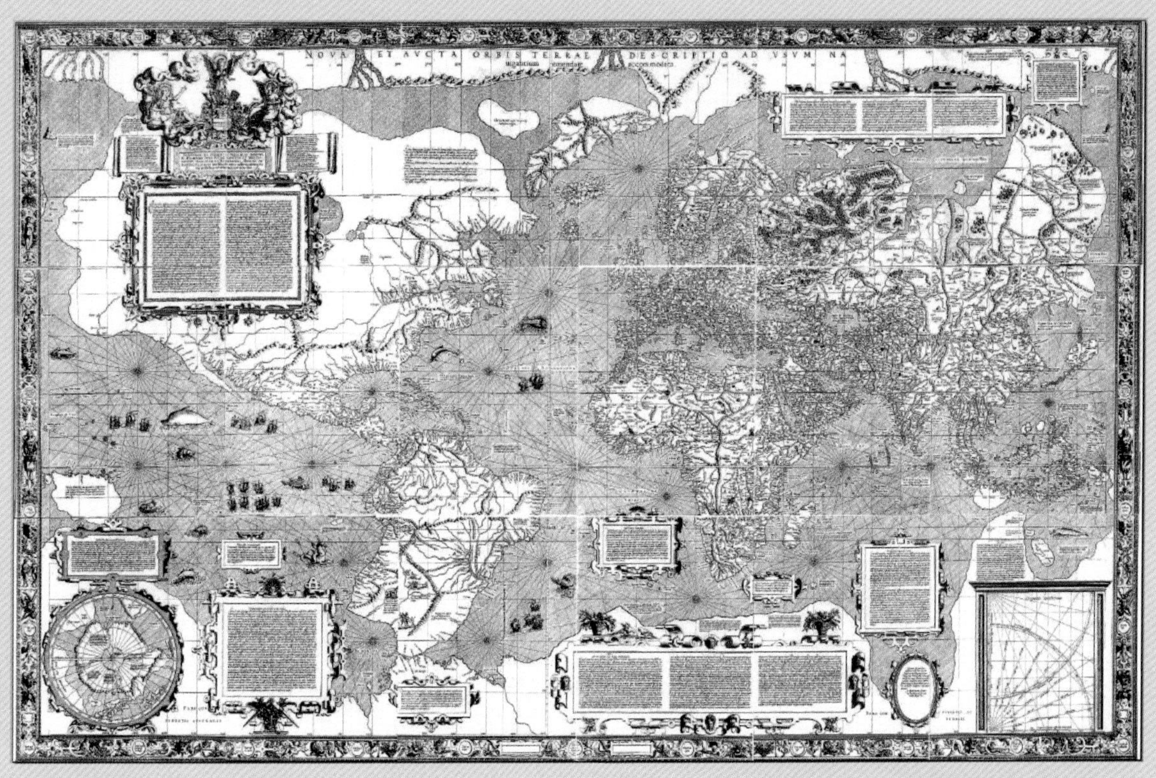

1569年につくられた、メルカトルによる世界地図。

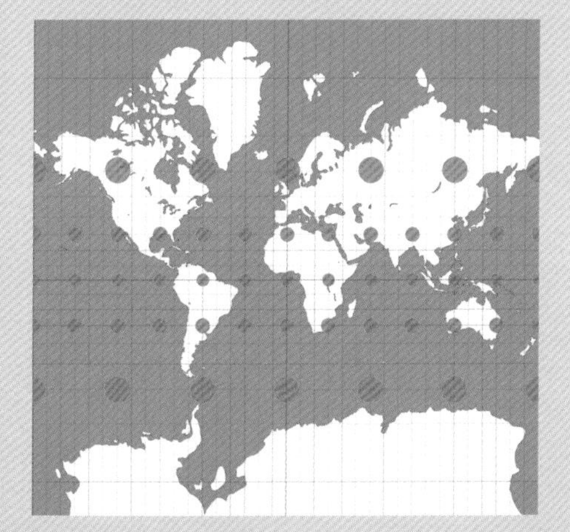

メルカトル図法は、大陸の面積をゆがめる。地図上の円は、実際の地球の表面上では同じ面積にあたる。赤道近辺が押しつぶされて小さくなる一方、北部と南部では垂直方向に引きのばされている。

アフリカ大陸（赤）とグリーンランド（青）の比較。右がメルカトル図法によるグリーンランド、左がアフリカと同じ縮尺で描かれたグリーンランド。

当時、国際貿易は多くの国にとって主要な収入源だったため、できのいい地図には大きな価値があった。実際、海賊たちはほかの船から、金品と同じくらい熱心に地図を奪っていた。ただし、有名になることには難点もある。メルカトルは信心深い人間だったが、その一方で聖書が真実なのかどうか、特に世界がどのように始まったのかについての記述に疑念を持っていた。1544年、メルカトルは逮捕され、数か月にわたって投獄された。異端者ではないかと疑われ、異端審問にかけられたのだ。

ゆがんだ見方

メルカトル図法は何世紀にもわたって旅行者に大いに役立ってきたし、今日でも非常に人気がある。この地図の大きな利点は、紙面上にすき間がないことだ。一方、大きな欠点は、特に極に近い国々の形がゆがんでしまうことだ。メルカトル図法が一般によく知られている影響で、人々は赤道から遠い国のことを実際よりも大きいと思っている。たとえば、メルカトル図法では、グリーンランドはアフリカ大陸とほぼ同じ大きさだが、実際はアフリカの方が10倍以上大きい。

航路の選択

メルカトル図法が何世紀にもわたって一般的に使われてきたのは、移動ルートを簡単に示せるからだ。しかし、今日メルカトル図法の地図はこの目的にはまったく役に立たない。たとえばアメリカのロサンゼルスからノルウェーのオスロに移動したい場合、ルートをどのように定めればよいだろうか？　最短ルートは直線だが、それでは地球を貫通するトンネルを掘ることになる。もうひとつの方法は、ロサンゼルスからオスロへの方向（磁針方角で）を調べ、その方向に進むことだ。地球の表面上でこの方向に移動していくルートは、メルカトル図法では地点間を結ぶ直線となり、航程線と呼ばれる。ただし残念なことに、このルートは最短ルートではないのだ。

大圏

地球表面上の最短距離をたどるには、地球儀上でロサンゼルスとオスロの場所にピンを打ち、ピンのあいだ

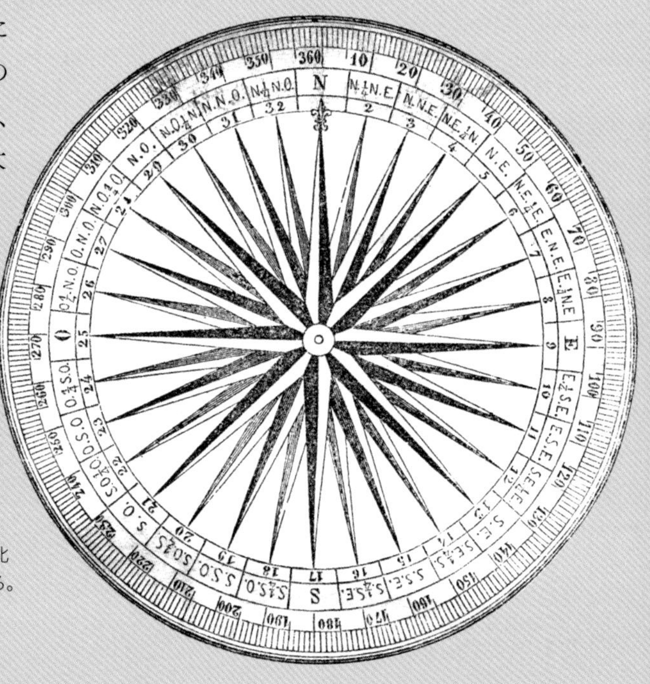

コンパスは、磁北からの角度を測る。

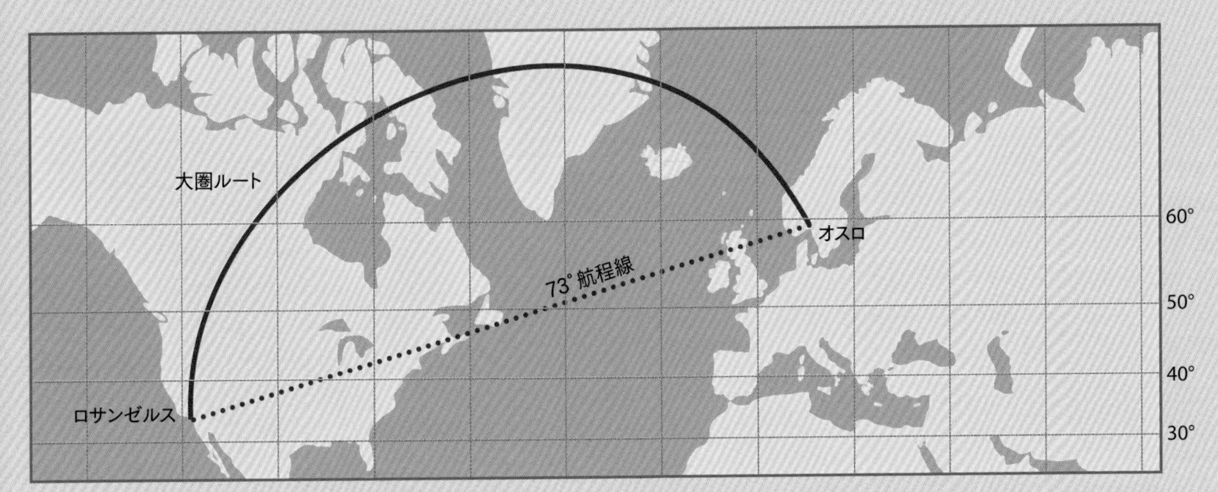

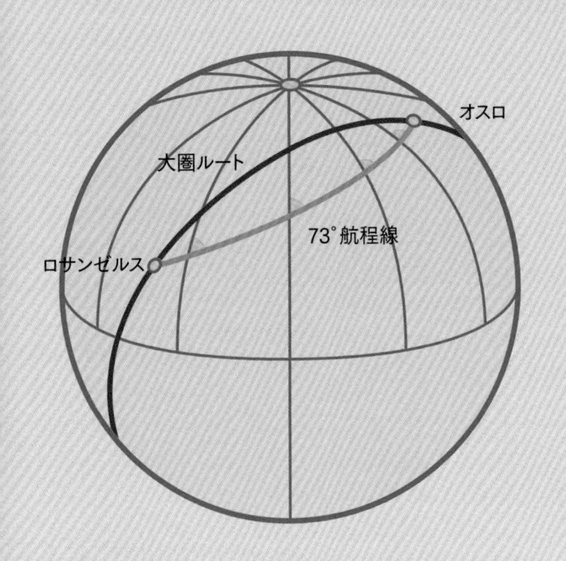

メルカトル図法では、航程線は直線であり、大圏よりもはるかに短い場合がある。ロサンゼルスからオスロまで航程線上を移動するには、コンパスの方位を常に北から73°に保つ必要がある。上に示した曲線のルートははるかに長く見えるが、最短なのはこの大圏ルートだ。大圏ルートをたどるには、コンパスの方位を徐々に変えなければならない。地球儀（左）で見ると、大圏ルート（赤）は、航程線（緑）よりも少し短いことがわかる。

に糸を張ればいい。球の周に沿ってまっすぐ見下ろせるところまで地球儀を回せば、糸は直線に見える。このとき糸は球の中心の真上を通っているように見えるだろう。しかし、ロサンゼルスからオスロまで航程線を引いても、その航程線が直線に見えるような場所はない（ただしこれには例外がある。航程線が経線か緯線である場合は、直線に見える）。このように糸を引いてつくった線を大圏といい、飛行機はふつう大圏に沿って飛ぶ。この飛行のときは、向かう方位を絶えず変え続けなければならない。現代のコンピューター化された航空システムではたやすいことだが、メルカトルの時代、そしてその後の何百年かのあいだは、コンパスの方位を絶えず変え続けるのはかなり難しかった。旅行者が迷子になってしまう可能性はとても高い。旅程のあいだ、同じ方位をたどり続ける方がはるかに簡単で安全だ。また船による航海では、風向きの変化によっては船を正確な方角に向ける操縦ができないため、コンパスが示す方位を正確に追い続けるのも不可能だった。その代わり、船の操舵手は風向きが船のとるべき正しい方向とどれだけ違うかに注意を払い、タイミングを見て反対方向に少しコースを外してずれを補わなければならなかった。目標となる方位が常に変わる中でこの調整を行うのは不可能だ。

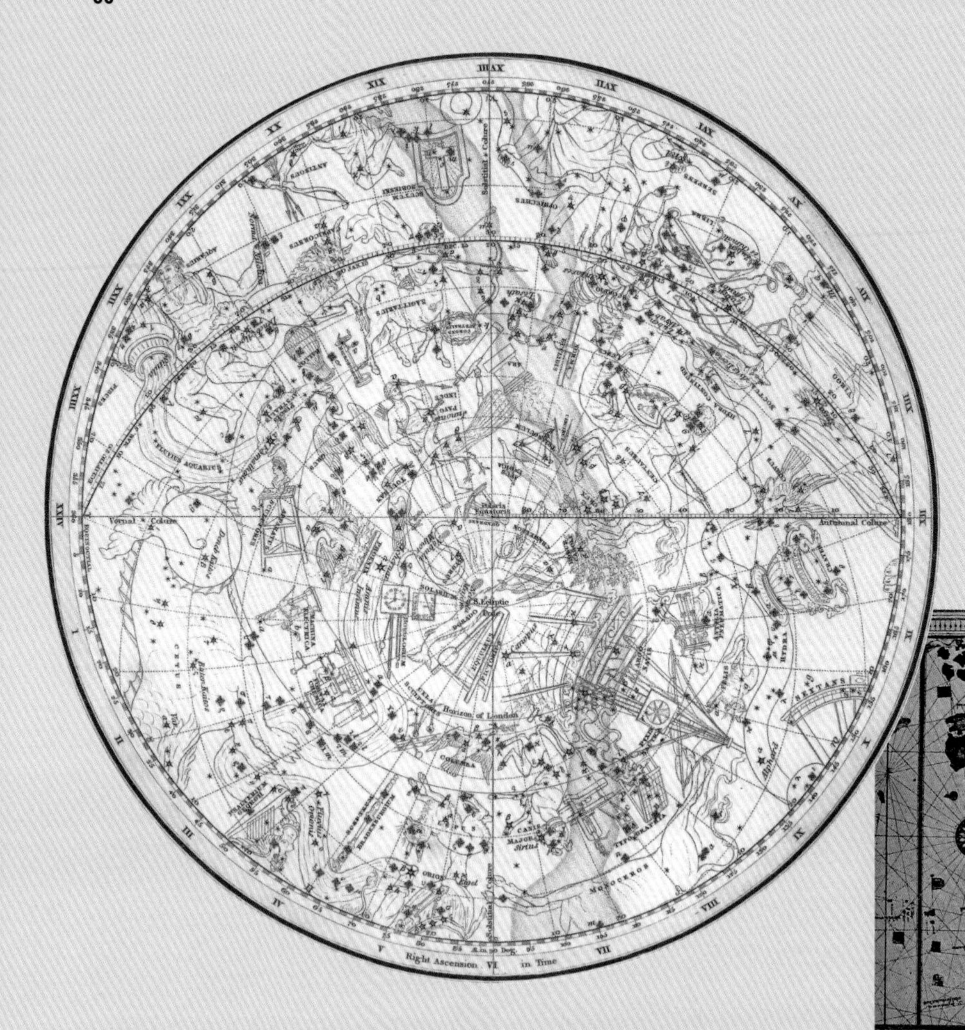

左：スコットランドの星図制作者アレクサンダー・ジェイミソンが、1822年に立体投影図法で描いた「ジェミーソン星図」。

下；円から放射上に出る航程線が描かれた大西洋の地図。この1500年の地図は、アメリカ大陸を（ほんのわずかだが）示した最初の地図のひとつで、現在のブラジルへの航路を表している。

星図

地図は地球上のものを描くばかりではない。人々は何千年にもわたって、夜空の地図を描いてきた。当時の彼らにとって星図とは、星々が貼り付けられた球の内側を写すことだった。星がすべて地上から等距離にあるわけではないことがわかっている今も、夜空の星々が球の内側に貼り付いているという想定は無駄になってはいない。さて、世界地図と同じように、半球状の星図は正確であっても平面の地図ほど便利ではない。しかし、メルカトル図法は星図では役に立たない。ほとんどの旅行者は、メルカトル図法で極域の表示が不十分であることを気にしないが、地球上のどこからでも夜空のすべてを見られるので、星図はすべての空の部分を等しく正確に表さなければならないのだ。またどの星図においても、星座の形が正しいことを確認する必要がある。それではどうするか。一番いいのは、立体投影を使うことだ（下図参照）。立体投影では星座の形状はほぼ正確に保たれるが、縁の近くは実際より大きくなる。また、1枚の地図で表せるのは空の半

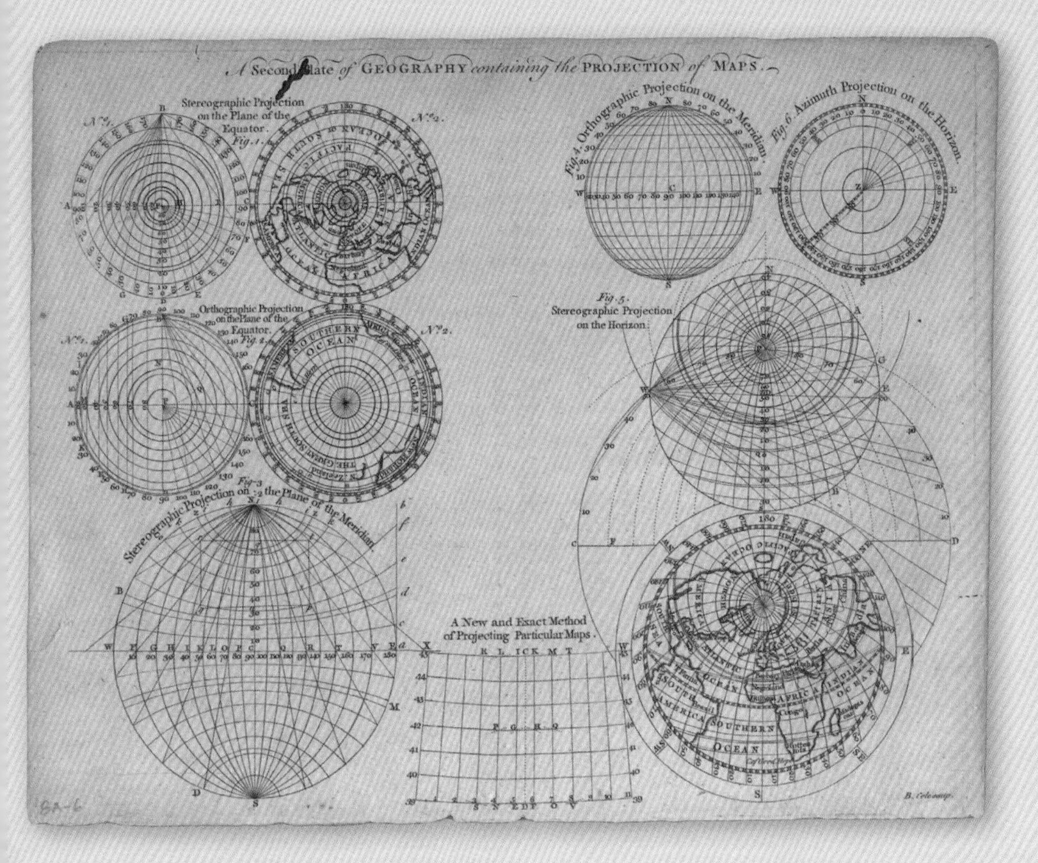

左：地図投影法の比較図。イギリスの地図製作者ベンジャミン・コールズの1759年の著書より。

下：円筒投影（左端）および立体投影（右端）は、円錐投影（中央）の極端なものと見なせる。赤い円と点は、地図（投影する先）が地球に接する箇所を示す。

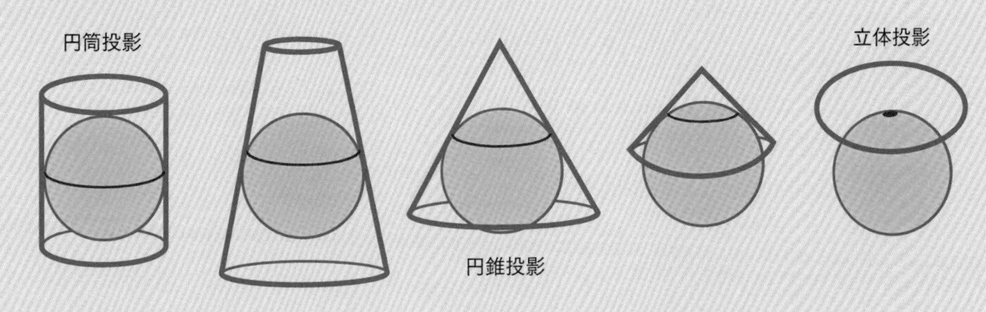

分だけだ。といっても地球上からいつでも観測できるのも最大で空の半分だから、この点は問題ないだろう。

円錐図法

1772年、スイスの数学者ヨハン・ハインリヒ・ランベルトは投影図に関する幾何学を探究し、多くの新しい投影法を開発した。ランベルトは、立体射影による図法とメルカトル図法が、彼の発明のひとつである円錐図法に関連していることに気づいた。円錐を低くしていくと立体射影に近づき、高くすると円筒投影に近づくのだ。

微分幾何学

円柱は曲面を持ち、球の表面も曲面だ。しかし円柱を切り開いてどこも伸ばさずに平らにすることはできるが、球に対して同じことはできない。したがって、ここでは2種類の曲率を考えなければならない。球にはあるが円筒にはない曲率は、発見者である19世紀のドイツの数学者カール・フリードリヒ・ガウスにちなんでガウス曲率と呼ばれている。ガウスの研究は新しい種類の曲線幾何学、現在では微分幾何学と呼ばれる分野の始まりだった。ガウス曲率によって、遠くまで移動しなくても地球の形状を検証できる。たとえばニューヨークに住んでいて、西に500キロメートル、北に500キロメートル、東に500キロメートル、南に500キロメートル移動したら、最後には出発地から東に数キロメートルずれた大西洋に着くだろう。これは地球が球だからで、この移動によって地球が球であることが証明されるのだ。古代ギリシャの一部の人々が信じていたように、地球が円筒形だったら、この移動で、われわれは正確に出発地に帰れたはずだ。

驚くべき定理

ガウス曲率を実証する方法のひとつは、円形のひもを曲面に置いてみることだ。ひもの長さを30センチメートルとする。この長さはある円の円周（c）であり、$c=2\pi r$（rは半径）だ。したがって、$r=c\div 2\pi=30\div 2\pi$、つまり約4.77センチメートルとなる。平らな紙ではひもの内側の面積は$A=\pi r^2$で、約71.5平方センチメートルだ。球の表面ではガウス曲率が正になり、円の面積は71.5平方センチメートルより大きい。負のガウス曲率を持つ、馬に乗せる鞍のような平面上では面積が平面上より小さくなる。曲げて表面の形を変えても、ガウス曲率は変わらない。平らな紙は

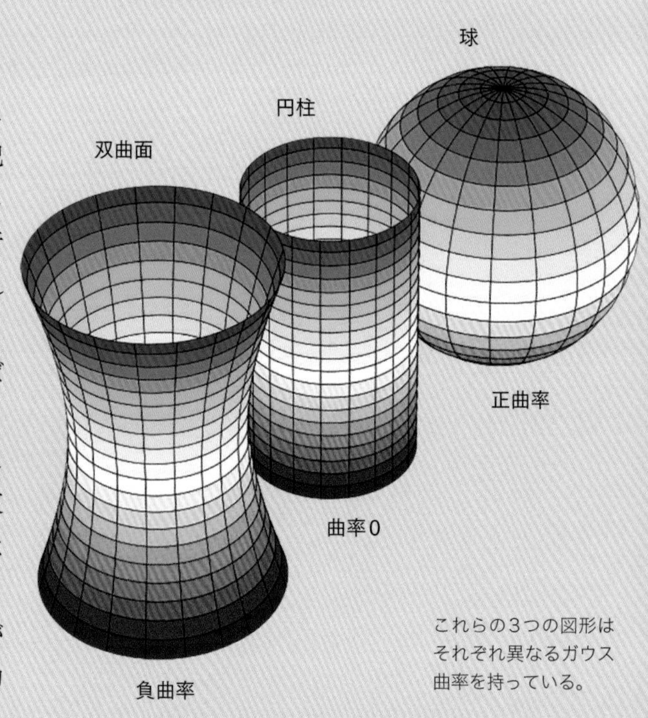

これらの3つの図形はそれぞれ異なるガウス曲率を持っている。

カール・フリードリヒ・ガウスは、投影図法による地図において、必ず何らかの要素の精度が下がるのはなぜかを説明した最初の人物だ。

ガウス曲率が0であり、その紙で円柱または円錐をつくると、その新しい図形もガウス曲率は0となる。紙を伸ばした場合のみ曲率が変わる。1827年に、ガウスはこの発見について発表した。発表された定理を驚異の定理（ラテン語で「theorema egregium」）という。この定理が、何かの図形のほんの一部を見るだけでその図形全体を調べられるという発想があまりに並外れていたからだ。この発見は多くの興味深い分野とかかわりがある。たとえば、平らな紙なら曲げられるのに、なぜ紙でできた球体やドーナツ型のものは曲げられないのか？　それは平らな紙はガウス曲率を変えずに曲げられるが、紙の球体やドーナツ型のものではガウス曲率を変えずに曲げられないからだ。またなぜ世界地図は、切れ目を入れたり伸ばしたりしないとつくれないのか？　それは、平らなものと球はガウス曲率が異なるからだ。このように驚異の定理のおかげで、わたしたちはピザをぐちゃぐちゃにすることなく食べることができるのだ。

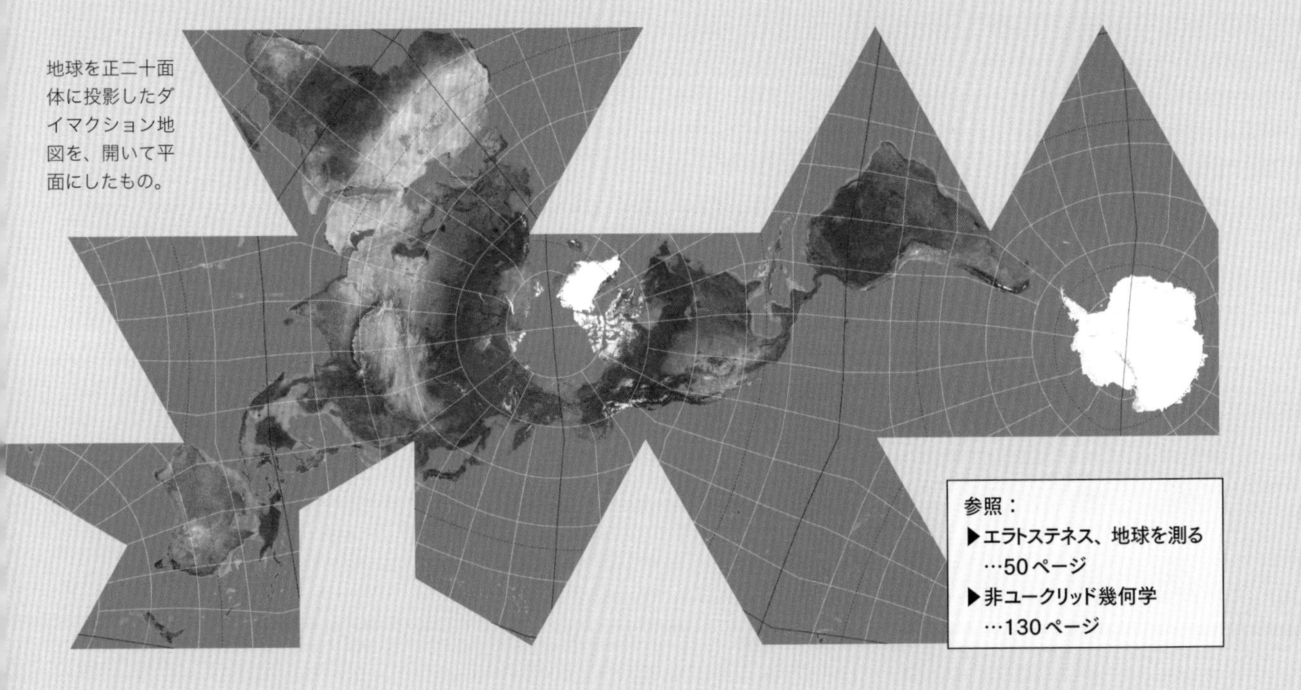

地球を正二十面体に投影したダイマクション地図を、開いて平面にしたもの。

参照：
▶エラトステネス、地球を測る
…50ページ
▶非ユークリッド幾何学
…130ページ

空間を満たす
Filling Space

トーマス・ハリオットは、偉大な業績を残した数学者の中で、もっとも評価されていない不運な人物かもしれない。ハリオットは代数学と幾何学（さらに光学と天文学）の分野で多くの発見を成した。彼の発想は同時代の水準をはるかに上回っていたが、4世紀のちの2007年まで、著作として完全な形で出版されることはなかった。彼はまた、イギリスの探検家サー・ウォルター・ローリーとともに北アメリカに赴き、そこで出会ったネイティブ・アメリカンの人々の言語を熱心に学び、彼らが話す言葉を書き記す特別な方法を発明した。

A briefe and true report
of the new found land of Virginia
of the commodities and of the nature and maners of the naturall inhabitants. Discouered by the English Colony there seated by Sir Richard Greinuile Knight In the yeere 1585. Which Remained Vnder the gouernement of twelue monethes, At the speciall charge and direction of the Honourable SIR WALTER RALEIGH Knight lord Warden of the stanneries Who therein hath beene fauoured and authorised by her MAIESTIE and her letters patents:
This fore booke Is made in English
BY Thomas Hariot seruant to the abouenamed Sir WALTER, a member of the Colony, and there imployed in discouering
CVM GRATIA ET PRIVILEGIO CÆS. MA.TIS SPECIA.LI

FRANCOFORTI AD MOENVM
TYPIS IOANNIS WECHELI, SVMTIBVS VERO THEODORI DE BRY ANNO CIƆ IƆ XC.
VENALES REPERIVNTVR IN OFFICINA SIGISMVNDI FEIRABENDII

トーマス・ハリオット（左）は、アメリカでの冒険を著書『新発見の地バージニアにおける簡潔な真実の記録』（上の写真）にまとめた。

ハリオットは、探検家ローリーの右腕として1585年に現在のノースカロライナ州沖にあるロアノーク島に居住区を建設した（その居住区は約2年後、謎の理由で消滅し、ただひとりぶんの人骨だけが発見されたという）。ハリオットはアメリカからイギリスにジャガイモを導入した人物であり、最初に喫煙したヨー

南北戦争中、セントルイスの武器工廠にピラミッド状に積み上げられた砲弾。

ロッパ人のひとりでもある（1621年、顔面にできたがんが原因で亡くなったが、タバコのせいかもしれない）。ハリオットはまた、ローリーが自身の船を設計するのを手助けした。ハリオットの目を実用的で数学的にも興味深い問題に向けさせたのは彼らの友情だ。それは、「空間をもっとも効率よく利用する方法は何か」という、今日も研究が続けられている問題だった。

砲弾のピラミッド

きっかけはローリーからの問いだった。決まった数の砲弾をピラミッド状にもっとも効率よく積み上げるには、一番下の段に何個置けばよいだろうか？　当時、砲弾はふつう正方形または長方形、ときには三角形を底面とするピラミッド状に積み重ねられていた。ハリオットはこれらすべての場合について答え、その逆の問いにも答えた。決まった幅の底面の上に、いくつの砲弾を積めるか？　これらはハリオットのような数学者にとっては簡単な問題だったが、この問いをきっかけに彼は物質の性質についての研究を始めた。原子がくっつきあって積み上がった状態として物質を説明できないかと考えたのだ。彼はまったく正しかったが、この発想は、当時危険視されていた。

Column
すべてやり尽くす

数学の証明のほとんどは簡潔で美しいものだが、とても長く複雑なこともある。また数学の専門家がひとりで達成することもあれば、チームを組んで行うこともある。アマチュアによることも、プロによることもある。しかしいくつかの予想（証明されていない命題）は、人間の創意工夫だけでは解決できない。そのような場合には、コンピューターを使用した「総当たり」の方法を試すことになる。ケプラー予想（95ページ参照）に取り組む際には「しらみつぶし法」と呼ばれる方式が試された。これは単に、あり得る球の詰め方をコンピューターですべて検証したという意味だ。ただしこの方法は満足なものとはいえない。ありうる場合のすべてを実際に試行したことを確かめるのがとても難しいからだ。このため1998年に得られたケプラー予想の「証明」は、99%正しいとしか言えなかった。 100%確実と認められている2014年版の証明も、コンピューター分析に基づいたものだ。

厄介な意見

誰もが敬虔なキリスト教徒であることが当然とされた当時のヨーロッパでは、物質が原子からできていることなど、多くの発想が反宗教的と見なされていた。物質と原子をめぐる探求は、ハリオットよりも思想と言論の自由を享受していたはずの古代ギリシャの人々から始まった。ギリシャの原子論者は、世界は原子でできた巨大な機械と見なすことができ、それを起動させたり動かし続けたりする神は必要ないと信じていた。しかしハリオットの時代には、原子の存在を信じる人間は神を信じていないと疑われる可能性があり、神を信じないという過ちは当時最大の罪だった。それにもかかわらず、ハリオットは球の積み方について検討を進めた上、自身の考えのいくつかを偉大なドイツの科学者であり数学者であるヨハネス・ケプラーに書き送ったのだ。

ヨハネス・ケプラーは、数学を自然現象に当てはめた最初の研究者のひとりだ。

ハチは六角形の小部屋を持つ巣をつくる。小部屋は蜜と花粉を蓄え、花粉は働きバチによって蜂蜜に変わる。蜂蜜はハチの幼虫に与えられ、幼虫は成虫になるまで別々の小部屋で育つ。

厄介な友人

自身の信念だけでなく、友人たちの行いも後にハリオットを危険にさらすこととなった。まずローリーが、新王ジェームズ1世の暗殺を計画しているとの嫌疑をかけられた。次にハリオットの別の友人が、イギリス上院を狙った爆破未遂事件「火薬陰謀事件」の首謀者の少なくともひとりとかかわりがあったとして逮捕された。ハリオットはどちらの事件に関しても逮捕され、尋問されたがなんとか難を逃れた。

ケプラー予想

一方、ハリオットから書簡を受け取ったケプラーは、ハリオットの砲弾こそ球をもっとも効率的に詰める最良の実例だと結論づけた。のちにケプラー予想と呼ばれるこの考えは、一見単純で明白に思えるが、証明するのは信じられないほど難しいことが次第に明らかになる。ようやく1998年、オランダの優秀な数学者トーマス・ヘイルズによって解決されたものの、そのためにはコンピューターを駆使しなければならなかった(左ページのコラム参照)。しかしヘイルズの成果は証明としては十分ではなく、2014年になって初めて完全な証明が得られた。

ハチが一番賢い？

球の詰め込みと似た種類の問題がある。決まった体積の箱や決まった深さの穴をたくさんつくるとき、使う材料の量を最小にするには、箱や穴の形をどうすればよいか？　最初に思いつく解決のひとつは立方体だ。しかし実は、いろいろ試してみると、六角形が材料を効率的に使う方法であることが確認できる。この結論はケプラー予想と同じく単純で明白に思えるが、1999年になって初めてトーマス・ヘイルズによって証明された。おそらく、これこそハチが六角形の小部屋を持つ巣をつくる理由だ。そうすれば、蜜蝋をもっとも効率よく使える（4世紀にギリシャの数学者パップスは「ミツバチは、ある幾何学的な思考により、六角形が正方形や三角形よりも広く、同じ材料を使ってより多くの蜂蜜を蓄えられると知っていた」と指摘し

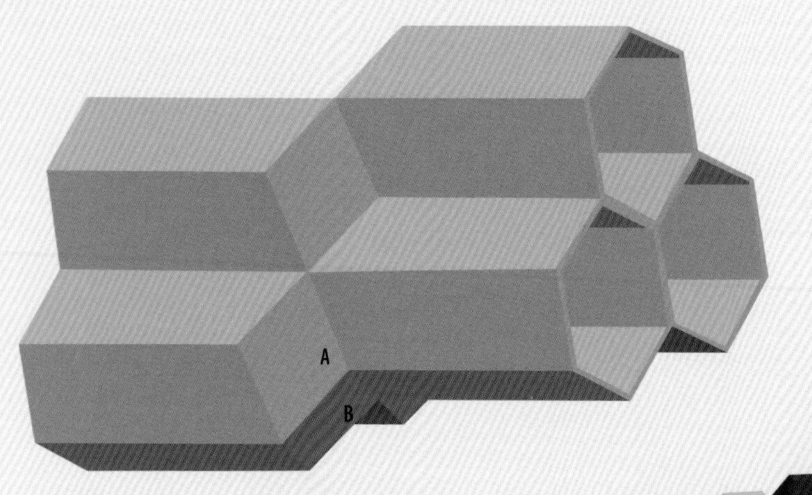

左：天然のハチの巣の形は、わずかに非効率的であることがわかっている。

下：「ケルビンフォーム」は開口部がないため、ハチの巣よりも材料の使用量が少ない。

ている。ただしパップスはその根拠は示さず、数学的に予想しただけだった）。1953年、ハンガリーの数学者ラースロー・フェイェシュ・トートがミツバチの知恵を超えられるかに挑戦している。ミツバチは六角形の小部屋を、壁の層を背中合わせに貼り付けてつくっていく。小部屋のふた部分はひし形だ（そのうち2枚が、上の図のAとB）。トートは、ミツバチが小部屋のふたを六角形2枚と正方形2枚でつくる場合のほうが、蜜蝋がより少なくてすむことを示した。しかし、結局のところ、ミツバチのほうが賢いのかもしれない。というのも、ひし形のふたはトートの代替案より強度が高いようなのだ。これが事実なら、トート案のハチの巣は小部屋の壁をより厚くする必要があり、結局はより多くの蜜蝋がいることになる。しかし、誰もまだこの仮説を証明も反証もしていない。

閉じた箱の泡構造

数学者は、答えを見つけてもさらに次の問いを見つけ、地平線を越えて探索を続けるのが好きだ。ミツバチの問題の次の問いはこうだ。小部屋からものを出し入れする必要がなければどうだろうか。つまり一定の量の材料で、可能な限り大きな閉じた箱をつくるのだ。その箱はどのような形がいいだろうか？　ハチの巣問題と同じく、最初に思いつくのは立方体だが、これもかなりの材料が無駄になる。1887年、スコットランド系アイルランド人の数学者であるケルビン卿が、角が切り取られた八面体のような曲がった側面の立体が答えだと考えた。この立体は今日ではケルビンセル、立体を配置したものは「ケルビンフォーム」（フォー

北京オリンピックのアクアティックセンターは、ウィア=フェランフォームに基づいている。

ムとは、等しい体積の泡のような立体がつくる集合体という意味）として知られている。

答えはまだない

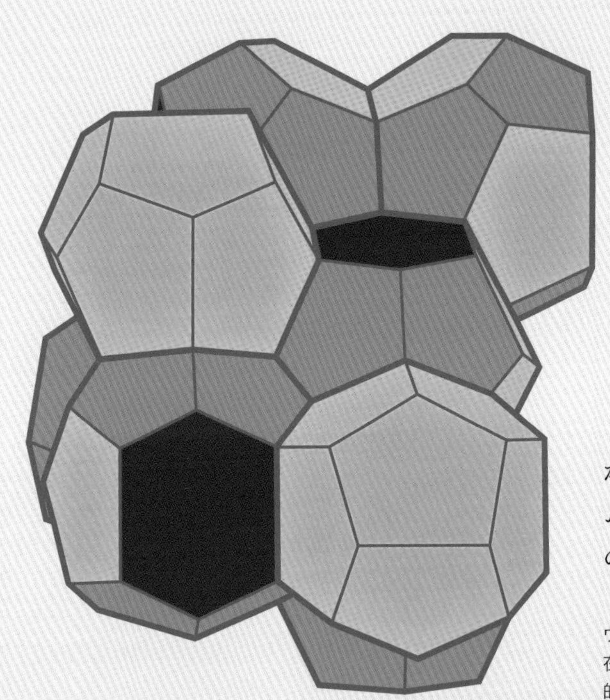

多くの数学者が、ケルビンの案（これはケルビン予想として知られるようになった）が最適だと証明することに失敗した。そしてついにデニス・ウィアとロバート・フェランというふたりのアイルランド人幾何学者によって反証された。彼らは、3つの異なる種類の多面体の繰り返しこそが、ケルビンフォームよりも材料が0.3%少なくてすむことを発見したのだ。2008年、北京オリンピックのアクアティックセンターは、この発見を記念し、ウィア=フェランフォームを使って建てられた。しかし話はまだ終わらない。ウィア=フェランフォームが最適な解であることは、まだ証明されていないのだ。

ウィア=フェランフォームは、現在知られている中でもっとも効率的に空間充填できる詰め物だ。

参照：
▶完全な図形…30ページ
▶結晶…136ページ

幾何学＋代数学
Geometry + Algebra

古代ギリシャの人々は、定規とコンパスだけで曲線を描くことにこだわったが、すべての曲線がその方法で描けるわけではなく、余計に時間がかかることもわかっていた。たとえば放物線を描くには、たくさんの手順がいる。

長い歴史のあいだに、棒をつなげて曲線を描く方法がいくつか発明された。棒の1本にマーカーをつけ、棒の動きに合わせて曲線を描くのだ。棒は1本で足りる場合もある。らせんを描くには、点を中心に棒を回し、マーカーをその回転に合わせて動かせばよい。この方法はらせんの形を定義するものでもある。アポロニウス（39ページ参照）は、この発想に基づいて1冊の本を書いたが、本は現在まで発見されていない。アポロニウスの方法のユニークなところは、実際の棒についてはいったん忘れて背後にある考え方に集中し、仮想的な点の動きとともに線と点の距離と方向がどう変化するかを研究したことだった。点が通過した位置のすべてをまとめて軌跡と呼ぶ。曲線を描くには、距離と方向をどう変化させるかを定めればいい。アポロニウスはほかの本で書いている。「距離と角度を同

定規だけでらせんを描く、
古代ギリシャ時代の方法。

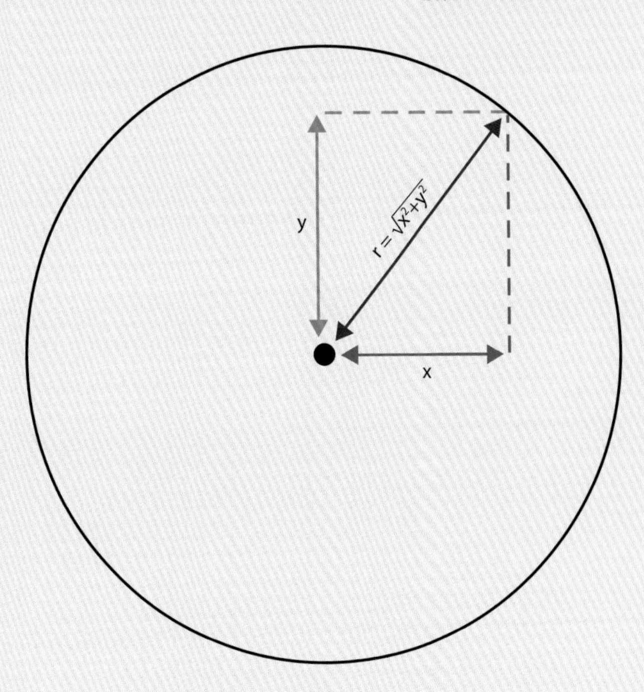

デカルトの解析幾何学によれば、直角三角形とピタゴラスの定理を使えば、半径rの円を描くことができる。

時に増やすと、らせんができる」。

代数学を加える

フランスの哲学者ルネ・デカルトは16世紀、この発想をさらに発展させた。彼が目を付けたのは古代ギリシャ時代以降に発展した数学分野のひとつ、代数学である（右下のコラム参照）。軌跡の概念を使えば、曲線を代数的に定義できることに気づいたのだ。たとえば、円は回転する棒の端の軌跡である、という代わりに、$x^2+y^2=r^2$と表せる。rは半径、xとyは円の中心からの水平距離と垂直距離だ。この3つの値で三角形をつくり、xが異なる値を取ると考えると、円を構成する一連の点全体を定義できる。

TABLE

Des matieres de la

GEOMETRIE.

Liure Premier.

DES PROBLESMES QU'ON PEUT construire sans y employer que des cercles & des lignes droites.

COMMENT le calcul d'Arithmetique se rapporte aux op rations de Geometrie. 2
Comment se font Geometriquement la Multiplication, Diuision, & l'extraction de la racine quarree. 2
omment on peut vser de chiffres en Geometrie. 2
omment il faut venir aux Equations qui seruent a resoudre les p blesmes. 3
Quels sont les problesmes plans; Et comment ils se resoluent. 3
Exemple tiré de Pappus. 3
Responsé a la question de Pappus. 3
Coment on doit poser les termes pour venir a l'Equation en cet exëple. 3
Kkk

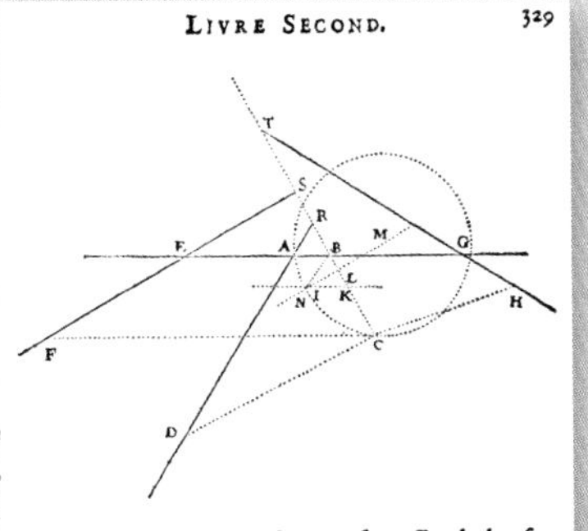
LIVRE SECOND. 329

d'vne Ellipse. Que si cete section est vne Parabole, son costé droit est esgal à $\frac{oz}{a}$, & son diametre est tousiours en la ligne IL. & pour trouuer le point N, qui en est le sommet, il faut faire IN esgale à $\frac{amm}{oz}$; & que le point I soit entre L & N, si les termes sont + mm + ox; oubien que le point L soit entre I & N, s'ils sont + mm -- ox; oubien il faudroit qu'N fust entre I & L, s'il y auoit -- mm + ox. Mais il ne peut iamais y auoir -- mm, en la façon que les termes ont icy esté posés. Et enfin le point N seroit le mesme que le point I si la quantité mm estoit nulle. Au moyen dequoy il est aysé de trouuer cete Parabole par le 1er. Problesme du 1er. liure d'Apollonius.

Que

ルネ・デカルトは1637年の著書『幾何学』で新たな幾何学を提案した。

Column
代数学

代数学では、数を文字に置き換えることで、数の関係の背後にある意味をとらえる。たとえば、次の3辺の長さを持つ三角形はすべて直角三角形だ。(3,4,5)（1,1,$\sqrt{2}$）(5,12,13)（15,20,25)。ピタゴラスの定理は、これらすべてをいくつかの文字と数で要約し、その背後にある規則性を示す。文字を含む関係式で表せば、$a^2+b^2=c^2$となる。

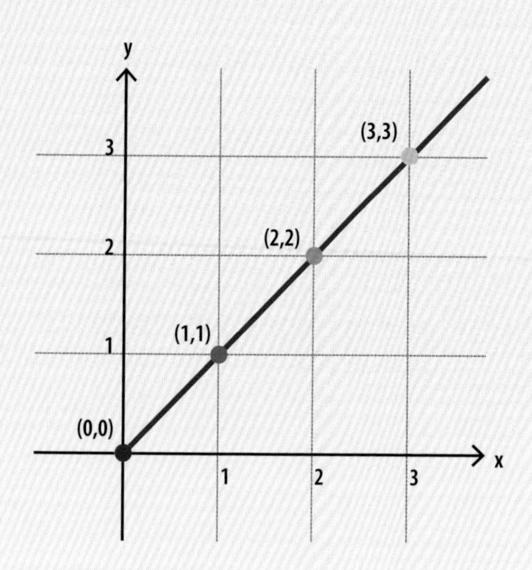

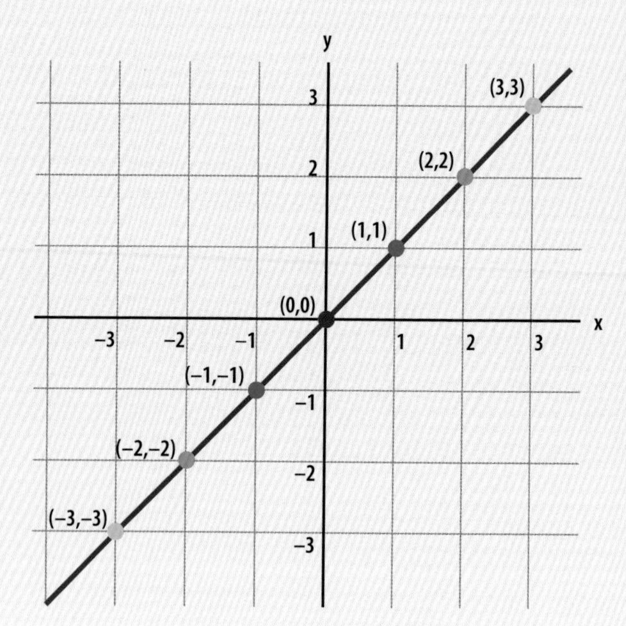

上：デカルト平面に描かれたx=yのグラフ。**右**：同じ直線を、負の数を含むように伸ばしたグラフ。

線上に点を打つ

デカルトは測るのに便利な点や線を適当に設定したが、のちの数学者たちはすぐ、2本の線を直角に交わらせ、交点に印をつけてそこを0とするほうが簡単だということに気づいた。横の直線をx軸、縦の直線をy軸、交点を原点と呼ぶ。これらの線からの距離は、デカルト座標と呼ばれる数の組で表す。原点を出発して、45°に傾く直線は、デカルト座標（0,0）（1,1）などを通る。すべての点においてxの値とyの値が等しいので、この直線はx=yと表せる。このような座標系では、負の数という概念を自然に導くことができる。x=yの直線を好きなだけ伸ばしていくとして、下に向かって伸ばしたらどうなるだろうか？　グラフでは単純に、負の数は正の数の単なる拡張であることが見て取れる。この事実は、多くの数学者が負の数を使うことを拒み、また一部は負の数の存在自体を信じなかっ

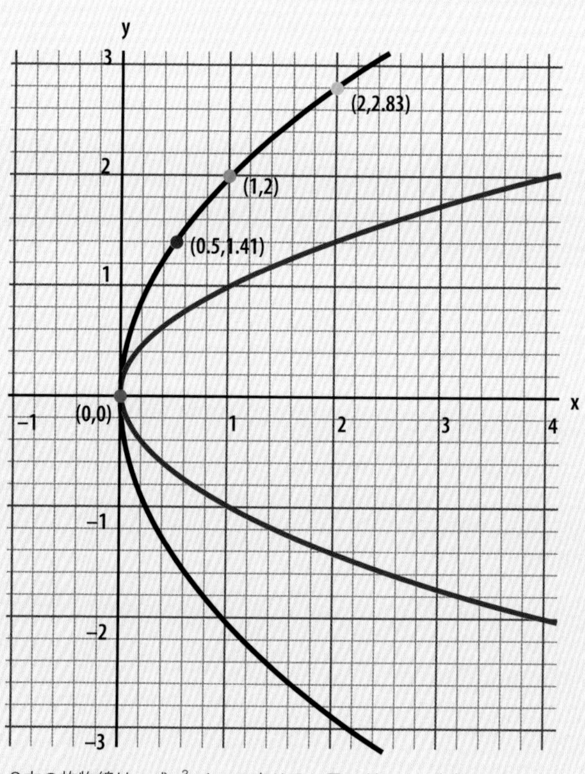

2本の放物線は、式$y^2=4ax$で表せる。黒いグラフは定数a=1、赤いグラフは定数a=0.25だ。

Column
新たな名前

デカルトは1637年に著書『幾何学』で自らの成果を発表したが、新たな幾何学に名前は付けなかった。のちに解析幾何学と呼ばれるようになる新たな幾何学は、座標を含むすべての幾何学を指す。グラフを描いて方程式の解を見つける分野は代数幾何学、定規とコンパスを使うが座標は使わないギリシャの幾何学は総合幾何学と呼ばれている。

た時代において、とても重要なことだった。

直線を分析する

デカルトが新しく代数学と幾何学を組み合わせたことで、代数学という新しい数学を幾何学という古い数学に生かせるようになった。それは、古い幾何学の問題が新たな代数学によって解決できるということでもあった。また、多くの図形を簡単に描けるようになった。デカルト方式では放物線の方程式が、たとえば$y^2=4ax$と表せる。この式を使って好きなだけ点の座標を求め、それらをつなげば放物線を描くことができる。

マラン・メルセンヌは、非公式ではあるが、もっとも初期の科学アカデミーの創設者だ。

書簡の共同体

デカルトは旅を好み、家にいることはめったになかった。一方、当時のフランスの偉大な数学者ピエール・ド・フェルマーはほとんど家から出なかった。しかし彼らは、お互いの研究成果やそのほかのヨーロッパの数学者の研究についてもよく知っていた。フランスの司祭であり数学者であるマラン・メルセンヌが教えてくれたからだ。メルセンヌは当時の偉大な数学者全員に手紙を送ったり直接会ったりして、国際的な科学コミュニティを築き、のちに「書簡の共和国」として知られた。このつながりは、今日の科学者にとってのソーシャルネットワーク、会議、ジャーナルと同じくらい重要なものだった。

解析幾何学

デカルトはデカルト座標をただひとつの目的のために使った。幾何学の難問に対応する代数方程式を見つけ、その方程式を解くという目的だ。確かにこれは強力な手法だが、歌うのが難しい曲だけをピアノで演奏するのと少し似ている。しかし代数学の使い道はもっとたくさんある。フェルマーはデカルトの発想を取り入れ、代数学を使って新たな図形と曲線をつくり出し、ほとんどすべての方程式をグラフ化する方法を発見した。

方程式からグラフへ

デカルトの発見は、次のような連立方程式の新たな解法にもつながった。たとえば $(x-2)^2+(y-2)^2=4$ および $y=x-2$ というふたつの式を満たす x と y の値を求めるにはどうすればよいか？　代数的に解くこともできるが、幾何学ならはるかに簡単に解ける。式ごとにグラフを描くだけで答えがすぐに見つかるのだ（$x=2$ と $y=0$、および $x=4$ と $y=2$）。このように幾何学的に方程式を調べる方法は、解を持たない方程式に対しても有効だ。たとえば $(x+2)^2+(y-2)^2=4$、$y=x-2$ をともに満たす x と y の値は何だろうか？　グラフを描くと、ふたつのグラフが交点を持たないことがわかる。したがってこの方程式の解はない（ただし虚数を考慮しない場合に限る。これはまったく別の話だ）。これにより、存在しない解を求めようとする無駄な労力を使わなくてすむ。

青い直線は $y=x-2$ のグラフだ。上の赤い円を表す式は $(x-2)^2+(y-2)^2=4$、下の赤い円は $(x+2)^2+(y-2)^2=4$。

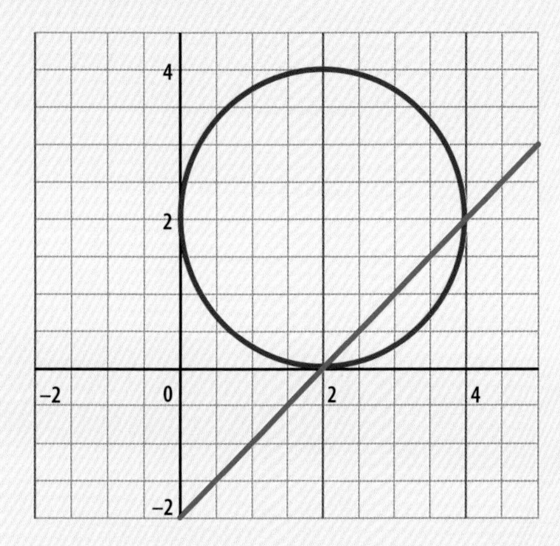

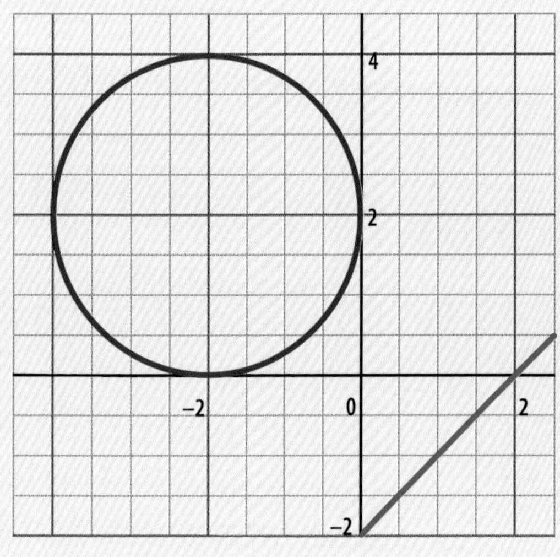

パラメトリック方程式

曲線を機械的に描く方法がわかれば、その曲線を描画するマーカーの動きを特定して、対応する方程式を求めることもできる。たとえば回転する棒に沿ってマーカーを動かせばらせんを描ける。これは時間を t とすると、式 $x=t\times\cos t$、$y=t\times\sin t$ で表せる。この式から、時間が経過するにつれて、水平方向（x）と垂直方向（y）の両方の距離が一定の割合で増加するのが見て取れるだろう。この式をらせんを定義する式として使えるのだ。このように x と y をそれぞれ表す1組の方程式が、それぞれ3番目の量（多くの場合、時間）を参照しているとき、その量を媒介変数（パラメーター）、そして媒介変数を用いた方程式をパラメトリック方程式と呼ぶ。パラメトリック方程式は、何か実際に移動している物体の軌跡を求めるときにも使える。たとえば、弾丸や砲弾の軌跡の方程式は以下のようになる。

x＝水平速度×時間
y＝上向きの速度×時間－4.9×(時間)^2

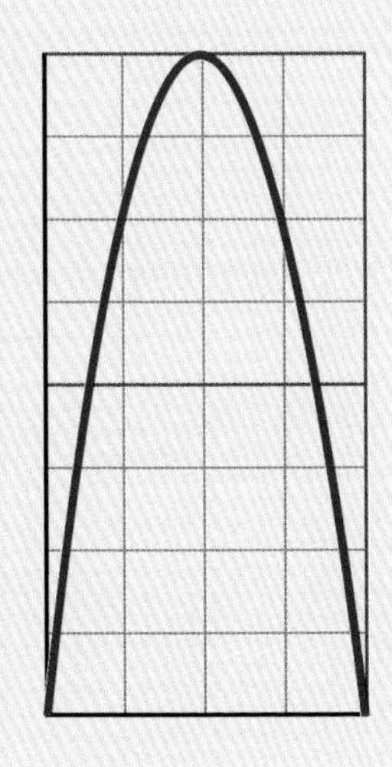

弾丸のような発射体の軌跡は、3番目の値、つまり媒介変数を含むパラメトリック方程式を使って表せる。この場合、水平速度と垂直速度に加える3番目の値は時間だ。

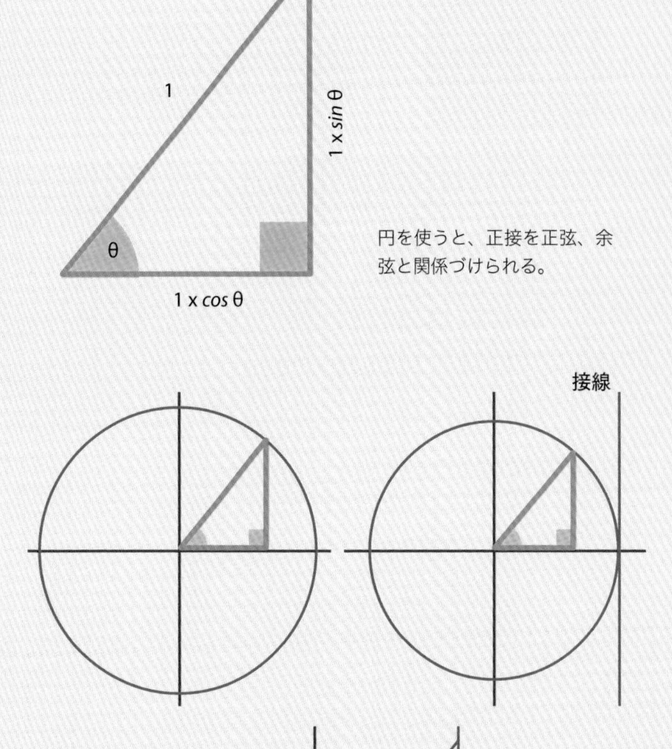

円を使うと、正接を正弦、余弦と関係づけられる。

この方程式から求められるxとyの値は大まかなものだ。というのもこの式は空気抵抗の影響を考慮していないからである。ふたつめの方程式の4.9は、地球の重力による加速度の約半分を表している。これらの方程式は、銃弾や砲弾が地面に着くまでの軌跡全体を描いたり、発射から一定の時間がすぎたときの発射体の位置を予測したりするのに使える。発射体が垂直速度300メートル/秒で上に、水平速度100メートル/秒で東に発射されたとする。0.5秒後の位置は（非常に大まかに）$x=100 \times 0.5$だから発射位置の東50メートル、$y=300 \times 0.5-4.9 \times 0.5^2=150-4.9 \times 0.25$で、地面から約149メートル上ということになる。

なぜ「正接」なのか？

英語の単語「tangent」には、円周に接する直線「接線」と、三角関数の「正接」のどちらの意味もある。なぜかといえば、三角関数は直角三角形で定義されるが、多くの場合は円を使うとその性質をとても容易に調べることができるからだ。上の図のような直角三角形では、角度θの対辺のほうは斜辺×$\sin\theta$、隣辺のほうは斜辺×$\cos\theta$と表せる。

Column

正弦、余弦、正接

どんな直角三角形でも、ある角の正弦は対辺と斜辺の比（対辺÷斜辺）であり、同じ角の余弦は斜辺と隣辺の比（隣辺÷斜辺）だ。同じ角の正接は、対辺と隣辺の比（対辺÷隣辺）になる。（対辺÷斜辺）÷（隣辺÷斜辺）=（対辺÷隣辺）だから *sin θ* ÷ *cos θ* =*tan θ* となる。

循環する関係

直角三角形を軸に沿って置き、その周囲に円を描く（前ページ右下の図）。その円に接線（青い垂直方向の直線）を引く。最後にその接線を辺のひとつとして、2番目の三角形を描く。青と緑の三角形は相似だから、辺どうしの比は等しくなければならない。青い三角形だと、隣辺に対する対辺の比はH÷1であり、緑の三角形で対応する辺どうしの比をとると（1× *sin θ*）÷（1× *cos θ*）になる。よって、*sin θ* ÷ *cos θ* = *tan θ*（上のコラム参照）。

曲線の仲間

解析幾何学が明らかにしたのは、まったく違って見える多くの曲線が、実は密接に関連しているということだ。たとえば下の式は、nがとる値によっていろいろな種類の曲線を生み出す（aとbは曲線の大きさと形を決定し、xとyは曲線上の点の座標を表す）。

$$(x \div a)^n + (y \div b)^n = 1$$

これを見出したのはフランスの数学者ガブリエル・ラメだ。ラメの家族は彼に生計を頼っており、ラメは弁護士の書記として一生すごすことを定められていたようだ。1811年に16歳になると、ラメは法律図書館で驚くほど素晴らしい書物を見つけた。数学の本である。彼は両親に黙って数学を学び始め、数年で鉄道、建築、鉱業を含むすべての仕事に数学を当てはめる方法を見つけた。のちに彼はフランス科学アカデミーの職に就き、多くの実用的な問題のために取り組んできた数学的解決法を精査しながら、残りの人生を楽しんですごした。左の図は、上式でn=2のとき緑の楕円のグラフになり、n=100のとき青い長方形のような形のグラフになり、n=4のとき赤いグラフになることを表す。n=2.5の場合の図形はスーパー楕円と呼ばれ、1960年代にデンマークのデ

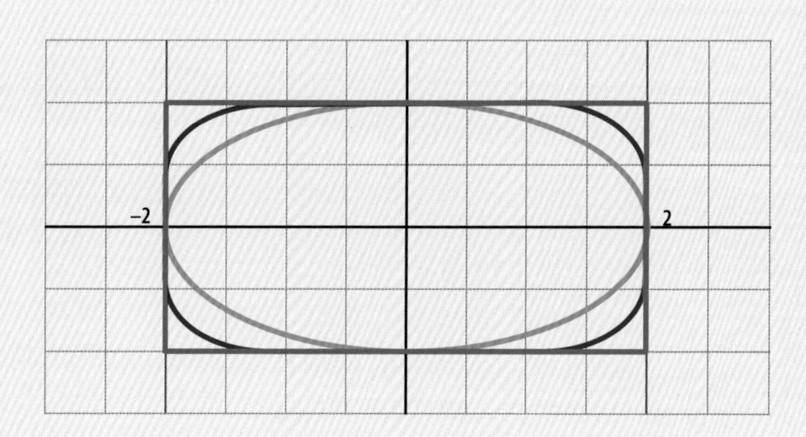

$(x \div a)^n + (y \div b)^n = 1$ において、a=2、b=1であるときの、nの値が異なる曲線。緑：n=2、赤：n=4、青：n=100。

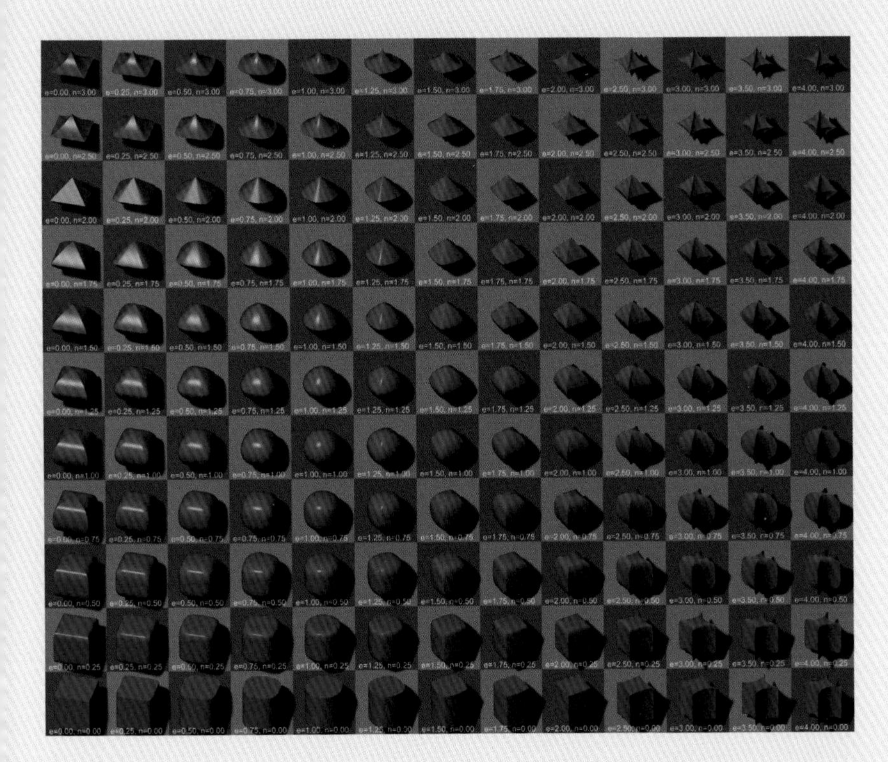

パラメーターの値によって変化する、スーパー楕円体の一覧。立方体、円柱、球体、正八面体はすべてスーパー楕円体の中の特別な一例だ。

ザイナーであるピエット・ハインが使って最初に広く知られるようになってから、建築、陶器、家具のデザインにしばしば活かされてきた。スーパー楕円を3次元化したものは、スーパーエッグと呼ばれることもある（ふつうの卵と異なり、どちらの端でも転ばずに立ったままでいられるため）。

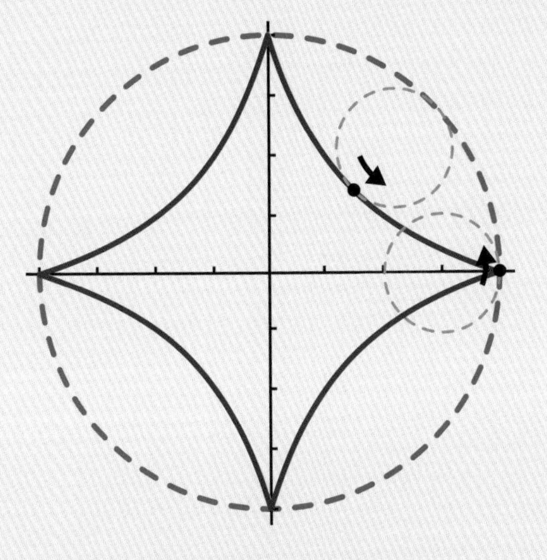

アステロイド

n=3/2のとき、アステロイドと呼ばれる曲線になる。これは、大きな円の内側を転がる小さな円の軌跡をたどることで、機械的に描くことができる。n=3のときの曲線はアーネシの魔女と呼ばれる。この名は最初期の女性数学教授となったマリア・ガエターナ・アニェージ（アーネシ）にちなんだものだ。曲線は低い丘、あるいは波に似ている。

アステロイド（上）、アーネシの魔女（下）。

参照：
▶三角形と三角法
…56ページ
▶不可能な幾何学パズル３選
…64ページ

建築の幾何学
GThe Geometry of Architecture

建築が始まったそのときから、建築物をより美しくするために幾何学的な図形が用いられてきた。黄金比は古くから知られていたが、ほかの図形もさまざまな時期や場所で流行していた。

17世紀のヨーロッパでは、ふたつの円でできた卵形が庭園や街の広場の設計に頻繁に使われていた。もっとも印象的な例のひとつは、ローマのサンピエトロ大聖堂の広場だ。地面に引かれた正確な線は特に美しく、1750年代にイギリスの画家ウィリアム・ホガースが「美の線」と評したほどだ。

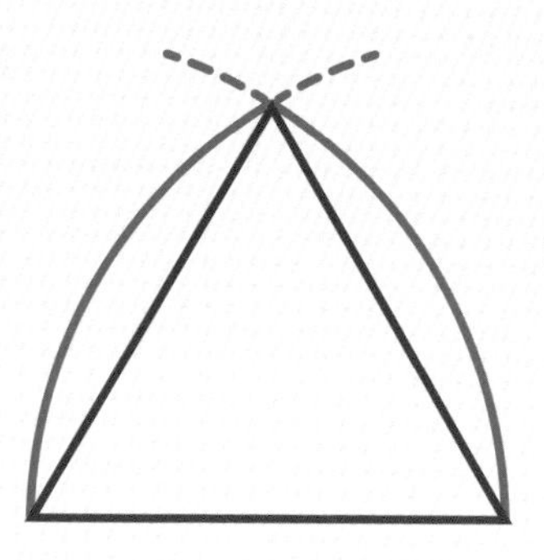

中世ヨーロッパのノルマン人はとがったアーチをたいへん好んだ。アーチは正三角形をもとにしているものが多かったが、3辺のうち2辺は曲がっている。

バチカン市国のサンピエトロ大聖堂にある広場は、ふたつの円を使用して設計された卵形だ。

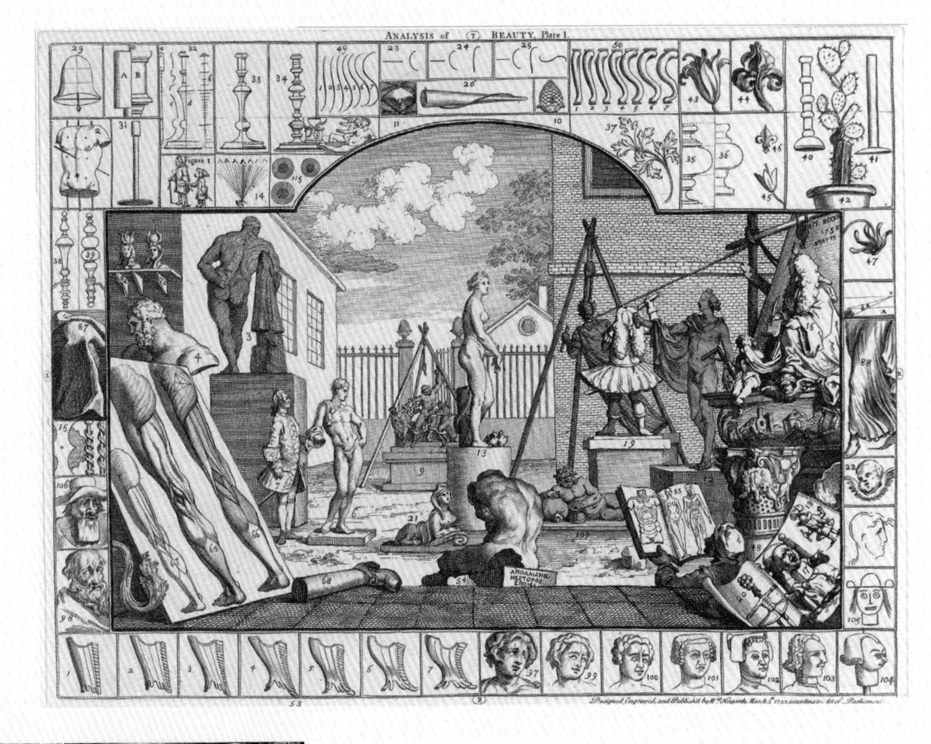

右：イギリスの画家ウィリアム・ホガースの1753年の著書『美の解析』の刷版。第49節に「美の線」についての記述がある。これらの曲線は、見た目の美しさという基準で選ばれている。

下：イギリスのビバリー大聖堂の扉を囲む葱花アーチ。葱花アーチは、互いに鏡像である2本のS字曲線でできている。

アーチ

アーチは、ローマ時代から建築においてかなりの人気を保っているが、これにはもっともな理由がある。構造物（平らな屋根、円天井、壁またはそのほかの形）を補強するもっとも簡単な方法は、梁、つまりまぐさ石をふたつの支持物（柱）の上に置き、その梁の上に構造物を組んでいくことだ（円天井の場合、柱の上に多角形の梁を置く方法が代わりに使えるだろう）。まぐさ石は、その上にある石の構造物すべての重さに耐える必要がある。ものは圧力がかかると曲がる性質があるからだ。上からは強い圧縮力がかかり、底面に沿って強い引張力（引く力）がかかる。石は引張力にとても弱く（次ページ上の図参照）、それに対して木材はとても丈夫だが、建築家が求めるほど長く、強くまっ

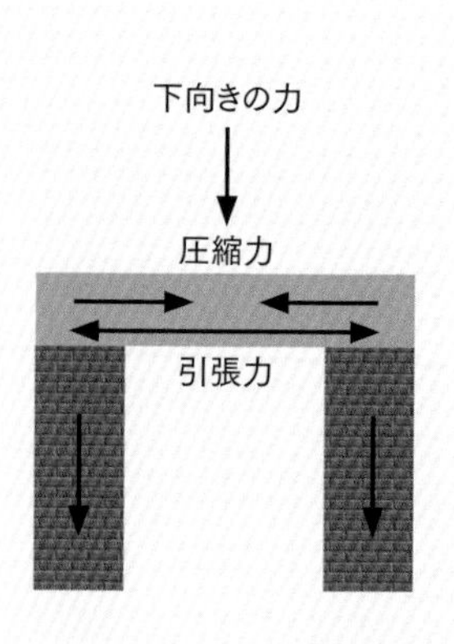

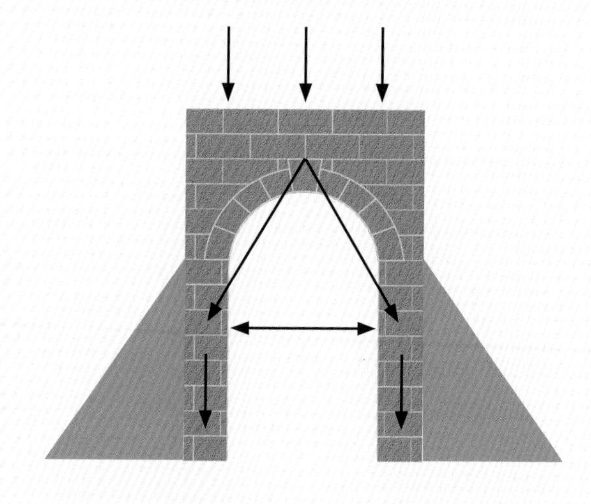

アーチの構造は石積みにかかる下向きの力の方向を変えるため、アーチをつくる石は圧縮力(破砕力)のみを受ける。ただし、アーチの基部には下向きの力だけでなく外向きの力がかかるので、アーチの両側にはふつう、外向きの力に対抗するための材料が追加される。

	つぶすのに必要な力		裂けるのに必要な力	
	メガパスカル	重量ポンド毎平方インチ	メガパスカル	重量ポンド毎平方インチ
石灰岩	60	8,700	2	290
花崗岩	130	18,850	5	725
コンクリート	40	5,800	2	290
松材	50	7,250	90	13,050
オーク材	45	6,525	100	14,500

すぐな木材を探し出すのは難しい。

より強力な仕組み

アーチはこれらの問題を克服した。アーチ形なら、石積みの重さによる力が横にそらされるので、引張力はまったくかからなくなる。だから石で建築物をつくれるのだ。それでは技術の観点から、アーチの理想的な形は何だろうか？　何世紀ものあいだ、この疑問に苦しめられる者は誰もいなかったようだ。その間多くの種類のアーチが試されたが、選択基準は見た目以外にはなかったからだ。

ローマのパンテオンのような円天井は、輪になったアーチのような構造のため、外向きに押す力が生じる。

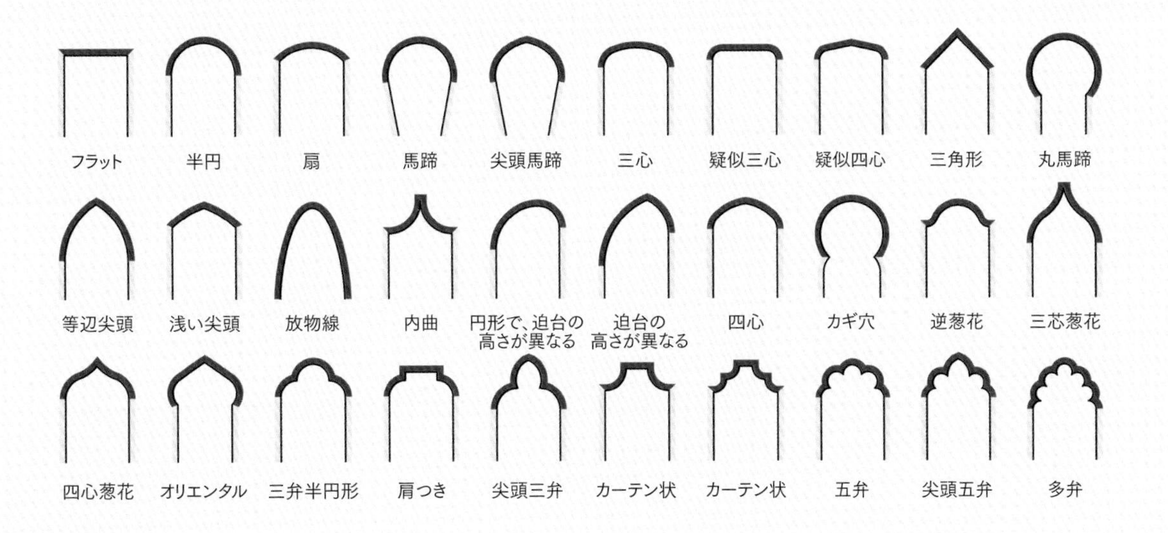

アーチの見本の説明図。構造の強度ではなく見かけによって名前がついている。

建築を数学化する

強度や風防、大きな窓の設置などの要素は、建築物の設計者や施工者にとって常に重要なものだった。しかし17世紀後半になって初めて、これらの問題が数学的に検討されるようになった。それ以前は、革新的な建物を建てる人々は出たとこ勝負に挑んでいたが、建造後すぐに倒壊することもあった。

（数学の）知識による建築

建築の基盤に科学や数学の研究を据えることに、人々が真剣に取り組む大きなきっかけは、1666年に起こったロンドン大火で都市の大半が破壊されたことだった。大火以前のロンドンの建物と通りは、何世紀にもわたってゆっくりと発展してきた。その結果、市街はでたらめに広がり、欠陥だらけで災害対策の観点からも不適切な多くの建物が、狭い通りに沿って密集する有り様だった。これでは火がすぐに燃え広がってしまうのも当然だった。新たな市街には、これまでとはまったく違う慎重な計画のもとに適切に建設された建物が求められた。幸いにも、17世紀は科学に大きな関心が集まった時代だった。当時もっとも高名な建

イングランド南部に建てられたフォントヒル僧院は、巨大な建設プロジェクトだった。建設に17年かかり、その11年後の1825年には、塔が高すぎたために倒壊した。

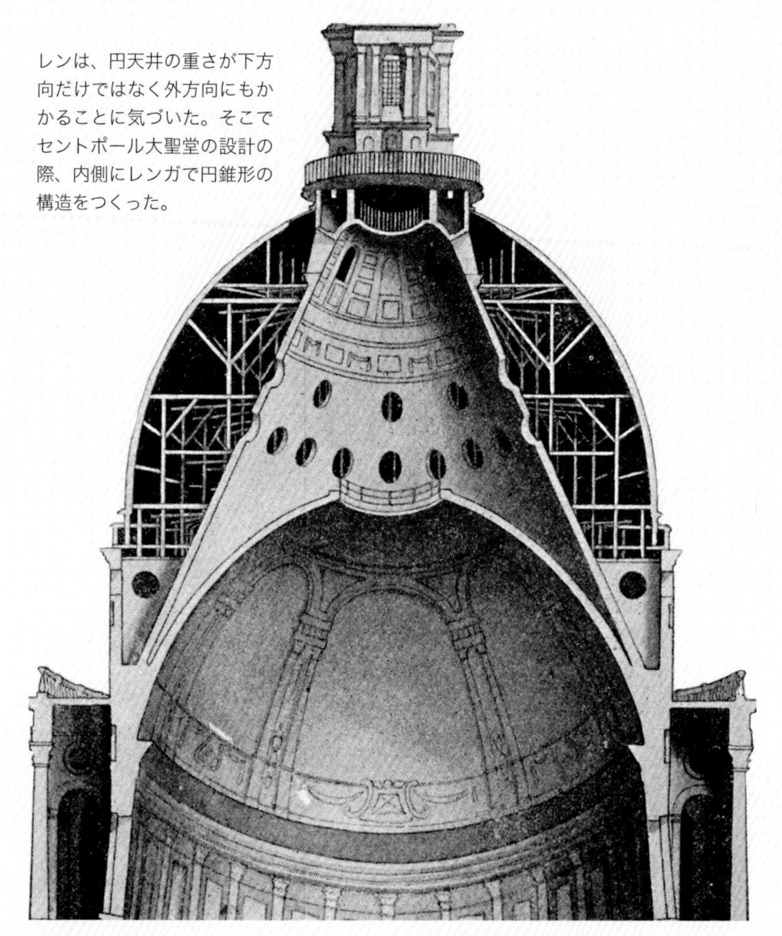
レンは、円天井の重さが下方向だけではなく外方向にもかかることに気づいた。そこでセントポール大聖堂の設計の際、内側にレンガで円錐形の構造をつくった。

築家だったクリストファー・レンも、科学者であり数学者でもあった。ロンドンの新たな核として重要な施設となるセントポール大聖堂の建設を依頼されたレンは、その設計を可能な限り科学的にしようと努めた。そのためにレンは友人のロバート・フックから大きな助力を受けたようだ。フックは、マラン・メルセンヌ（101ページ参照）に影響を受けて設立された初期の科学協会のひとつ、王立協会の会長を務めていた。フックは、構造材の重さを分散し、すべての部分が等しく堅牢に機能する、完璧なアーチをつくり出そうとした。これが実現すれば、その機能を保ちながら、可能な限り軽く薄くアーチをつくることができる。フックは、このアーチが逆さまの懸垂線の形になることに気づいた。懸垂線とは、両端を固定した重い縄あるいは鎖が垂れ下がるときに描く曲線だ。

三角形を使った構築

ストローの端をテープでつないで立体をつくると、簡単に折りたためることがわかるだろう。ただし、その形が三角形なら別だ。テープを切るか、ストロー自体を曲げるしかない。このため、三角形は建設や技術の分野で非常によく使われる。たとえば橋の多くには、三角形の橋桁が使われている。1920年代、ドイツの技術者ヴァルター・バウアースフェルトが、非常に強くて軽い三角形で構成されるドームを発明した。バウアースフェルトの名を覚えている人はほとんどいないが、20年後にこのデザインを広めたアメリカ人技術者リチャード・バックミンスター・フラーの名は広く知られている（バウアースフェルトは最初の近代的なプラネタリウムの発

懸垂線は放物線と少し似ているが、まったく同じではない。

やってみよう！

美術館定理

多くの人は立方体の単純な形の部屋に満足しているが、美術館の設計者はより複雑な形を好む。しかし、美術品泥棒が隠れられるような角をたくさん持つ複雑な展示室が設計されたとき、すべての美術品を見張るには何人の警備員が必要だろうか？答えはn÷３以下（nは角の数）である。あらゆる多角形は三角形に分けられる（31ページ参照）ので、美術館の床面を三角形に分割し、それぞれの三角形の角のどこかひとつに警備員が立てば、（少なくとも）ひとつの三角形全体を見わたせる。展示室のすべての部分が三角形のどれかに属するので、展示室の全域が誰かに見張られていることになる。そして、n÷３人の警備員がいれば、すべての三角形においていずれかの角に警備員が立っているようにできる。この定理は実際の美術館の管理者にはそんなに役に立たないだろうが、何十年ものあいだ数学者を魅了してきた。もし警備員が動き回ったら、もし部屋の中に独立して立っている展示品が彼らの視界を遮っていたら、あるいはもし壁が曲がっていたら、解法はますます複雑になる。

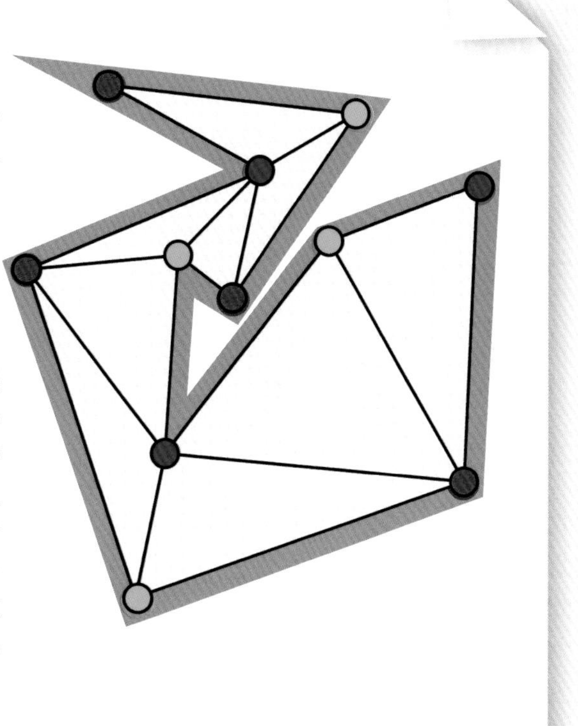

明者でもある。しかしそれはツァイスプラネタリウムと名付けられたため、ここでも彼の業績を知る人はいない！）。

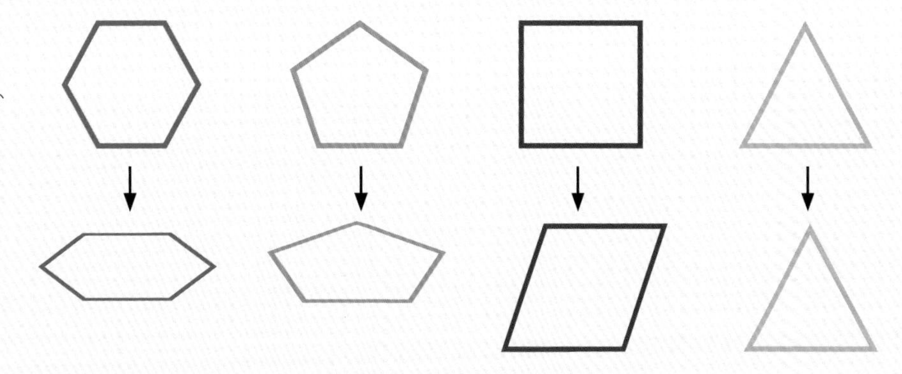

三角形以外の多角形は、構造として弱い。垂直方向の力を受けると、三角形はその形を保つが、そのほかの多角形は変形してしまうのだ。

ガーダー橋（桁橋）は、三角形の橋桁からなる強力で安価な設計だ。

ハイテク設計

射影幾何学の原理に基づく強力なソフトウェアを利用すれば、設計中の建物を好きな角度から見ることができる。幾何学は建材の形を決めるのにも役立っている。また厚板から切り取る材料の場合、幾何学的な計算によって材料の無駄が最小限になる切り方を求めることができる。水圧やレーザーによって行われる切断自体も、ソフトウェアで直接制御できる。ロンドンの超高層ビルであるガーキン（2010年に完成した。正式名は30セント・メリー・アクス）のような珍しい形の建物は、多くの幾何学の原理を使っている。原理は数十年前から知られていたが、高度なコンピュータープログラムが開発されるまで、実用に足る正確さでは計算できなかったのだ。

幾何学の新たな任務

ガーキンには、幾何学的に珍しい点が3つある。角がなく中央に膨らみがあり、らせん状になっているのだ。この3つは、見た目に美しいだけでなく機能的だ。さらに、1世紀ほど前までは建築家も気にしていなかったと思われる問題にも対応している。それは、建物の周りにいる人々が心地よい感覚を覚えるか、建物を邪魔だと感じないか、エネルギーを効率的に使えてい

Column

パラメトリック・モデリング

20世紀後半まで、建物に使用される幾何学は、部屋なら立方体、屋根なら三角柱などの単純な図形に基づいていた。これは、より複雑な図形が、荷重や風などの力がかかったときどう機能するかを予測するのがとても難しかったからだ。予測するための物理学や幾何学の理論がなかったのではなく、計算に非常に時間がかかったのだ。この問題は、建築家と依頼主が設計の細部を絶えず修正することによってさらに大きくなる。建物の多くの部分が、ほかの部分を支え、あるいはほかの部分に支えられており、ひとつの部屋の修正は隣りあう部屋の修正にもつながる。設計を修正すると、そのたびにほとんどすべての構造計算のやり直しが必要になるのだ。

最近では、パラメトリック・モデリングという手法のおかげで、設計がはるかに簡単になった。一度建物のコンピューターモデルをつくってしまえば、パラメトリック・モデリングのソフトウェアが、ひとつの「変数」（風速、建築材料、壁の厚さ、天井の高さなど）を変えたことによる影響を自動的に計算し、必要な警告を出す。たとえば、建築材料を変えると、壁を厚くして基礎を深くする必要がある（加わった重量を支えるため）。一方で、暖房や空調システムの出力はそこまで強い必要がなくなり、防音機構も減らせる。

モントリオール・バイオスフィアは、互いにつながった三角形によるドームだ。1967年、リチャード・バックミンスター・フラーがカナダの都市に建設した。

るかといった問題だ。風の強い日には、直方体の超高層ビルの周りはとても不快な場所になる。これは、風が建物の角で急激に方向を変えられ、つむじ風が発生するためだ。ガーキンなら丸く角のない形なので、この問題が起こらない。また中央のふくらみは、建物の近くの風速もゆるめる。そしてすぐそばからビルを見上げる人には上の方が見えないので、ビルは実際より低く感じられて圧迫感が小さい。さらに、垂直に建つ高層ビルよりも日光が遮られない。ガーキン全体の形の効果で、窓を開けると風が吹き抜け、暑い日の空調費を節約できる。この効果は、各階の床を下の階より少しずらして、吹き込んだ風を回転させるらせん構造をつくったことによる。

「ガーキン」は、イギリス英語でピクルスを意味する。

参照：
▶美をめぐる数学…26ページ
▶結晶…136ページ

ルパート王子の挑戦

Prince Rupert's Challenge

ルパート王子はイギリス王チャールズ１世の甥であり、人生のほとんどを兵士としてすごした。まず22歳のとき、1642年に始まったイングランド内戦で議会派に対抗する王党派として戦った。王党派が戦争に敗れた（そしてチャールズ王が斬首された）あと、ドイツ人であるルパートは海外に移り、1660年に君主制が復活したイギリスに戻るまで多くの国でさまざまな立場で戦い続けた。

このような人生を送る科学者や数学者はあまりいないが、ルパート王子は戦いの合間のわずかな時間で、科学や数学の研究を行った。彼は爆発する滴の形をしたガラス「ルパートの滴」や、金のように見える新しい真鍮を発明した。数学の分野では、暗号の作成と、他陣営による暗号を解読する専門家となった。イギリスが陰謀と裏切りに満ちていた当時、彼の技術は貴重なものだった。

立方体を切る

ルパート王子は幾何学にも熱中した。彼はある立方体に、同じ立方体が通過するのに十分な大きさの穴を開けられるかという問いに興味を持った。1693年、ルパート王子はそれができるほうに賭けた。しかし、どうやって？　ルパート王子は温和な人柄ではなかったので、この問いを解決したのが議会派で、かつ個人的な敵でもあったジョン・ウォリスだと聞いてかなり腹を立てたことだろう。ルパート王子は王党派の側で

インングランド内戦中、エッジヒルの戦いの前日の夕方に、ルパート王子（左に座っている人物）が、叔父のチャールズ1世に戦闘計画を説明している。彼は冷徹な兵士だったが、動物には優しく、いつも犬とともに旅した。

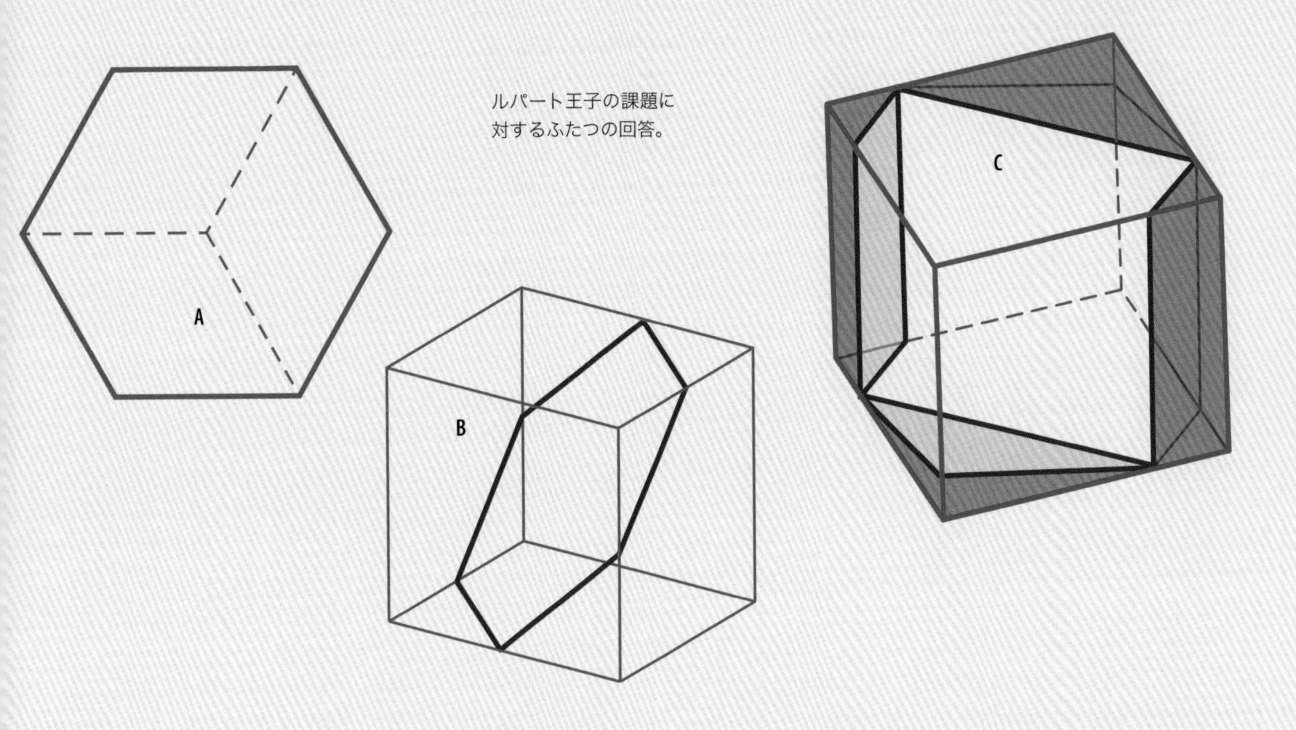

ルパート王子の課題に
対するふたつの回答。

暗号をつくったり敵の暗号を見破ったりしていたが、ウォリスは議会派の側でまったく同じことをしていたのだ。

解決

1辺10センチメートルの中空の立方体を持ち上げ、ひとつの面だけが見えるようにする。その面とその裏側の面を切り取れば、それがその視点を基準につくることのできるもっとも大きな穴だ。この穴は、別の1辺10センチメートルの立方体が通過できるほど大きくはない。それでは、もっと大きな穴を開けられるだろうか？　ジョン・ウォリスの回答は、図Aにあるように、角のひとつが正面になるまで立方体を傾けることだった。その角度での最大の断面は六角形になる。立方体を壊してしまわずに、この角度で切り取れるすべてを切り取ると、図Bのような六角形の断面が残る(周囲の青い線はもとの立方体を示す)。この穴は、辺の長さが10.35センチメートルまでの立方体を通す。実はその後、もっと優れた答えが見つかった。ウォリスがルパート王子の賭けに勝った1世紀後のことだ。最大の穴は図Cで、1辺の長さが約10.6センチメートルの立方体を通せる。

参照：
▶タイルとテセレーション
…70ページ
▶透視図法…76ページ
▶空間を満たす…92ページ

より高い次元
Higher Dimensions

数学者であることの喜びのひとつは、現実の世界とは大きく異なるほかの世界を探索できることだ。一方、数学とともに探索を続けるうちにわれわれの世界が、実はわれわれが思っていたのとは異なる方法でつくられているとわかることもある。

われわれ人間は三次元だが、この本の記述は二次元だ。高さと幅はあるが奥行きはない。直線は一次元で、点は次元を持たない。紙の上の単語のように、自分が二次元であると想像してみよう。幅と高さはあるが厚さはない。紙の外、上の空間は見られず、見られるのは横だけだ。近くにある図形の辺しか見えない。つまり、視界は一次元だけになる。

われわれは真に何を見ているか？

同じことが現実のわれわれにも当てはまる。ものが見えるのは、光がわれわれの目の後ろ（網膜）に二次元の模様をつくるからだ。脳が左右の目から来る少し異なる画像を合成して、三次元世界の物体の姿について何がしかを伝えてくれる。これが触覚と合わさって、実際に目にしているのは二次元の画像でも、三次元の物体がどのようなものであるかをはっきり認識できるのだ。

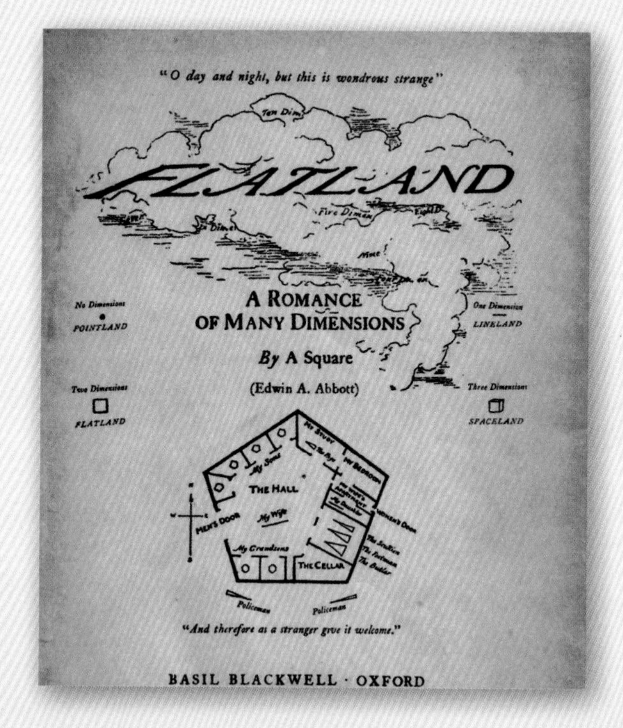

1884年にエドウィン・A・アボット（奇妙ではあるが、Aはアボットの略）が書いた小説『フラットランド』には、ほかの次元の世界が登場する。

形を知るためにその物体に直接触れなければならないことがある。われわれの脳は、左の写真に写るものを顔と見なす。顔は鼻や唇などの部分が外側に突き出ている。しかしよく見てほしい。これらの有名な顔が、最初に見たときとは違って見えてこないだろうか？（ヒント：左から右に、アルバート・アインシュタイン、ネルソン・マンデラ、ルートヴィヒ・ファン・ベートーベンである）。

平面世界に球が現れた！

しかし、平面の世界に住人がいたとして、彼らは三次元の物体を見てどう思うだろうか？　球を平面世界に押し込み、反対側に押し出すとする。平面世界人は、点が大きくなって円になり、今度は縮んで消えるのを見るだろう。立方体（どれかひとつの頂点から入ってきた場合）ではまず三角形が現れ、これも大きくなったのちに縮む。もっと複雑な立体なら、現れる図形もより複雑に変化するだろう。しかし平面世界人は、それらすべてを三次元世界からの訪問者だと理解できるはずだ。どれも大きくなったあと縮むからである。もしこの現象が繰り返し起こるなら、彼らはさまざまな種類の図形をすぐに見分けられるようになるだろう。三次元人たるわれわれは、この思考実験から何を学べるだろうか？　おそらくわれわれは、四次元図形を見ることにも慣れることができるだろう。その向きに応じて、三次元世界を移動する四次元の立方体（正八胞体、四次元超立方体またはテッセラクトとも呼ばれる）は、目の前で大きくなり、また縮むことを除けば、ふつうの立方体（三次元立方体）のように見える。テッセラクトは、「大きくなって縮む三次元立方体」として振る舞う。以下同様に続く。また、より高次元の空間を数学的に探索する方法として、次元数の異なる空間を数列と考え、各次元が互いにどんな関係にあるのか、頂点、辺、面の数といった図形の性質は次元が変

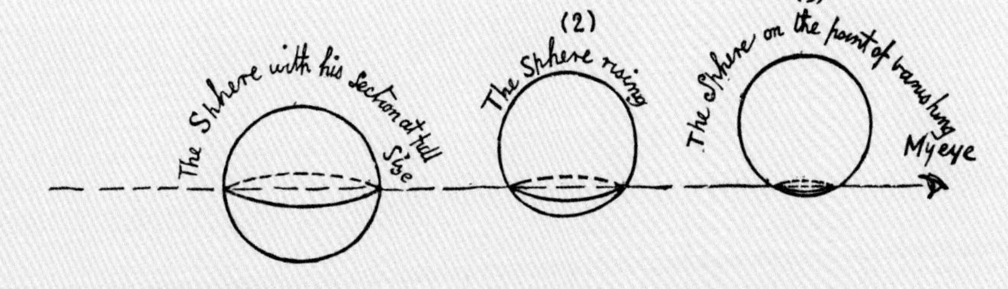

エドウィン・A・アボットは、フラットランドを下降していく三次元の球体を図で示した。フラットランドの二次元の住人は、点が円になり、ふたたび縮んで点に戻り、そのあと消えるのを見る。

図形の種類				
	次元の数(D)	頂点の数(V)	辺の数(E)	面の数(F)
点	0	1	0	0
線	1	2	1	0
正方形	2	4	4	1
立方体	3	8	12	6
テッセラクト	4	16	32	24
五次元立方体	5	32	80	80
六次元立方体	6	64	192	240
公式		2^D	$D\times\frac{V}{2}$	$(2\times F_{(D-1)})+E_{(D-1)}$

わるとどう変わるのかを検証することもできる。立方体の仲間について、これらの関係をまとめたのが左の図だ。出現する値を見ていると、一般的な公式にできそうなことがわかる。たとえば面の数は「次元が1低い図形の面の数を2倍にし、次元が1低い図形の辺の数を足す」という式で表せる。

ハイパースペースに入る

線は横に伸びた点、正方形は上に伸びた線、立方体は外に（つまり、ページの外に）伸びた正方形と見な

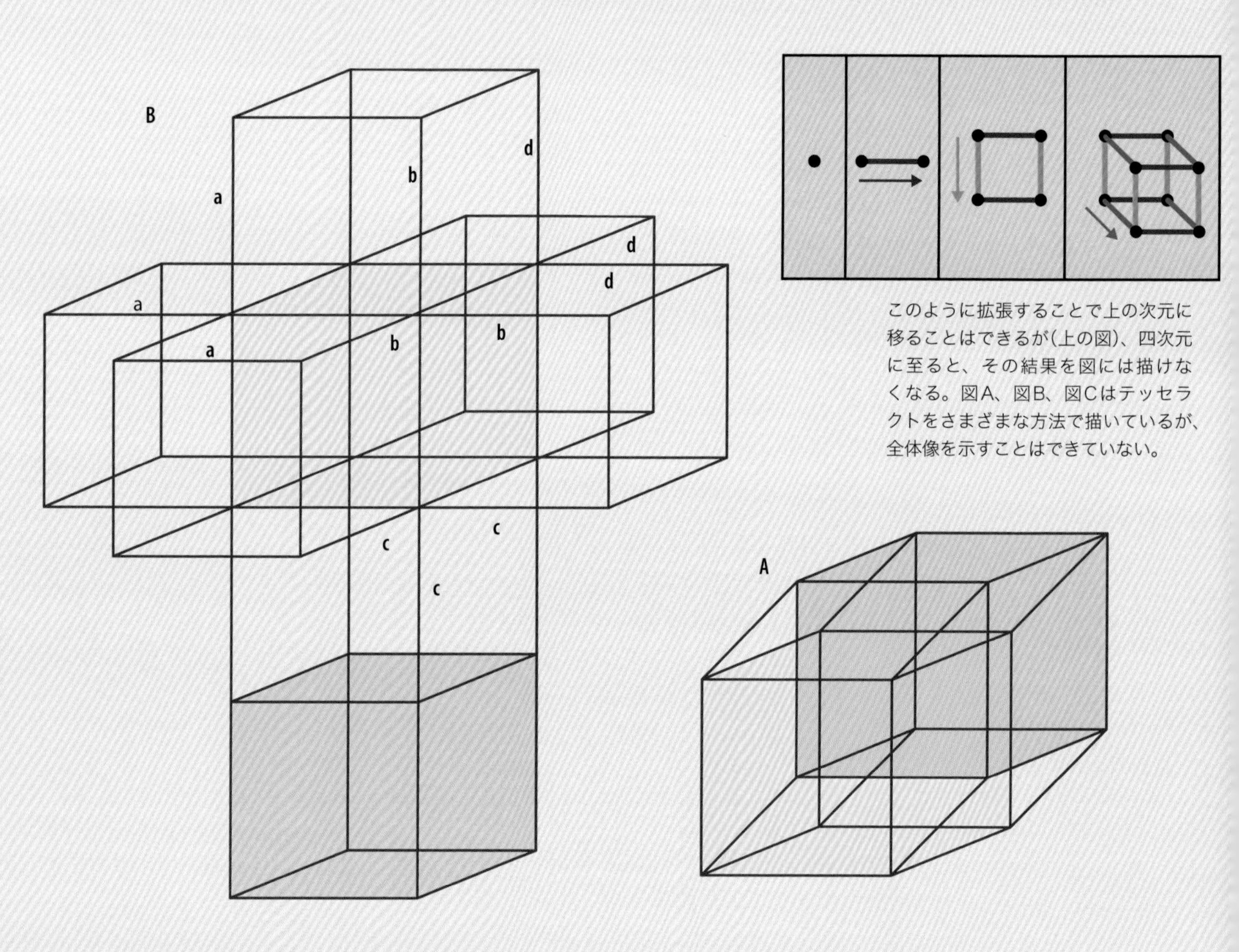

このように拡張することで上の次元に移ることはできるが(上の図)、四次元に至ると、その結果を図には描けなくなる。図A、図B、図Cはテッセラクトをさまざまな方法で描いているが、全体像を示すことはできていない。

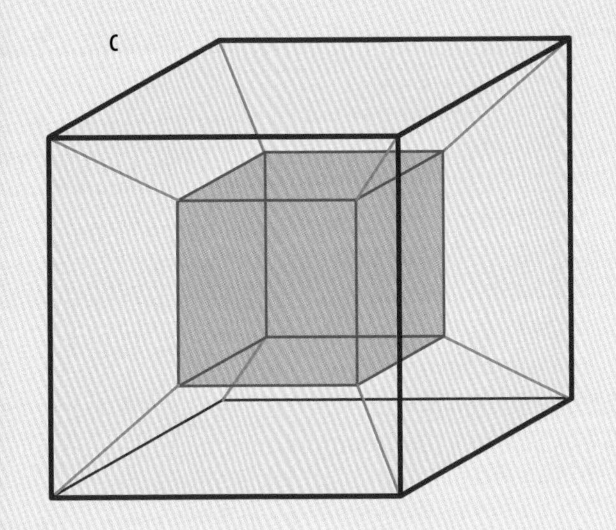

立方体が三次元に置かれた6つの正方形であるのに対して、テッセラクトは四次元に置かれた8つの立方体だ。緑の線は、この図に描くためにゆがめられた正方形の辺にあたる。

せる。これを続けると、テッセラクトは四次元に拡張された立方体であるといえる。われわれの感覚を超えた空間、つまり超空間に入るのだ（左の図A)。この拡張された立方体を絵で表すことはできるだろうか？図Bのように、ふつうの立方体の各面に新しい立方体を加えることはできる。しかしこの図は正確とはいえない。実際には、外側の立方体は互いに接しているからだ。図Bでaという記号がついた3本の線は、実際には同一のもので、b、c、dも同じだ。立方体をひずませてもいいなら（三次元の物体を平面に描いた時点で、すべての図がひずんでいるわけだが)、これを修正して上の図Cにできる。この図の唯一の問題は、外側の黄色の立方体が実際には中央の立方体と同じ大きさであることだ。

隠された次元

数学者だけではなく物理学者も高次元を探索している。物質とエネルギーの働きを説明する最先端の理論は超弦理論であり、われわれが知るすべての粒子（電子など）が、振動する小さな弦でできているという考えに基づく。しかしこの理論を成立させるには、十次元の空間が必要だ。これまで誰も十次元の存在を感知できなかったのはなぜだろうか（たとえば、十次元のティーカップには30,000ガロン以上のお茶が入る)。物理学者はその理由をふたつの理論で説明する。ひとつは、われわれは2枚のガラス板のあいだに住むアリのようなものだとする理論だ。何かの妨げがあるために、われわれは高次元に気づくことができないと考えるのだ。もうひとつは、高次元は非常にきつく丸め

Column
テッセラクトの内側

1辺が3メートルで、透明でなく中空のテッセラクトがもし目の前にあったら、たぶん立方体のように見えるだろう。しかし、すべての面に扉があったとして、扉を開けて中に入るとその真の性質が明らかになる。扉の中は、天井の高さ3メートルの立方体の部屋だ。それぞれの壁には扉があり、床には落とし戸があり、扉の最後のひとつは天井にある。立方体の内部とまったく同じに思える。しかし扉のどれかを開いて通り抜けると、外に出る（または地面や空が見える）代わりに、また同じ部屋にいることがわかるだろう。その部屋の少なくとも3枚の扉は別の同じような部屋につながり、残りの扉は外につながるか、地面や空が見える扉だ。探索を続けると、最終的には7つの部屋と合計54枚の扉が見つかる。そのうち9枚は空に向かって開き、9枚は地面、36枚は外につながる。このすべてが高さ3メートルの1個の立方体の中にあるのだ。

やってみよう！

奇妙な次元

日ごろから見慣れているものを土台にすれば、高次元の空間をとらえやすいのは確かだ。しかしこの手法では、高次元空間はわれわれの親しんだ空間とほとんど同じで、ただ少し大きいだけのような気にさせる場合がある。実際にはこの認識は事実とかけ離れている。高次元空間には、独特の奇妙さがあるのだ。

4D：三次元空間は重力が存在すると曲がるが、曲がり方は常に滑らかで、宇宙船や惑星は、曲がりくねった線路を走る列車のようにその曲線に沿う。しかし四次元空間では、方向が瞬時に変化する可能性がある。これにより、通りすぎる四次元物体が壊れることもある。

5D：5つのプラトンの立体すべてについて、その四次元版がある。しかし五次元空間では、正二十面体と正十二面体の五次元版は存在しない。

7D：われわれの空間では、球を徐々に押しつぶすとより扁平な回転楕円体になる。 七次元空間の一部の「エキゾチック」球面も回転楕円体になる可能性があるが、こちらは徐々にではなく突然変化する。

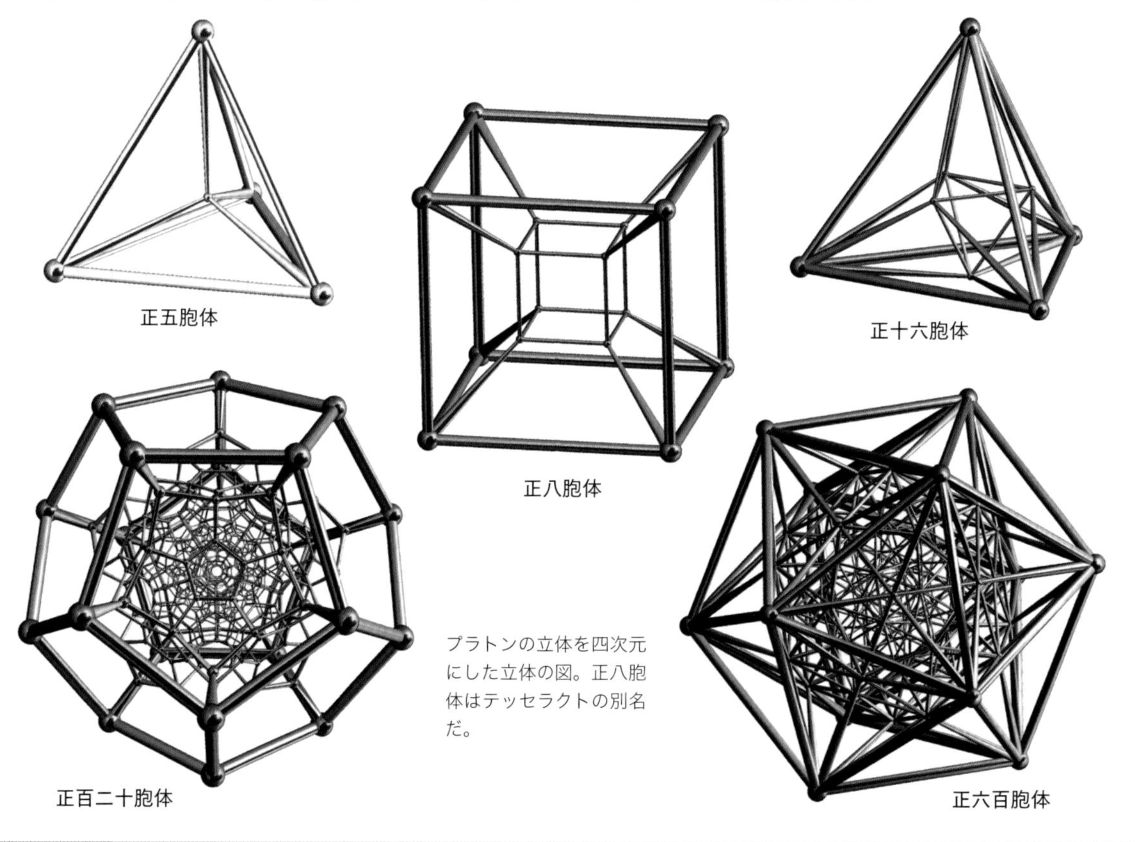

プラトンの立体を四次元にした立体の図。正八胞体はテッセラクトの別名だ。

られているため（「コンパクト化」という）、小さすぎて見えないとする理論だ。三次元空間が曲がったり反ったりする可能性があることはすでにわかっている（160ページ参照）。高次元空間についても同じことが言えるだろう。紙の上の細い黒い糸が、一次元の線のように見えるのに少し似ている。拡大鏡で見ると、黒い糸が実際には三次元の立体であるとわかる。

無限へ

1900年代、ドイツの数学者ダフィット・ヒルベルトは、無限の次元を持つ空間の研究に取り組んだ。一次元、二次元または三次元空間で物体の位置を定めるには、それぞれひとつ、ふたつ、または3つの座標が必要だ。つまり空間内の位置は、たとえばグリニッジ子午線の西1,000キロメートル、赤道の北500キロメートル、地球の中心から上に2,560キロメートルなどと示せる。座標で表せば（-1000, 500, 2560）だ。無限次元空間で位置を指定するには、無限の数の座標が必要となる。しかし実際、こんなことが可能なのだろうか？

ヒルベルト空間

数学者たちは無限数列の扱いに慣れている。たとえば単純な数列（1,2,3,4 ...）は永遠に続くが、これによって無限次元空間での位置を定めることができる。したがって、ある種の図形を定めるのも簡単だ。二次元の円は、中心から等距離にあるすべての点の集合として定義できる。三次元の球もまったく同じように定義できる。四次元球、五次元球、さらに無限次元球まで続けられる。ヒルベルト空間は、量子論を研究している物理学者にとって欠かせない道具だ。量子論では、あり得る粒子の状態の数が無限だからである。

ダヴィット・ヒルベルトと、彼が発展させた曲線（上の図）。この曲線は一次元だが、2次元空間を満たすことができる。

参照：
▶完全な図形…30ページ
▶幾何学＋代数学…98ページ

トポロジー
Topology

プラトンの立体から雪の結晶まで、幾何学者は形の分類にいつも関心を寄せる。しかし彼らが実際に扱う形は、現実世界のものよりもはるかに単純だ。自然界の物質はとても不規則で、その形の多くには名前もついていない。名前があったとしても、その名前（「ナシ形」とか）を正確に定義する式はない。しかし1799年、すべての形を定義する新しい方法が発見された。

人生のほとんどのあいだ盲目であったオイラーは、歴史上もっとも成功した数学者のひとりだ。

この方法では、物体の具体的な形にまどわされず、さまざまな物体に共通する特徴に注目するのが秘訣だ。この発想は理にかなっている。「ナシ形」は具体的な形を示さず、すべてのナシに共通するある特徴を示しているからだ。その特徴を列挙するのは難しいかもしれないが、この用語をうまく利用することはできる。

穴の数

特徴による定義を示したのはレオンハルト・オイラーだった。オイラーは、形を穴の数に応じて分類した。球や立方体、ナシ、バナナはすべて穴がない形だが、管やドーナツ、輪はすべて穴が1個だ。さらにバイオリンには2個の穴があり、10段のはしごには9個の穴がある。この分類を行うことで、オイラーは現在トポロジーと呼ばれる数学の新たな領域を創造した。この仕組みが分類方法として優れているのは、単純で明快で、図形の特徴の中でも重要な要素に注目している点だ。もし、ある程度空気が抜けた大きくて柔らかいビーチボールを持っていたとして、これをつぶせば扁平な回転楕円体やナシまたはバナナの形にかなり近づけることができる。しかし穴を開けなければ、ドーナツの形にはならない。

特徴を定義する

穴の数が異なる形どうしがどう違うのか、正確に定義するには公式が必要だった。オイラーの答えはこうだ。

頂点の数－辺の数＋面の数=2

この式は穴のない形、たとえば立方体に当てはまる。頂点が8個、辺が12本、面が6つだから、8-12+6=2となる。四面体は頂点4個、辺6本、面4つなので、4-6+4=2だ。立方体は四面体または球にも変形できるので、すべての穴のない形に対してこの式が成立す

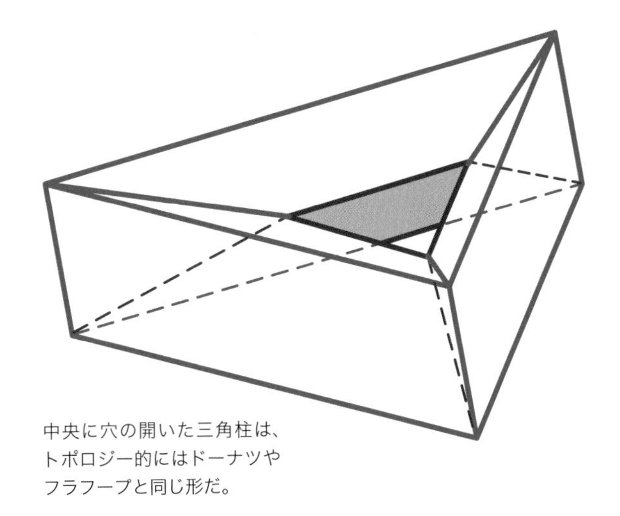

中央に穴の開いた三角柱は、
トポロジー的にはドーナツや
フラフープと同じ形だ。

ると仮定できる。しかし穴が1個の形では答えは異なる。たとえば、中央に三角形の口が開いている三角柱（上の図）の場合、頂点9個、辺18本、面9つなので、9–18+9=0となる。実際、穴が1個ある形では、この公式の右辺（その図形のオイラー標数という）は0だ。穴が2個の場合、オイラー標数は–2になる。実は穴が何個でもオイラー標数は以下の式で計算できる。

頂点の数－辺の数＋面の数=2×（1－穴の数）

ふたつの形の穴の数が同じかは、必ずしも見た目からは明らかではない。しかしこの式を使えば、その判断が容易にできる。穴の数が同じであることを、トポロジー的に同じであると言う。形はどうあれ、片方をくっつけたり切ったりせずにもう片方と同じ形に変形できるなら、トポロジー研究者にとって両者は同じなのだ。

重要な類似点

穴の個数でものを分類すると聞いて妙に感じるかもしれないが、実際に物体のトポロジーは重要だ。たとえば、バケツには常に正しい数の穴が開いていないと困るだろう。また、さまざまな違いはありながら、すべての人間は同じトポロジーを持つ。これは、ほかのすべての哺乳類とも、種類によって類似の度合いは違えど共通だ。そして、配管工や洞窟探検家、外科医にとって、自分たちが扱う対象のトポロジーを理解する

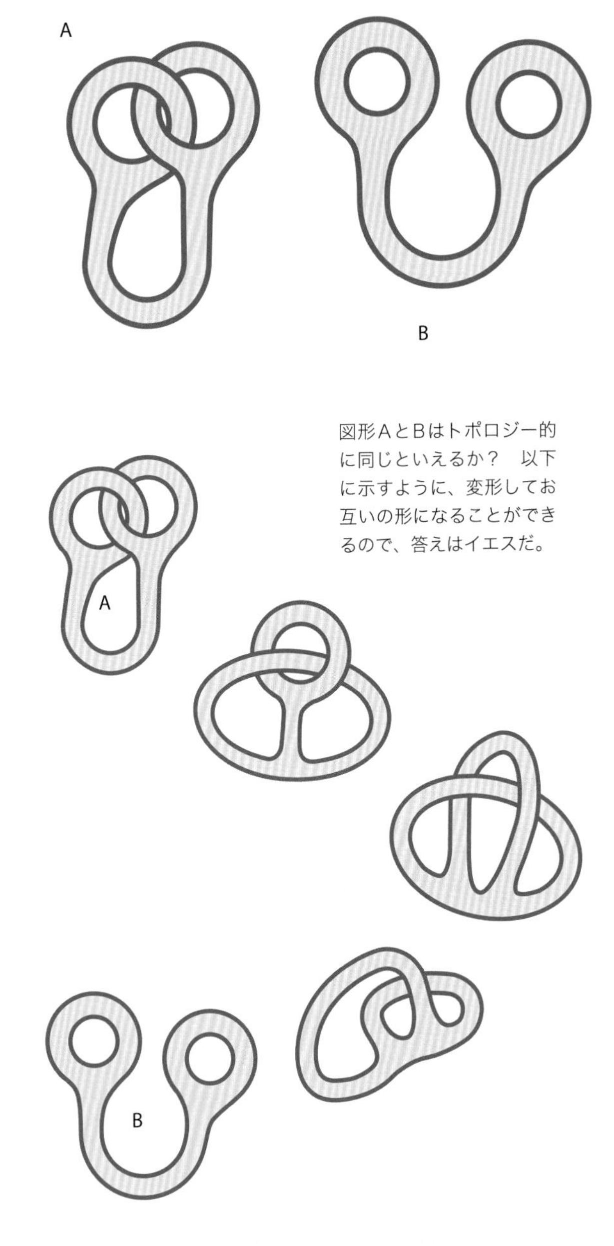

図形AとBはトポロジー的に同じといえるか？　以下に示すように、変形してお互いの形になることができるので、答えはイエスだ。

Column

トポロジーでできた地図

地下を移動するとき、列車がどのように曲がりながら走っているかを気にする必要はない。目的地への行き方さえわかればいいのだ。1931年、イギリスの技術者ハリー・ベックがロンドン地下鉄の地図をつくった。すべての路線が直線で、駅どうしはすべてほぼ同じ距離にある（下の複製図参照）。ベックの地図には、トポロジー、つまり駅と駅の接続が正確に描かれている。この地図は非常にわかりやすく使いやすかったので、それ以降もずっと改良されながら使われ、ほかの都市の地下鉄網の地図もこれにならっている（右の図）。

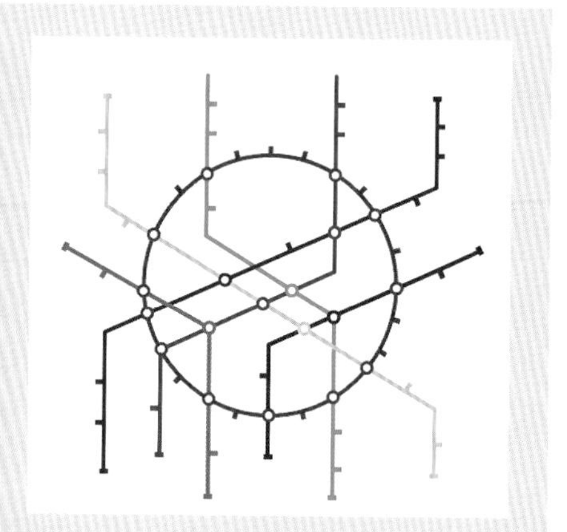

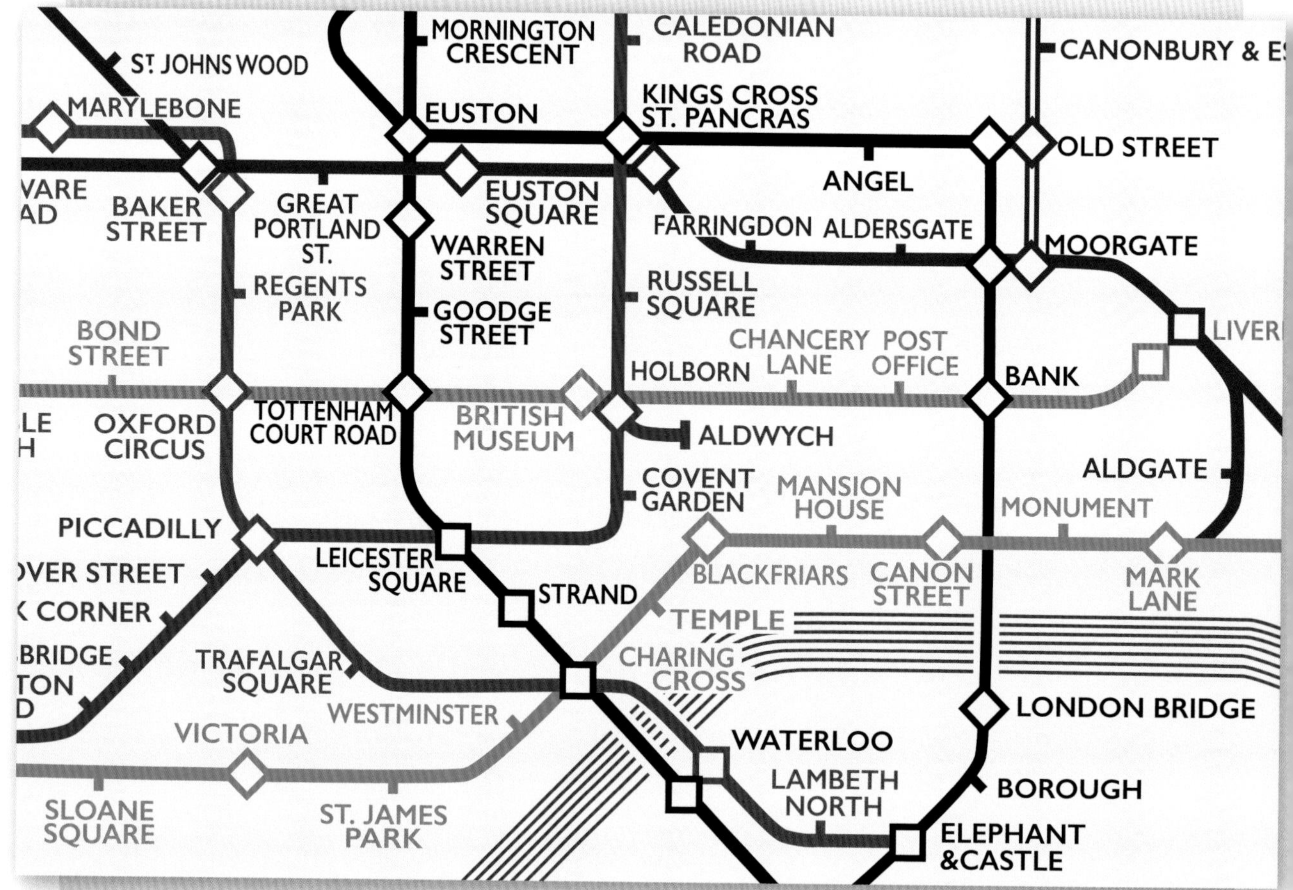

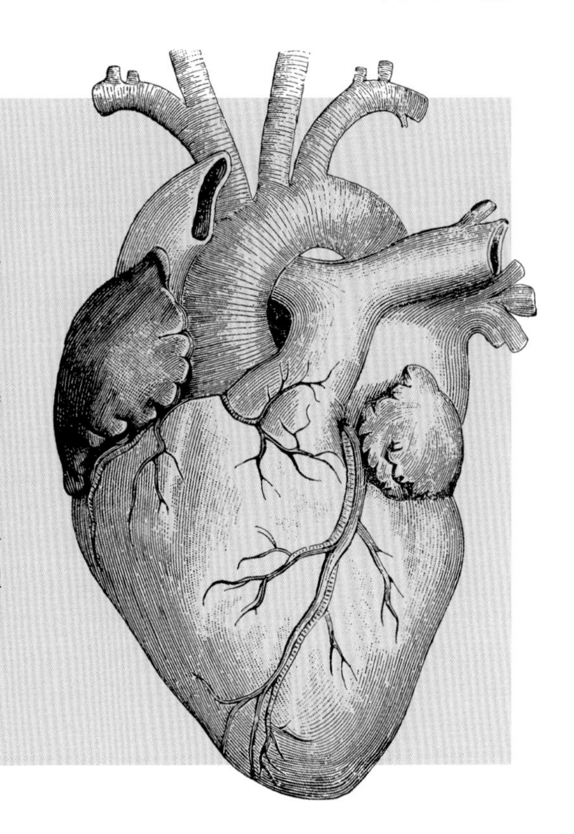

Column
手術室のトポロジー

われわれの内臓は、年齢や健康状態によっていろいろな大きさや形があり、まったく同じ臓器は存在しない。しかし重要なのは、臓器が相互にどのように接続しているか、臓器にそれぞれいくつの穴があるかだ。つまり、臓器の持つトポロジーだ。心臓に開いた4つの開口部のひとつが塞がれたら、手術でその栓を取るかバイパス手術によって新たな穴を開けるかしなければ、その心臓の持ち主はおそらく死ぬだろう。誰かが銃で撃たれたら、新しく開いた穴をふたたび閉じない限り死ぬことになる。また動脈と静脈のあいだに穴（瘻孔という）が開いたら、患者が回復するにはふたたび穴を閉じる必要がある。これは単なる手術の話ではない。今日のX線画像は非常に複雑で詳細なため、人間が画像の意味を理解できるよう、コンピューターで処理しなければならない。コンピューターが行うのは多くの場合、対象となる臓器のトポロジーを見分けやすくする処理だ。

ことは、それぞれの仕事の核心といえる。トポロジーは、おそらく現代の数学界でもっとも研究が活発な分野だが、大きな実用的な意義も持っているのだ。

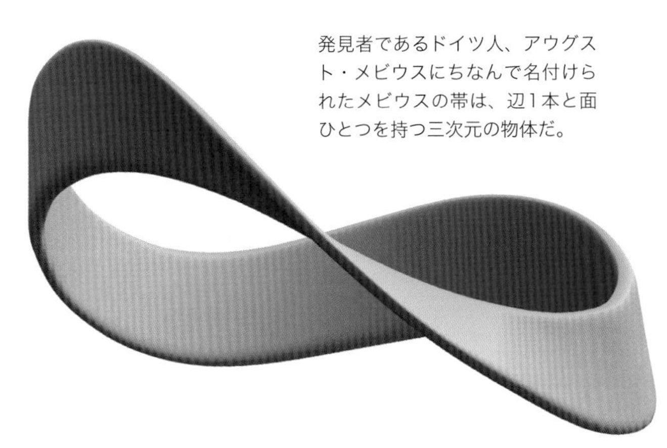

発見者であるドイツ人、アウグスト・メビウスにちなんで名付けられたメビウスの帯は、辺1本と面ひとつを持つ三次元の物体だ。

接続をつくる

トポロジーは、表面とその表面が持つ辺と接続を扱っている。トポロジーを利用すれば多くの新しい構造を発明したり、研究したりすることができる。もっとも有名な例はメビウスの帯だ。それは単に1回ひねりを加えただけの紙の帯だが、ほかの紙きれとは異なり、面がひとつしかない。面に色を塗ってみればすぐにわかる。裏返さなくても全部に色が塗れるのだ。

参照：
▶丸い世界の平面の地図
…82ページ
▶ポアンカレ予想
…152ページ

三角形の中の円

Fitting Circles into Triangles

今日、数学は国際的な学問分野となった。さまざまな国の数学者たちがソーシャルメディアでつながり、世界中で行われる会議に集う。数学者のコミュニティがほかの学問分野のコミュニティと比べても国際的なのは、すべての数学者が方程式という言語で会話しているからだ。

ただし、これは比較的最近の話だ。アラブ圏の数学者はギリシャ数学と密接につながっていたが、インドや中国、日本、またほかの地域ではそれぞれ独自の数学が発展した。世界の一部で使われている手法や定理が、数十年または数世紀にわたって、ほかの地域では知られていないこともあった。ときには面識のない数学者たちが、ほぼ同時に同じ発見をすることもあった。

隠された功績

たとえば18世紀後半、日本の幾何学者である安島(あじま)直円(なおのぶ)は、三角形に3つの円をぴったり接して描き、できるだけ残りの面積を小さくする方法を研究していた。しかし今日、この問題はマルファッティの問題と呼ばれる。イタリアの数学者ジアン・フランチェスコ・マルファッティが数年後の1803年に問題を提示したからだ。

石工の問題

マルファッティはこの問題を、少なくとも当初はとても実用的な問題だと考えていた。三角柱の形の大理石（底面の三角形はどんな形でもいい）があったとして、大理石から3本の円柱を彫り出すとき、3本が最大になるような彫り方を知りたかったからだ。マルファッティは、3つの円がそれぞれほかのふたつの円と三角形の2辺の両方に接する場合に最大になることを

ジアン・フランチェスコ・マルファッティは、18世紀後半に活躍したイタリアの代表的な幾何学者だ。彼はのちにイタリア国立科学アカデミーとなる団体の設立に貢献した。マルファッティの名を冠した問題に関する研究は、彼の晩年の数年間に行われた。

図Aは、マルファッティが最初に念頭に置いていた図だ。図Bは、三角形の3辺に接する円「内接円」を含んでいる。図Cは、薄い三角形の場合に成り立つ、もっとも単純な解答例だ。

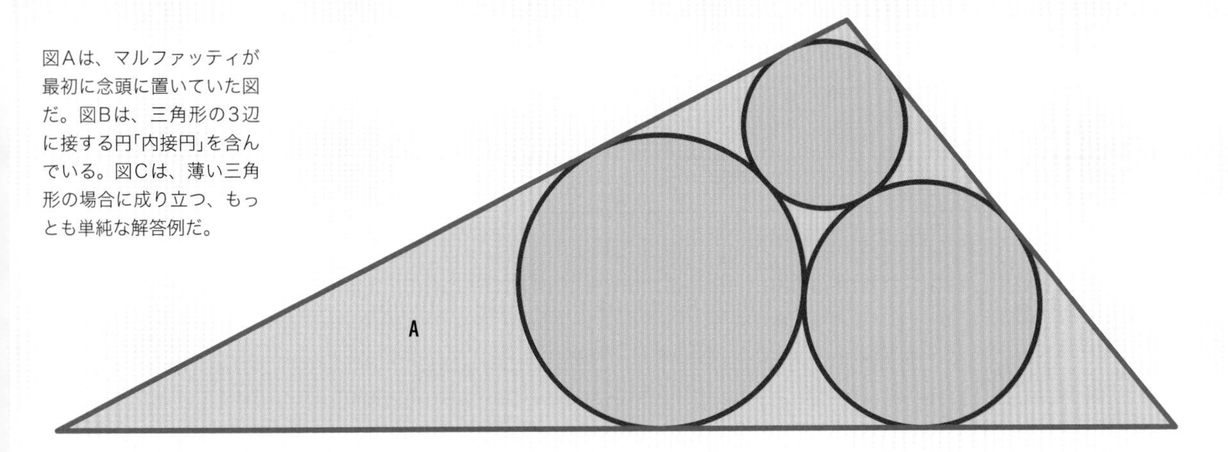

証明できたと考えた。実際、まもなくほかの数人の数学者たちが、さまざまな方法でマルファッティの証明が正しいことを確かめた。

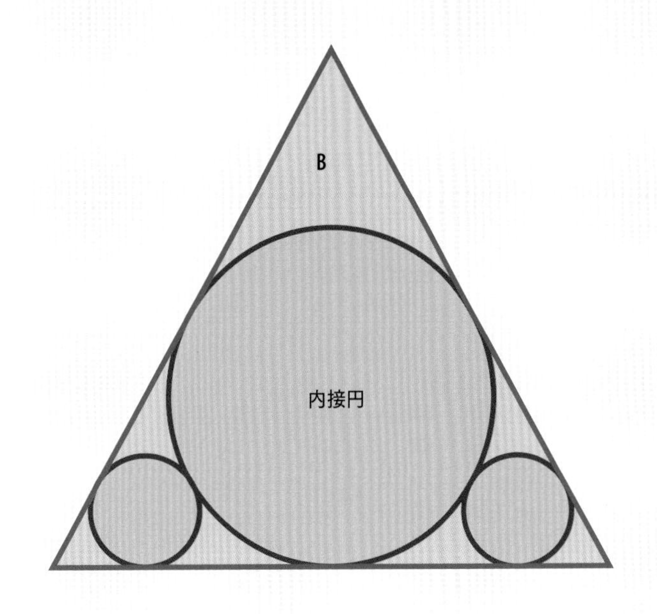

別の問題

しかし、数学はときに誤ることがある。それぞれの証明は正しかったが、問題が生じたのだ。マルファッティが念頭に置いていた図は、妥当に思われたが、実際には問題の状況を制限しすぎていた。上の図Aは、3つの円すべてが互いに接している。もしその条件が必須なら、マルファッティの解は正しい。だが、3本の柱を無駄なくつくるという目的においては、円どうしが接する必要はない。この場合、まず三角形の3つの辺すべてに接するひとつの円（内接円と呼ばれる。図B参照）を描き、次にほかの2本の柱を空いた場所に押し込むことができ、無駄になる大理石が少し減る。非常に薄い三角形の場合、もっといい方

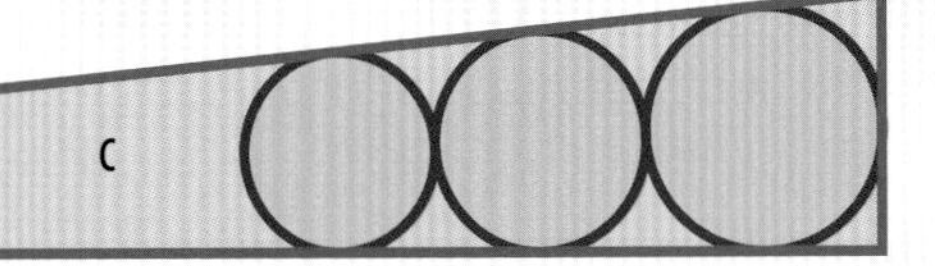

図はほかにも問題も引き起こす可能性がある。ときにデザイナーは、読者を誤解させるために遠近法を使う。大きいほうのグラフは、少なくとも初見では、テレビのチャンネルBの視聴者がもっとも多いことを示しているように見える。しかし真実を示すのは小さなグラフのほうだ。

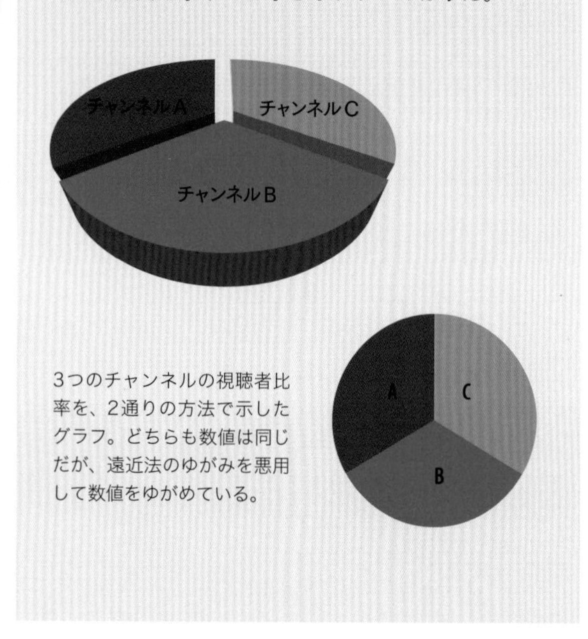

3つのチャンネルの視聴者比率を、2通りの方法で示したグラフ。どちらも数値は同じだが、遠近法のゆがみを悪用して数値をゆがめている。

法がある（前ページの図C）。マルファッティがもっと薄い三角形を想定していれば、真っ先にこの答えに到達していただろう。

危険な三角形

この事例は、図が誤りの原因になり得ることを示している。すべての三角形に関する定理のための図を描くには、何か特定の三角形を選ぶことになる。結果として、その特定の三角形でしか成り立たない証明を発見してしまうおそれがある。図は幾何学のさまざまな面で役立っているが、ときにはその価値を台無しにするような問題を生むことがあるのだ。ダフィット・ヒルベルト（121ページ参照）は、図の落とし穴を十分に認識し、1899年にユークリッド幾何学の変革をなしとげた。彼の理論は図をまったく必要とせず、21の公理に従うものだったが、ユークリッド幾何学のすべての定理を証明することができたのだ。

ヒューマンエラー

しかし、ヒルベルトの証明は完全ではなかった。2003年、数学者たちがヒルベルトの幾何学についてオンラインでの検証を試みたところ、結局ヒルベルトの証明の多くが図に依存していることがわかったのだ。彼はマルファッティとまったく同じ罠に引っかかっていた。ヒルベルトは図を証明の説明にしか使っていなかったが、その後すべての公理と証明に必要なそのほかの数学の命題についてのくわしい説明に移ったとき、命題を使う場面の具体例として図が必要な場合があった。ヒルベルトが証明を書いてから、何百人もの人々が1世紀にわたってヒルベルトの成果を読み、学び、また検証してきた。しかし、図を無視するという指示を受けたコンピューターが検証してはじめて欠陥が発見されたのだ。図は、危険というよりずる賢いようだ。

やってみよう！

また別の種類の幾何学的な誤りは、錯覚によって引き起こされる。右の図で、青く塗られた区域のどちらがより広く見えるだろうか？　それぞれの面積は簡単に求められる。5つの輪は等間隔だからだ。それぞれの区域が円盤だとして、大きい円盤の上に小さい円盤が置かれているのを想像してみよう。中心の小さな円盤の半径が1センチメートルなら、その面積はπ平方センチメートルになる（円盤の面積＝πr^2だから)。ほかの円の半径はそれぞれ2、3、4、5センチメートルだから、面積は4π、9π、16π、25πだ。引き算をすれば輪っかの区域の面積が求められる。最初の輪の面積=2番目の円の面積－最初の円の面積=4π－π=3πというように。したがって、輪の面積は3π、5π、7π、9πだ。内側の青い区域は、小さな円（面積π）とふたつの輪の合計だから、面積は一番外側の青い輪と同じ9πある。しかし、そんなふうに見えるだろうか？

下図と右図は、幾何学的に等しいものが、
錯覚によってゆがむ例だ。

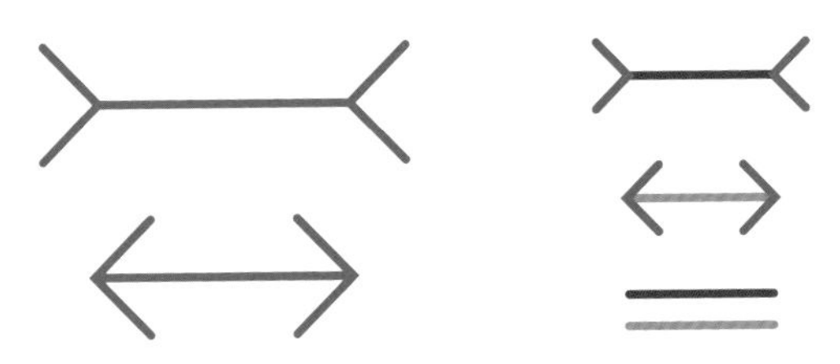

どちらの横線が長い？

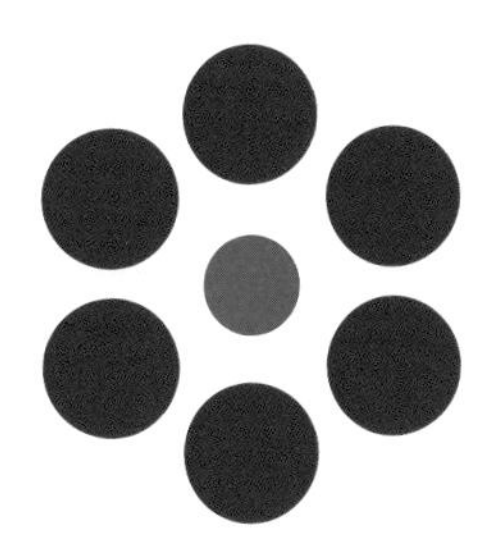

どちらの青い円が大きい？

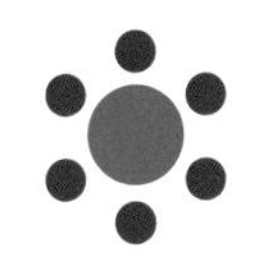

参照：
▶透視図法…76ページ
▶四色問題…140ページ

非ユークリッド幾何学
Non-Euclidean Geometry

ユークリッド以降、多くの学者が『原論』の平行線公理の証明に挑んだ。平行線公理とは、２本の直線は交わらないまま永遠に伸ばせるというものである。挑戦者のひとりは、西側世界にアルハーゼンとして知られているアラブの数学者イブン・アル＝ハイサムだった。

アル＝ハイサム（アルハーゼン）は、光を研究する光学の創設者だ。彼は光線を直線として扱うなど、幾何学の手法で光学研究に取り組んだ。

アル＝ハイサムは、紀元965年ごろにイラクで生まれ、数学を現実の問題に応用するすぐれた技能を持っていたために、すぐに地元で有名になった。しかしいかに最高の数学者であっても、自分の技能に慢心するのは賢明ではない。アル＝ハイサムは、幾何学の力によってナイル川の強大な流れを制御できると豪語し、その大言が彼の危機を招くことになった。アル＝ハイサムの主張は当時のカリフであるアル・ハーキムの耳に届き、カリフはアル＝ハイサムの構想を実現させようと、エジプトのアスワンに彼を派遣した。当然ながら、アル＝ハイサムにナイル川を支配することは叶わず、彼は新しい仕事のために逃げるようにカイロに旅立ってしまった。その新たな仕事のほうも失敗に終わることがはっきりしたとき、地元の首長はアル＝ハイサムの財産のすべてを罰として没収した。そこでアル＝ハイサムは狂気に陥ったふりをした。もっと恐ろしい仕打ちに見舞われるのを避けるためだ。以来、彼は何年も自宅で軟禁された。解放されたのは、くだんの首長が亡くなってからだ。自宅では狂気に陥ったふりをする必要はなかったため、アル＝ハイサムは相当な

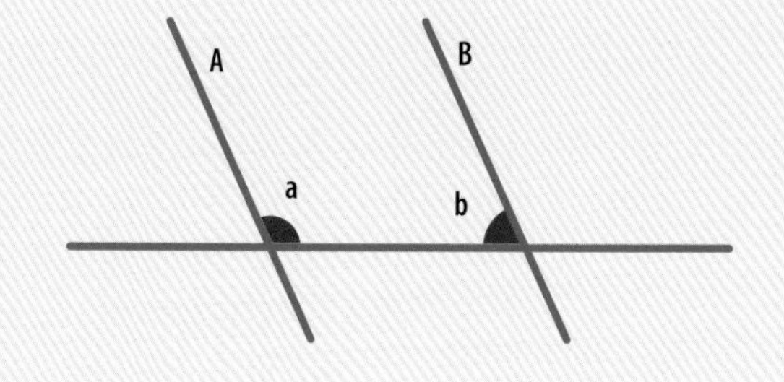

もし直線AとBが平行なら、角aと角bの角度の和は180°になる。

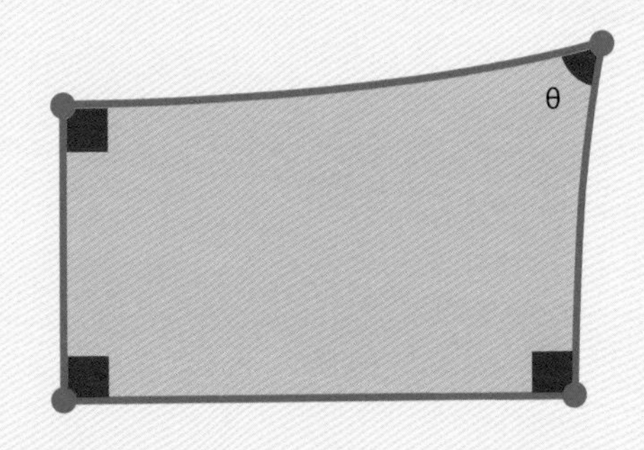

右：ランバートの四角形は、常に3つの角のみが直角になる。

長さの自由時間を得て、どんな天才でもするようなことをした。つまり、重要な科学的発見をなしとげようと試みたのだ。彼はユークリッドの5番目の仮説の証明にとりわけ熱心に取り組み、成功したかに見えた。

奇妙な図形

証明のために、アル＝ハイサムは新たな四角形を定義した。3つの角は直角で、4番目の角は任意の角度をとる。四角形の3つの角を直角に描くと、4番目の角も常に直角になる。アル＝ハイサムは、これを証明できれば、平行線公理を証明できることに気づいた(48ページと130ページ参照)。しかし実は、彼の証明は公理が真であると仮定しなければ成立しない。つまり、意味のない証明だった。

4番目の角

同じ発想に基づいて、スイスの数学者ヨハン・ランバートも1766年にこの問題に取り組んだ。アル＝ハイサムと同じく、平行線公理を証明するために4番目の角度が直角になることを証明しようとしたのだ。まずランバートは、4番目の角が直角よりも小さいか大きいとき、どんな影響が出るかを検証した。その結果彼は、90°より小さければ（ほかにも奇妙なこと

ヨハン・ハインリッヒ・ランバートは、三角形の内角の和が180°未満になるという双曲幾何学に大きな影響を与えた人物だ。

球の表面では、三角形が大きくなれば内角の和も大きくなる。われわれが楕円幾何学の世界に住んでいれば、すべての三角形は、紙に定規で描いた三角形であっても、同じ性質を持つ。

こそエラトステネスは、ほんの数センチメートルの長さの三角形を地球の大きさと比較することができたのだ。ランバートの奇妙な幾何学ではこの仮説は成り立たない。

規則を曲げる

実はランバートは、幾何学のもっとも基本的なルールが間違っているかもしれないと考えることを拒否していた。その一方で、個人的な感情は問題ではないとも悟っており、「しかし、このような愛や憎悪に支配された議論の居場所は、幾何学にも科学全体のどこにもない」と述べている。数人の数学者たちはこうした発想に興味を向け始めたものの、新たな幾何学の研究が本格的に始まったのは1830年だ。ふた

もうひとつの新しい幾何学は双曲幾何学だ。その中では4番目の角は直角より小さく、三角形の内角の和は180°未満になる。

はたくさん起こるが）三角形の内角の和が180°未満になることを発見した。正確に和が何度になるかは、三角形の大きさによって異なる。しかしこれは、根本的な仮定に矛盾する。たとえばエラトステネスが地球の大きさを測ったとき（くわしくは50ページ参照）、使った三角形の内角の和は、大きさではなく、三角形という形だけによって決まると仮定していた。だから

双曲平面は凹面で、負の曲率を持つ。

右：『不思議の国のアリス』における、風変わりな帽子屋のお茶会の場面。数学者でもあった著者ルイス・キャロルは、非ユークリッド幾何学などの当時最先端の数学的発想をばかばかしいものだと考えていた。物語で描かれる数々の混沌としたエピソードの一部は、この考えを説明しようとしてつくられたものだ。

りの数学者による別々の研究が同時に行われたのだ。ひとりはハンガリーの数学者ボーヤイ・ヤーノシュ、もうひとりはロシアのニコライ・イワノビッチ・ロバチェフスキーである。

ふたつの新しい世界

ユークリッド幾何学の大部分は平行線公理を土台として築かれている。そのため、ヤーノシュとロバチェフスキーが打ち立てた幾何学は非ユークリッド幾何学と呼ばれる。その中には双曲幾何学と楕円幾何学のふたつが含まれる。双曲幾何学では、ランバートの等辺四角形の4番目の角は90°未満だ。楕円幾何学では、その角は直角よりも大きく、三角形の内角の和は180°を超える。球の二次元の表面である球面はこの楕円幾何学の規則に従うので、地図作成者はすでに何世紀にもわたって楕円幾何学の原理を使ってきたことになる。しかし身の周りの世界で、平らな紙に三角形を描いたときに、その内角の和が180°を超えるなどという奇妙なことが起きるとは誰も考えていなかった。そもそも、平面も直線も存在しない。光線も直線ではないため、物体の形は近づくにつれて変わっていく。だから世界は見た通りではなくなっている。

不足角

こんな奇妙な新しい世界に直面した数学者なら誰でも、それを定量化する方法、つまり数値で表す方法を模索する。その方法のひとつは「不足角」、つまり実際の三角形の内角の和と180°との差を計算することだ。この差はユークリッド幾何学の世界では0°だが、双曲幾何学の世界と楕円幾何学の世界では0°より大きい値を持つ。三角形における不足角の最大値は180°だ。その三角形の内角の和は0°で、辺の長さは無限だが、有限の面積を持つ。『不思議の国のアリス』の著者ルイス・キャロルは熱心な数学者だったが、この事実を知り、非ユークリッド幾何学は意味をなさないと確信した。図を過信すると危険であることは、マルファッティの痛恨のミス（126ページ参照）が示す通りだが、三角形にまつわるルイス・キャロルの不信感は、図がいかに役立つかを示している。なにせ簡単に状況を描けるのだ。ポイントは、非ユークリッド三角形の辺がいずれもまっすぐであることだ。曲率を生み出すのは、その三角形が存在する空間なのだ。

さて現実の世界では

さてここで、1830年代の数学者たちの多くが頭に思い浮かべたのと同じ疑問が生じるかもしれない。われわれはユークリッド世界に住んでいるのか？　そのとき新しい幾何学はどんな意味を持つだろう？まあ、もともとユークリッド世界には住んでいないかもしれない。非ユークリッド世界の内部では、定規と直線と光線はすべて完全にまっすぐに見えるし、巨大な三角形の内角の和が極小の三角形の内角の和と本当に同じなのか、誰も実際に確認しようとはしないだろう。もしそんな人がいたとしても、どうすれば確認できるだろうか？　三角形の不足角が大きければすぐに気づけるだろうが、三角形が非常に小さければどうだろう？　ボーヤイは、その疑問には答えられないと結論づけた。現実世界がどうなっているかを発見するのは、数学者ではなく、物理学者の仕事だった。そうしてほぼ1世紀後、物理学者のひとりがそれをなしとげた。

やってみよう！

絶対に正しい幾何学

平行線公理の必要がなくなるような、ある種の幾何学を構築することは可能だ。つまり双曲幾何学でもユークリッド幾何学でも、楕円幾何学でもない幾何学だ。これは絶対幾何学と呼ばれ、実はユークリッドの証明のいくつかは絶対幾何学に属する。つまり、どの空間においても当てはまるのだ。そのうちのひとつは、三角形の角のひとつを180°から引いた角（外角という）は、必ずほかのふたつの内角のどちらよりも大きくなるというものだ。残念ながら、この事実自体は正しいが、ユークリッドの証明は数少ない彼の誤りのひとつだった。

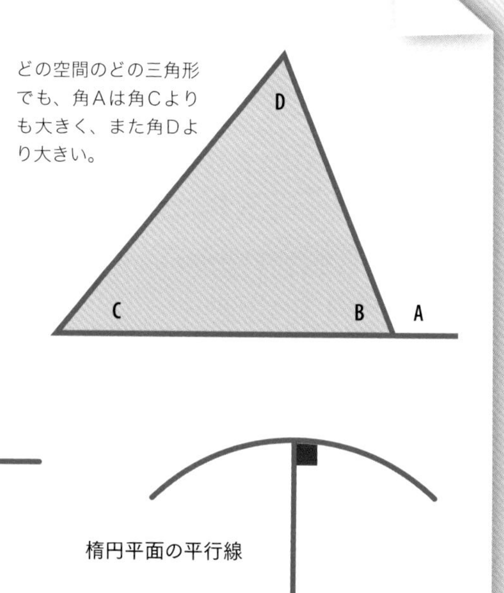

どの空間のどの三角形でも、角Aは角Cよりも大きく、また角Dより大きい。

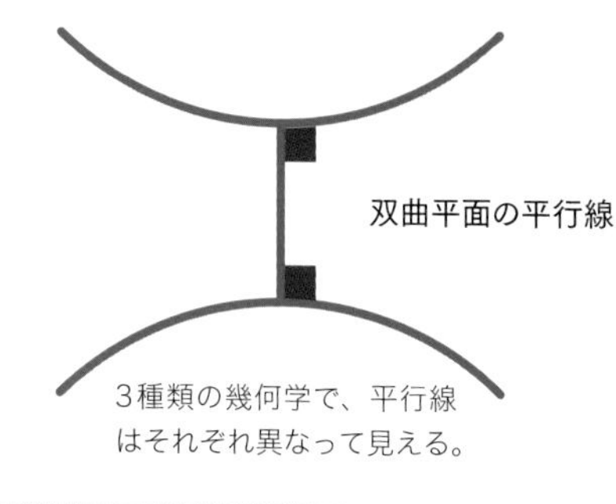

3種類の幾何学で、平行線はそれぞれ異なって見える。

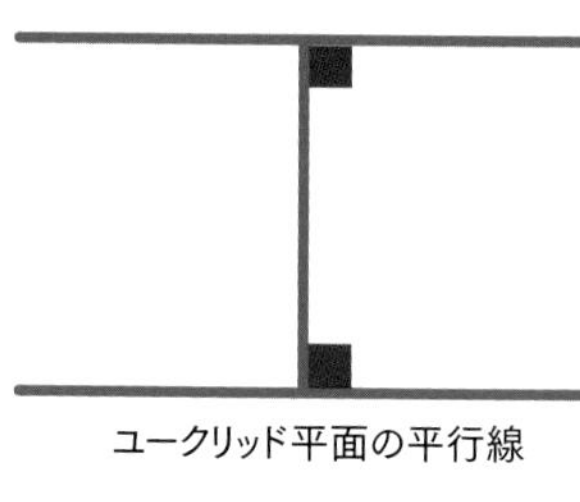
ユークリッド平面の平行線

楕円平面の平行線

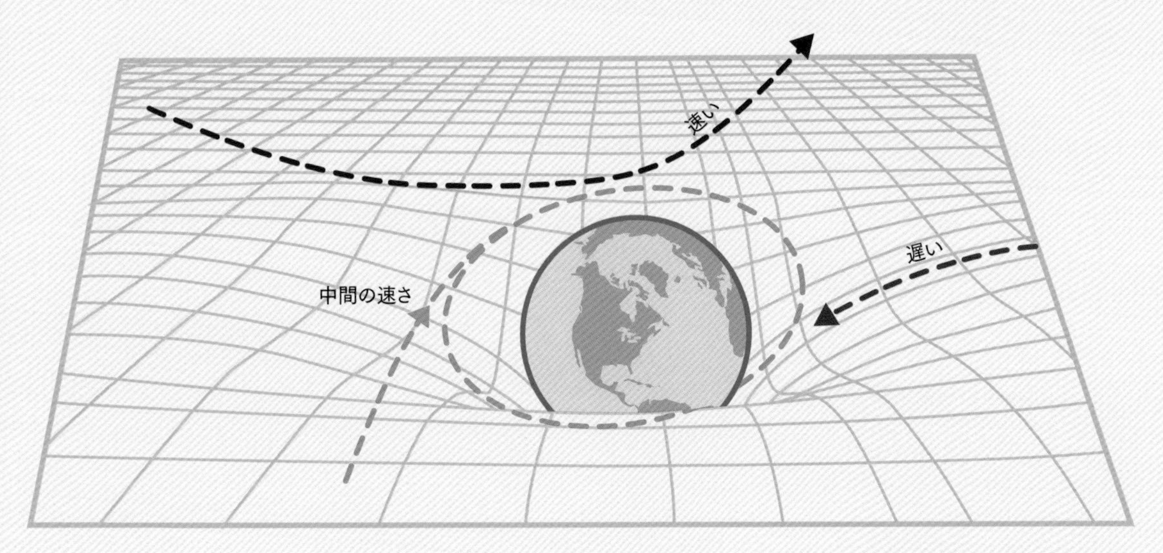

地球の質量はその周りの平らな空間を湾曲させる。この空間のゆがみが、動いている物体において観察される重力の影響を生み出す。

奇妙だが、これが真実

1919年、アルバート・アインシュタインが、重力を空間と時間の曲率として説明する理論を確立した。この理論が何を意味しているのかを理解するために、われわれの宇宙が敷物のように2次元の世界だと考えてみよう。敷物にはゴムのような柔軟性があり、その上にものを置くと少し垂れ下がる。地球のような非常に巨大な物体は大きなたるみをつくる。地球の近くに何か丸い物体が飛んできたとしよう（上の図）。ゴムの敷物は下向きに曲がっているので、丸い物体はその曲線に沿って進む。地球に落ちるかもしれないし、十分な速度があれば、まっすぐ飛び去りつつ、しかし軌道を曲げられるかもしれない。または、速度がこのふたつの場合の中間なら、周回軌道に入る可能性もあるだろう。ランバートの四角形を描くと、この空間を調べることができる（右の図）。四角形の左下隅の角度θは90°未満であり、この空間が双曲空間であることを示している。

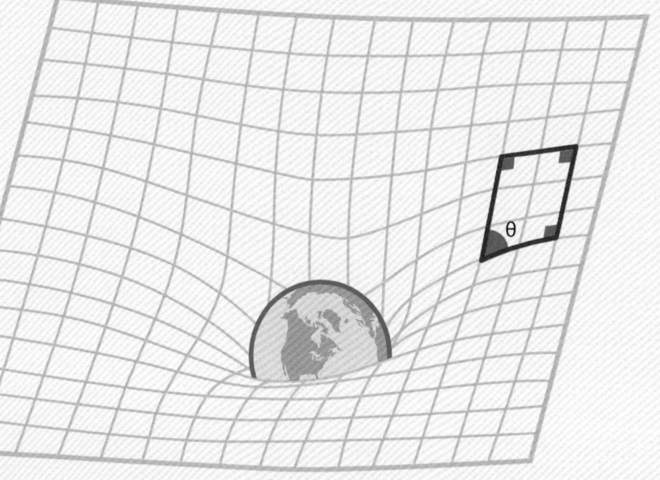

地球の質量が、周りの空間を双曲空間にしている。

参照：
▶ユークリッドの革命
…44ページ
▶丸い世界の平面の地図
…82ページ

結晶
Crystals

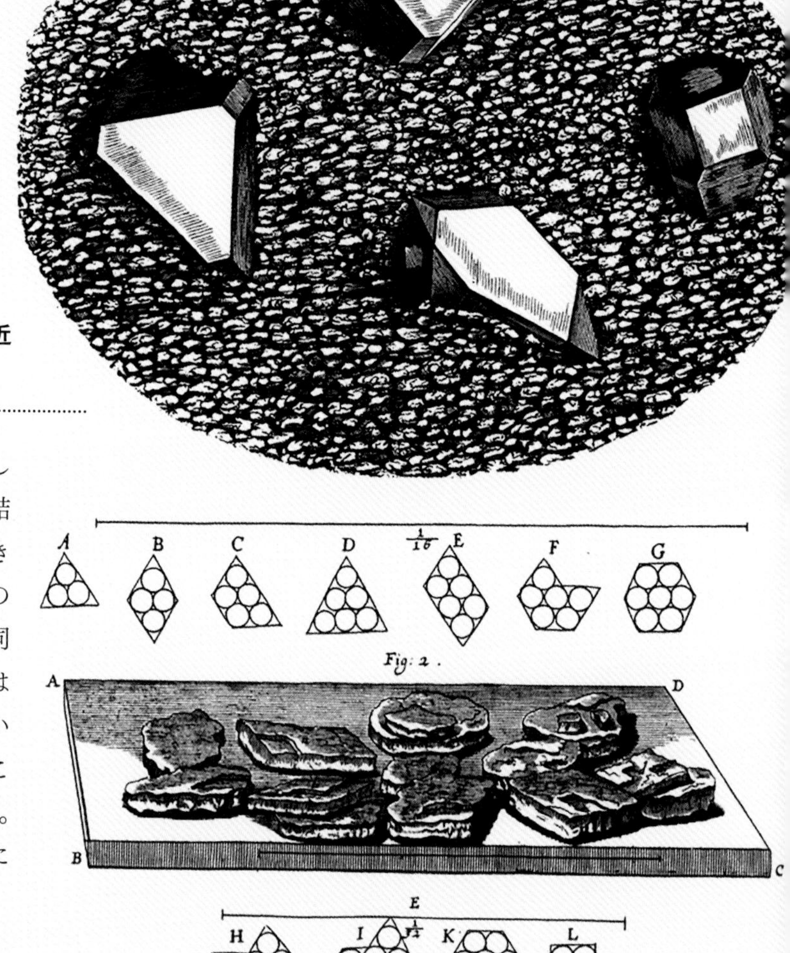

1665年、ロバート・フックは史上もっとも美しい科学書のひとつ『顕微鏡図譜』を出版した。自身がつくった顕微鏡を通して見たものを、木版画で記録したものだ。それは文字通り新世界で、これまで見ることができなかったものだった。人々はノミやハエなどの身近な生き物の実際の姿に驚いた。

フックは多くのものを顕微鏡で観察したが、なかでも彼が衝撃を受けたのは結晶だ。高倍率で見ると、肉眼で見たときよりずっと整然とし、幾何学的だったのだ。フックはハリオットやケプラーと同じく（くわしくは92ページ参照）、物質は積み重ねられた球状の「微粒子」（今でいう原子）でできているために、結晶はこのような形をとるのではないかと考えた。砲弾を積み上げることで、ピラミッドに似た形ができるようなものだ。

フックの著書『顕微鏡図譜』には、結晶の拡大図とともに、この繰り返し構造が原子レベルでどのように構築されたかに関するフックの仮説が描かれている。

アユイの幸運

17～18世紀、透明な炭酸カルシウム鉱物であるカルサイトの奇妙な性質が知られるようになった。この物質は方解石の薄い平板を通して覗くとふたつに

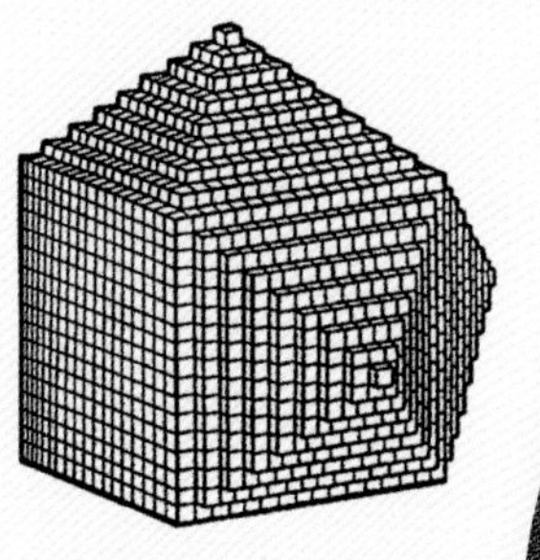

見えるが、ふたつの像のあいだの距離は、結晶の構造によって違っていた。1781年、自然史を学ぶ若い学生ルネ＝ジュスト・アユイは、方解石の中でも特に美しい結晶を調べていたが、その最中に落としてしまった。石は砕け散ったが、アユイはすべての破片がひし形に似た形をしていることに注目した。アユイはほかの鉱物も砕いて実験し、多くの鉱物がそれぞれ異なる独自の結晶形を持つことを発見した。彼はまた、立方体を積み重ね、自身が発見した結晶形をつくる方法も発見した。ほどなく結晶形には多くの種類があることが明らかになった。これらをどのように分類するべきだろうか？　形の分類は幾何学者を興奮させる課題で、多くの幾何学者たちがこれに取り組んだ。基本的な考え方は、タイル模様を分類するときと同じだ。つまり結晶を、結晶が持つ対称性の種類で分類するのである（下の図）。

ルネ＝ジュスト・アユイ（右）は、結晶が積み重ねられた立方体でできていると考えていた（上）。

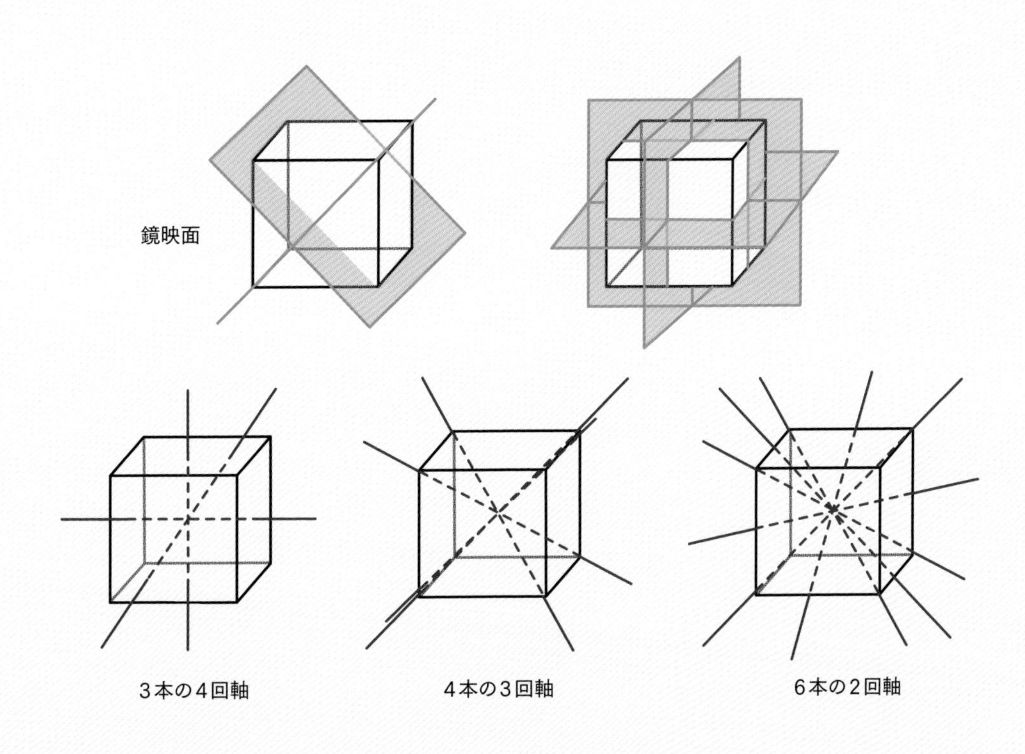

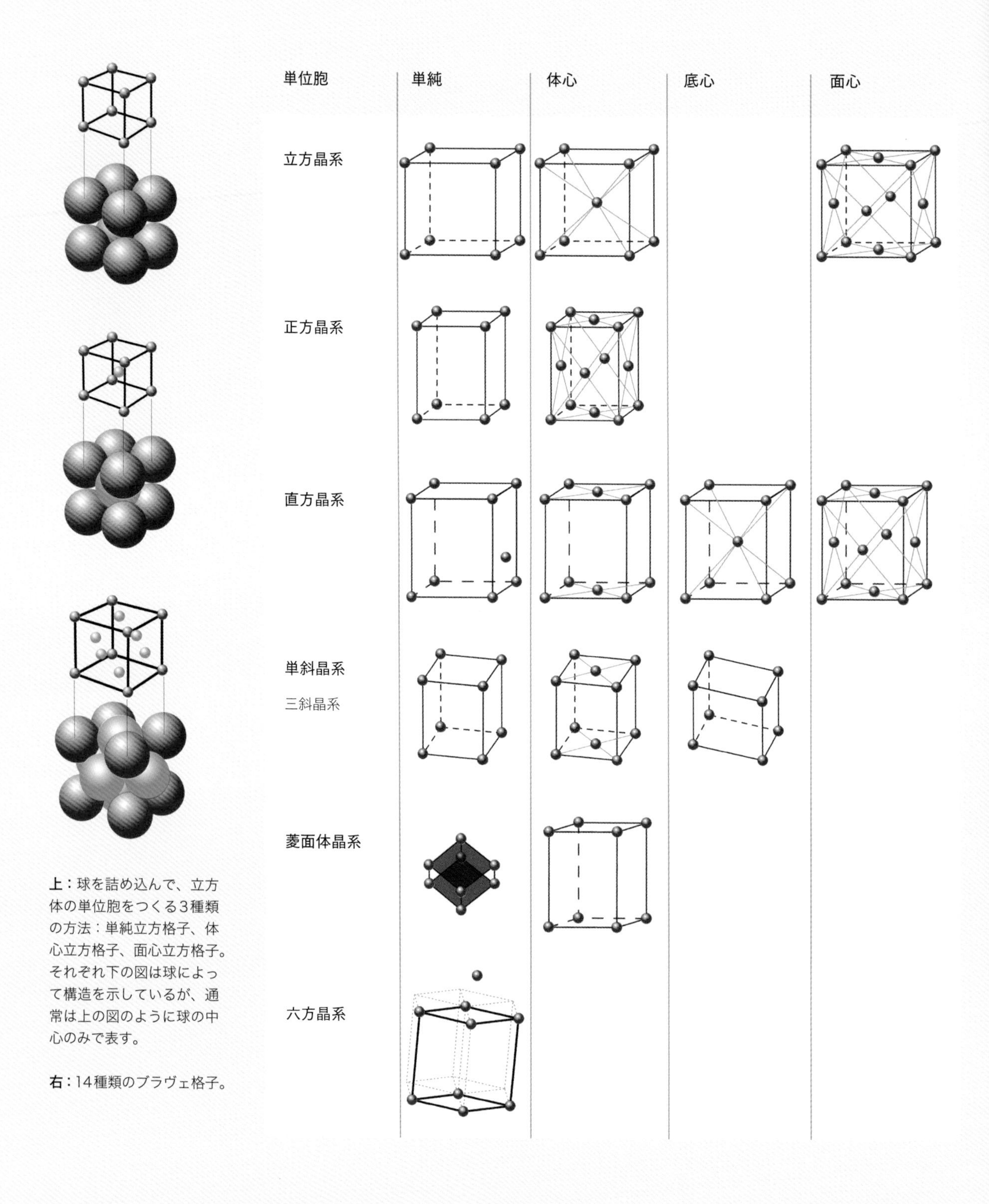

上：球を詰め込んで、立方体の単位胞をつくる3種類の方法：単純立方格子、体心立方格子、面心立方格子。それぞれ下の図は球によって構造を示しているが、通常は上の図のように球の中心のみで表す。

右：14種類のブラヴェ格子。

ブラヴェ格子

結晶構造を理解するためのアイデアが次々と提案されたおかげで、今日では完璧な解析図をつくり出すとても複雑な仕組みができている。初期につくられた中でもっとも優れた仕組みは、1829年、フランスの数学者オーギュスト・ブラヴェによって発表された。優秀な彼は、若干18歳のとき数学の競技会で最初の賞を受賞し、多くの数学者が研究に取り組んだパリの有名大学エコール・ポリテクニークへの入学を許された。ブラヴェはあっというまにクラスでトップの成績をおさめ、好きな技術分野を自由に選択できた。しかし大方の予想を裏切り、彼が選んだのは海軍だった。ブラヴェは数学を愛していたが、世界中を旅するほうを選んだのだ。その後の数年をアフリカの地図製作に費やし、その後、北極圏に旅立った。極北の長く暗い冬のあいだ、ブラヴェは結晶の分類に取り組んだ。1848年までに、彼は7つの「単位胞」を定義した。単位胞は結晶の小さな一部分で、その結晶が属する結晶系を示す。単位胞の中でもっとも単純で、もっとも対称性が高いのは立方体だ。7種類の結晶系はさらに分類できる。球を積み重ねて単位胞を生成する方法はひとつではないからだ。最終的にブラヴェは、球を積み重ねる方法は14通りあることを発見した。この14通りをブラヴェ格子という。

参照：
▶円と球…14ページ
▶タイルとテセレーション…70ページ
▶空間を満たす…92ページ

Column
多形体

ふたつ（またはそれ以上）の結晶が、同じ化学物質を同じ比率で使って、しかし異なるブラヴェ格子によってできているとき、それらを多形体という。多形体はそれぞれ大きく異なる特性を持つことがあるので、この違いを知ることは重要だ。1912年、探検家ロバート・スコットと彼が率いるチーム全員が、南極から帰る途中で亡くなった。この悲劇の一因は、ヒーターの燃料の缶が、謎の理由で空になったことだ。缶は鉛で密封されていた。鉛は低温になると、強い金属構造から柔らかい多形体に変化する。そのため燃料が漏れてしまったのだ。下の図で示すとおり、炭素にはいくつかの多形体がある。この中には鉛筆の芯の主成分である黒鉛、すす、およびダイヤモンドが含まれる。

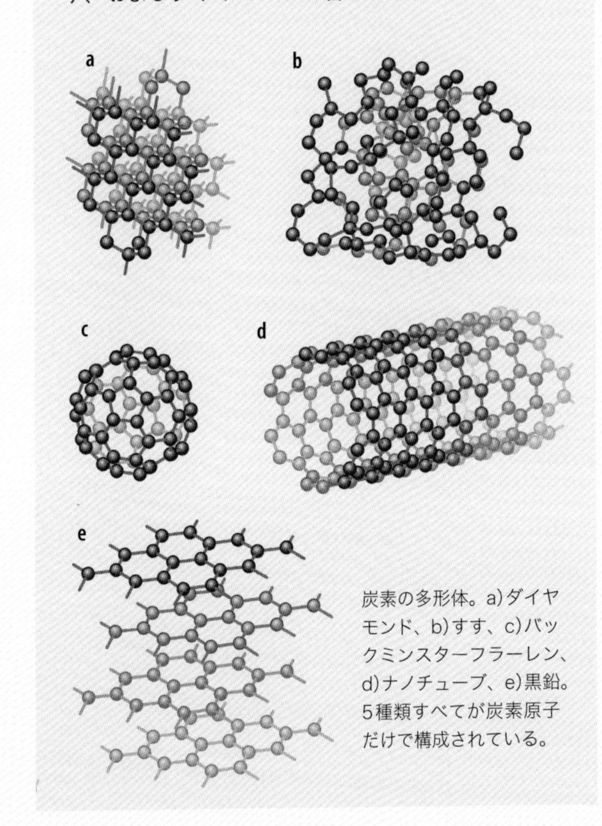

炭素の多形体。a)ダイヤモンド、b)すす、c)バックミンスターフラーレン、d)ナノチューブ、e)黒鉛。5種類すべてが炭素原子だけで構成されている。

四色問題
The Four-Color Problem

1862年のイングランドとウェールズの郡を示す地図。塗り分けには4つの色が使われている。

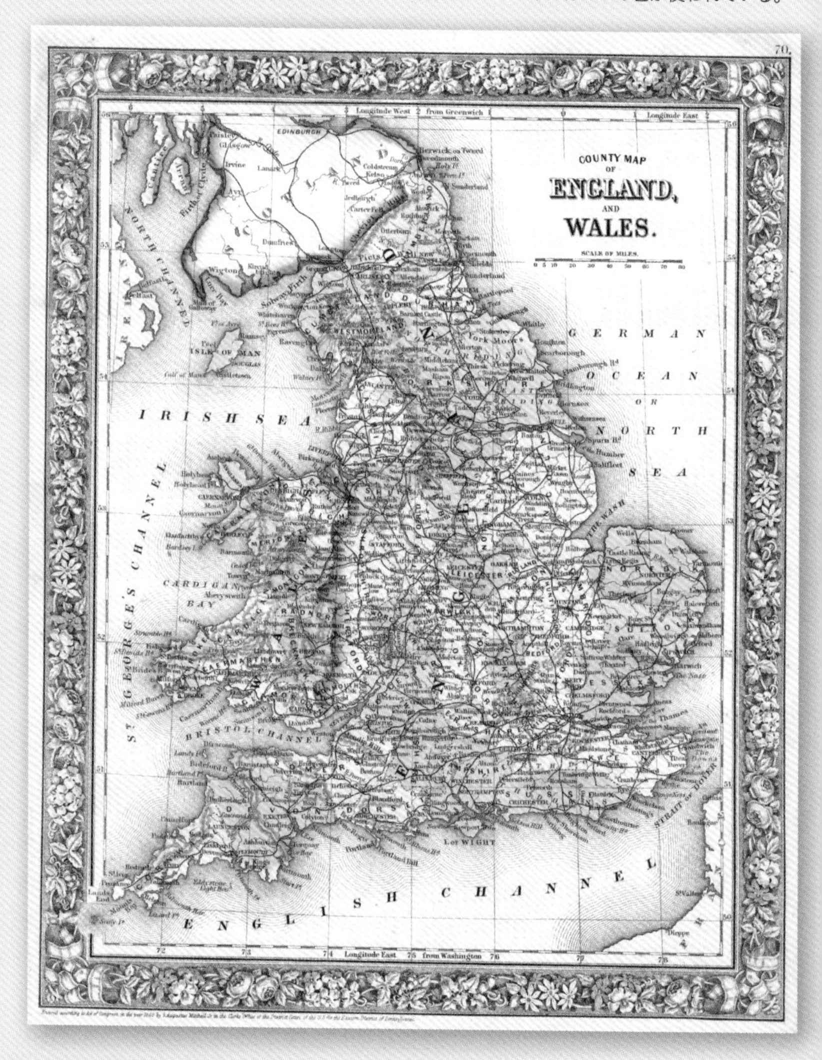

1852年、数学を学ぶ若い学生フランシス・ガスリーはイギリスの地図を調べていた。彼は、郡をできるだけ少ない色で塗り分ける方法を考えた。つまり、隣り合う郡が同じ色にならないようにするのだ。何度も試した末、ガスリーは4色あれば十分だと判断した。あとはそれを証明するだけだが、彼は証明に必要な幾何学の知識を持っていなかった。

ガスリーは彼の数学の先生であるオーガスタス・ド・モルガンに助力を頼んだ。ド・モルガンは高度な技術を持つ数学者だったが、この問題にはお手上げだった。彼の同僚たちも同じだった。1878年、科学雑誌「ネイチャー」に掲載され、この問題はさらに有名になった。こんなに明快な問いで、意味を理解するのは誰にでもできるのだから、その解決も容易だと思われた。

証明できるはず

しかし、幾何学の知識が足りなかったのはガスリーだけではなかった。誰もがすぐには答えられなかったのだ。1年後、数学者アルフレッド・ケンプが四色仮説を証明したかに思われたが、それから11年後、ダーラム大学の数学講師パーシー・ヒーウッドがケンプの証明に誤りを見つけた。

五色で十分

ヒーウッドは地元では有名な人物だった。身につけたケープと豊かな口ひげが特徴的で、いつも講義に犬を連れてきていた。彼はこの問いに一歩踏み出し、五色で足りるという仮説を証明するという課題に取り組んだ。しかし、塗り分けに5つの色が必要な地図の例は誰にも示せなかった。そのためには存在しうるすべての地図のパターンを調べる必要があり、何百万もの複雑なグラフの解析作業が含まれる。誰にこんなことができるだろうか？　もしできたとしても、その過程でひとつでも誤りがなかったかを誰に確かめられるだろうか？

機械による数学

この定理は最終的に、1976年、数学者でコンピューターの専門家でもあるケネス・アッペルと、トポロジー学者ウォルフガング・ハーケンによって証明された。100億回の計算を行ったのはコンピューターで、約1,200時間の処理時間がかかった。これは世界初のコンピューターによる証明で、多くの数学者たちはかなりの不快感を示した。なぜなら、人間にはその証明を検証して正しさを確かめることができないからだ。コンピューターは数学者に取って代わることができるのか？　現在のコンピューターは四色定理を証明したものより何倍も強力だが、新たな定理の証明において決定的な貢献をすることはほとんどない。したがって、数学者は今のところ安泰だ。少なくとも、もうしばらくは……。

定理の証明に成功したコンピューター、IBM370/168。

Column
グラフ理論

幾何学の目で見ると、グラフは編み目のような模様で、地図や迷路そのほかの複雑な図を単純化するためのものだ。グラフを使うと、たとえばその地図の重要な要素に集中できる。この場合、国と国との境だ。土地の形や大きさなど、重要ではないものは無視できる。

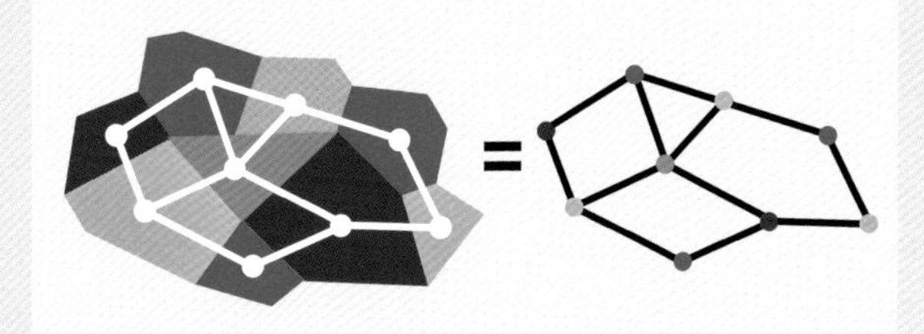

地図とそれに対応したグラフ。

参照：
▶結び目…146ページ
▶フラクタル…166ページ

ローラーはどれだけ丸いか
The Roundness of Rollers

車輪は、人類史上もっとも重要な発明だとしばしば指摘される。車輪が丸いからこそ車輪は回転し、人間の筋力を超える荷重を移動できる。しかし、車輪は本当に丸くなければならないのだろうか？

ストーンヘンジなどの古代の建造物を建てるとき、ある種のローラーが使われたと考えられている(16ページ参照)。正確にどのような技術が使われたのかは推測になるが、幾何学を使えば、必要なローラーの丸さの限界がわかる。

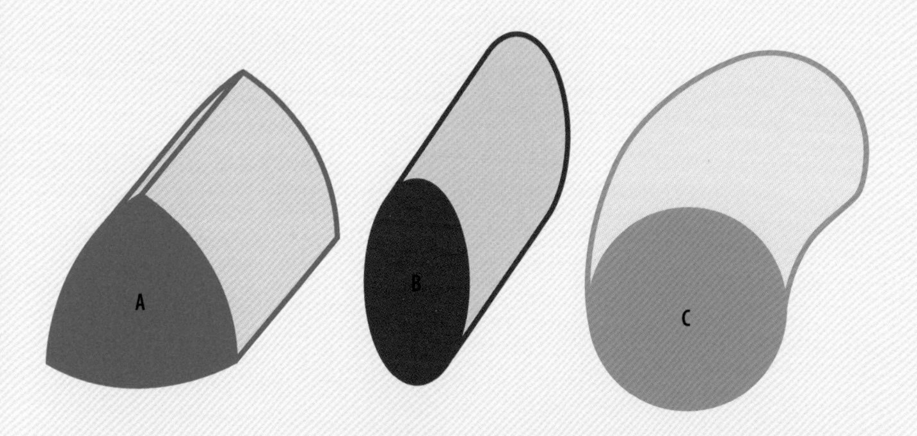

ローラーが完全な円柱である必要はない。

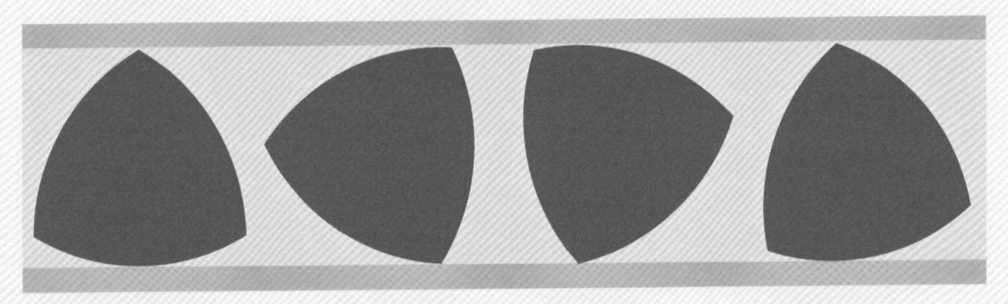

ローラーBとローラーCは除外できる。これらのローラーは乗り心地が悪いが、ローラーAは回転の際、上下動がない。

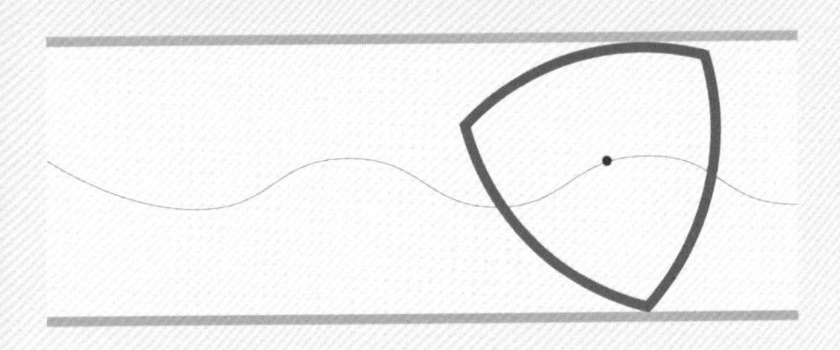

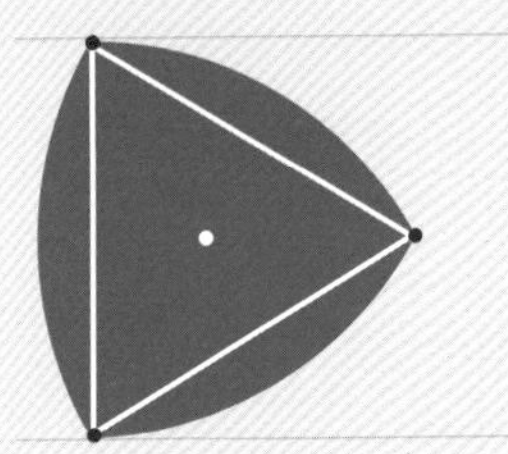

左：ローラーの中心は上下動するが、全体の高さは変わらない。

右：ローラーは曲がった辺を持つ三角形だ。

まっすぐで水平

車輪ができる前、つまり車軸と呼ばれる中央の棒の周りを回転する道具ができる前は、何にも固定されていないローラーというものがあった。重い石版を水平に保ったまま乗せて転がせるのは、上の図のA、B、Cのどの形のローラーだろうか。ローラーAは見たところ一番丸くないので、これではなさそうだ。一方、ローラーBは楕円形なので上下動がはげしい。ローラーCは断面が丸いところもあるが、側面が曲がっているため、まったく回転しない。ローラーAをもう一度見てみよう。直感に反して、ローラーAは完全に水平を保ちながら石版を運ぶことができる（地面が平らなら）。車やバイクの車輪がこの形にならなかった唯一の理由は、回転するとき図形の中心が上下に動くからだ。つまり車両が動くと車軸が上下に動き、非常にぐらぐらした乗り物になってしまう。

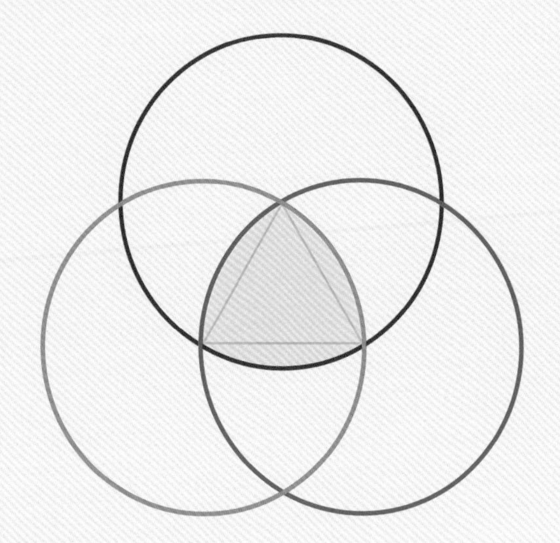

フランツ・ルーロー（右の写真）にちなんで名付けられたルーローの三角形。重なり合う円からできている。

ルーローの三角形

このような動き方をする図形はほかにもたくさんあり、技術分野でいろいろな用途に使われている。上の図形は、ドイツの技術者フランツ・ルーローにちなんで「ルーローの三角形」と名付けられた。彼は1870年代、さまざまなデザインでこの図形を使った。この三角形は、3つの円が重なり合う区域の外縁部分からなり、どのように測っても差し渡しの幅が同じになることが特徴だ。そのため「定幅曲線」と呼ばれる。

動きをめぐる幾何学

硬貨を投入する種類の機械は、硬貨の幅を測って（あ

カナダの「ルーニー」ドルとイギリスの50ポンド硬貨は、どちらも定幅曲線だ。

ルーローの三角形と同じ性質を持つ図形はほかにもある。ルーローの三角形が正方形の中で正確に回転するのに対して、デルタ二角形（下の図）は正三角形の内部を回転する（次ページの囲み参照）。

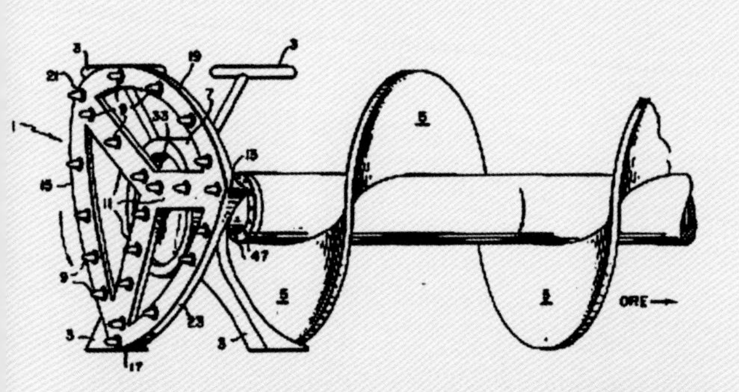

ルーローの三角形が先端についたドリルで、正方形の穴を掘ることができる。

るいは重さを量って)、投入されたコインが何かを見分ける。したがって硬貨は円形でなくとも、少なくとも定幅曲線でなければならない。ルーローの三角形は正方形の穴の中でいつまでも回転でき、中心点は閉じた曲線を描いて移動する。つまり、ルーロー形のドリルの先端を使えば、正方形の穴を開けることができる。ただし、ドリルの先端が回転するときには、中心が小さな円の中しか動けないようにしなければならない。

やってみよう！

二角形

二角形はユークリッド幾何学には存在しないが、球面幾何学ではもっとも単純な図形のひとつだ。球面幾何学とは、球の表面にある図形に関する幾何学である。二角形のふたつの角は等しく、辺の長さも等しい。二角形が持つ角の角度をラジアンで表すと、その二角形の面積はその角度の2倍に等しくなる。(円を一周すると2πラジアンになるので$360^\circ = 2\pi$ラジアン、つまり1ラジアン＝ $(360^\circ)/2\pi \approx 57.3^\circ$ だ。くわしくは23ページ参照)。

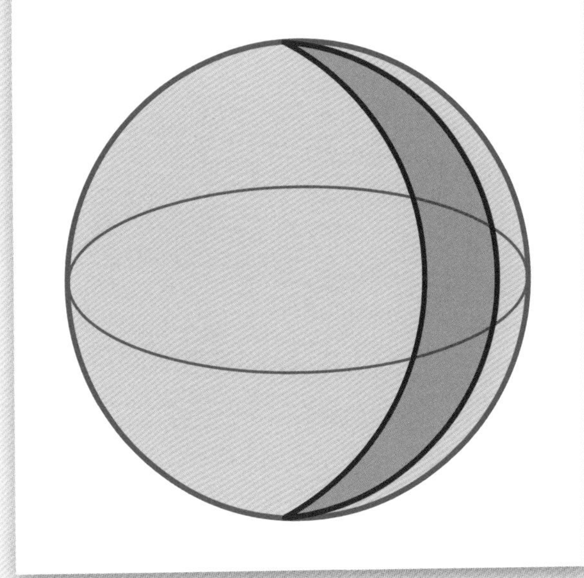

参照：
▶アルキメデス、幾何学を応用する…52ページ
▶丸い世界の平面の地図…82ページ

結び目
Knots

結び目は、実用的な目的と装飾的な目的で有史以前から使われてきた。これまでに出土したもっとも古い縄の断片は約 28,000 年前のものだ。一方、数学者たちが幾何学の観点から結び目の研究を始めたのは、ようやく 1870 年代のことだった。その理由は、最新の原子論を探求するのに役立つと考えられたからだった。

物理学者ウィリアム・トムソン（ケルビン卿としても知られる）は、物質に関する新たな理論を発展させた。原子がエーテルという物質（くわしくは31ページ参照）の結び目にあたるという考えに基づく理論だ。当時、すべての空間はエーテルで満ちていると考えられていた。トムソンは、結び目に関する数学を教えてもらおうと、同僚であり友人でもあった数学者ピーター・ガスリー・テイトの力を借りようとした。友人の申し出を受けたテイトはすぐに、これまで誰もこの分野をほとんど研究していないことに気づいた。 1878

何世紀にもわたり、さまざまな目的のためにつくられた多くの結び目。

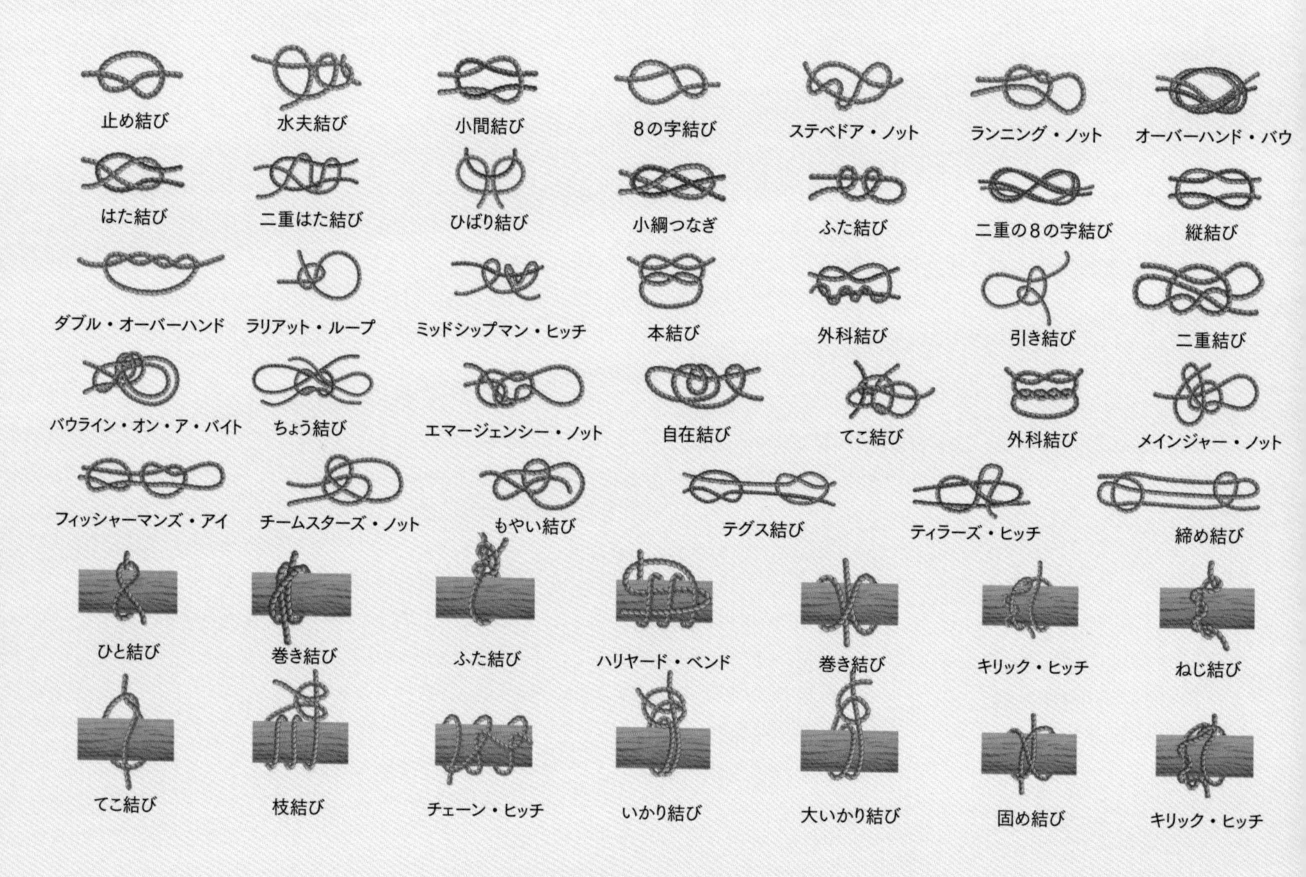

年、トムソンはテイトが行った講義に出席した。講義の中で、テイトは煙の輪が結び目のような振る舞いをすることを示した。トムソンが、原子がエーテルの結び目の輪かもしれないと考え始めたのはこのときからだった。

結び目と、解けた結び目

テイトは、数学のまったく新しい分野を創造するという、自らに課した使命を背負いつつ、まずはすでに知られているすべての結び目を一覧にする作業に取り組んだ。以来、結び目を研究するほかの数学者たちも実際にやっているように、結び目は閉じた輪であり、結び目のない輪も「解けている」結び目としてリストアップしていった。次に、もっとも単純な三葉結びから始めて、ほかのすべての結び目を一覧にした。さて、一覧の中で三葉結びをどう位置づければよいだろうか。見た目から明らかな方法は、ひもがひも自体と交差する回数を数えることだ。三葉結びでは3回だ。しかし、テイトは5回交差する結び目を検討して、すぐにこの方法の難点に気づいた。5回交差する結び目はふたつあり、以降、交差する回数は同じでも異なる結び目の数が急速に増えていく。つまり、ただ交差する回数を数えるだけでは、結び目の漏れを防げないのだ。今までに幾何学者たちは、交差回数が16回以下のすべての結び目を分類している。結び目の数にしてすでに1,702,936種類だ。交差回数で結び目を分類することの大きな問題は、結び目のひねり方にいくつも方法があり、一時的な交差が増えることだ。

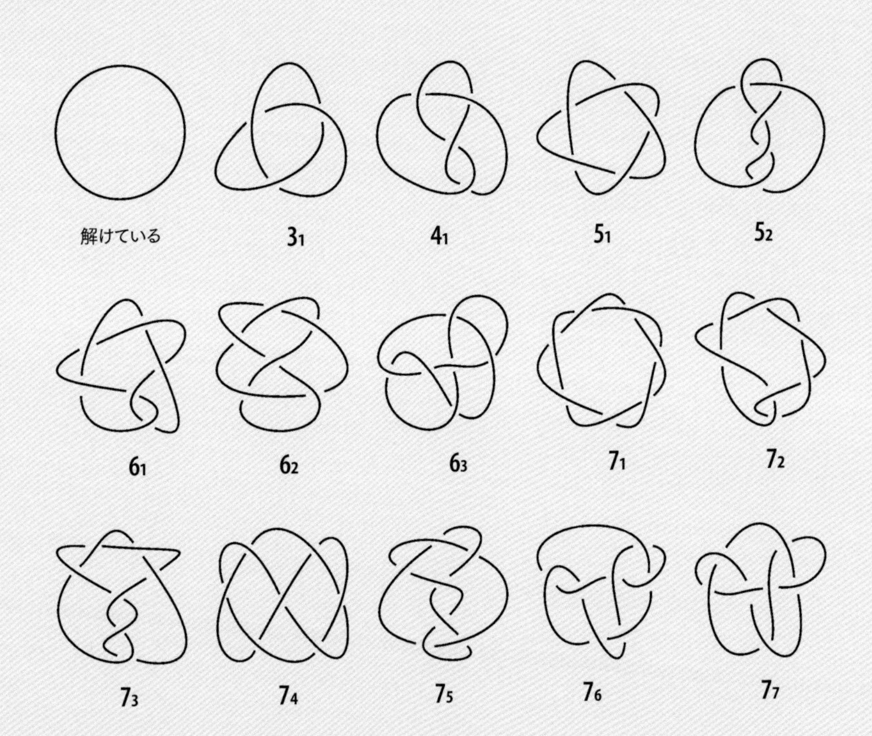

上：無限の環を表す三葉結び。

右：テイトの結び目一覧の最初の15種類。解けた結び目、つまり輪を含む。数字はひもがひも自体と交差する回数を示し、添字は交差回数が同じ複数の結び目を区別するための番号。

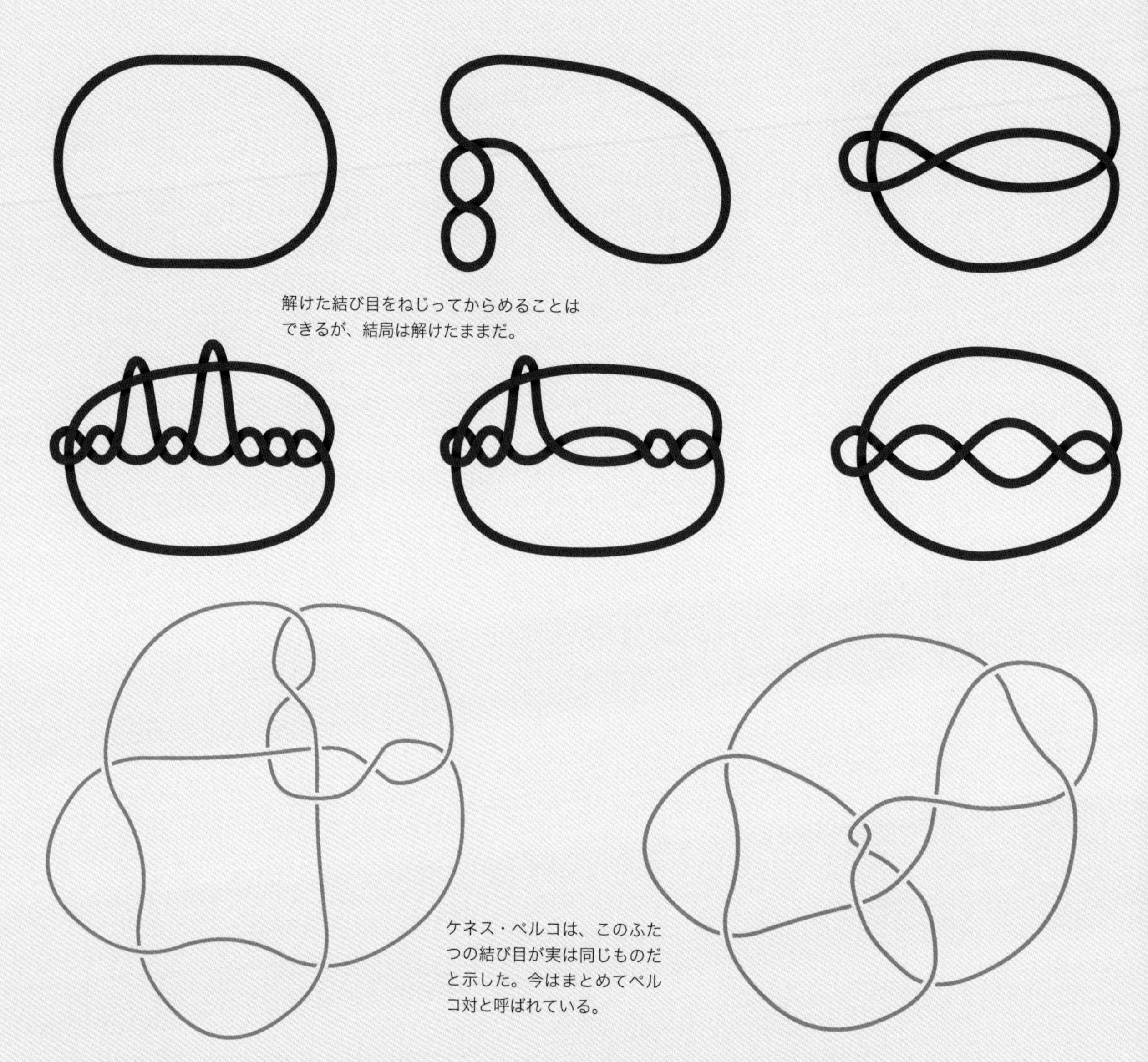

解けた結び目をねじってからめることはできるが、結局は解けたままだ。

ケネス・ペルコは、このふたつの結び目が実は同じものだと示した。今はまとめてペルコ対と呼ばれている。

同じものが残っていた

1885年、アメリカの数学者で技術者のチャールズ・リトルは、交差回数が10までのすべての結び目（と彼が考えたもの）166種類を列挙した。1世紀近くのちの1974年、人生のほとんどをニューヨークの弁護士としてすごしたアマチュア数学者ケネス・ペルコは、リトルが別の種類として挙げたふたつの結び目が、実際には同じであることに気づいた。ふたつの結び目はリトルの表では隣どうしにあったが、誰もそれに気づかなかったのだ。実はペルコもそこに注目して気づいたわけではない。結び目の分析には、視覚はほとんど役に立たないからだ。その証拠に、もっとも優れた結び目理論の研究者のひとり、ルイ・アントワーヌは盲目だった。アントワーヌは、現在アントワーヌのネックレスと呼ばれる一種の無限の結び目をつくった（下の図と150ページのコラム参照）。ペルコはリトルの結び目分析法を調べている最中に、二重に数えられた結び目に遭遇した。同じ結び目をふたつの異なる結び目として分類してしまうなら、その方法はうまくいっていないということだ！

不変量を探して

チャールズ・リトルが達成しようとしてできなかったのは、不変量を見つけることだった。結び目不変量は数値や多項式あるいは測定値で、どんな結び目にも適用できるものでなければならない。結び目がどれだけねじれていても、その不変量は変わらず、異なる結び

「野生的な結び目」を基にした、アントワーヌのネックレスの初期段階（成立途中）のもの。各段階で、すでにあるそれぞれの輪の周りに新たな輪が足され、この過程が永遠に続く。

Column
野性的な結び目

結び目の数学理論を検証する方法のひとつは、理論が無限の繰り返しを含む「野性的な結び目」にならないと確認することだ。

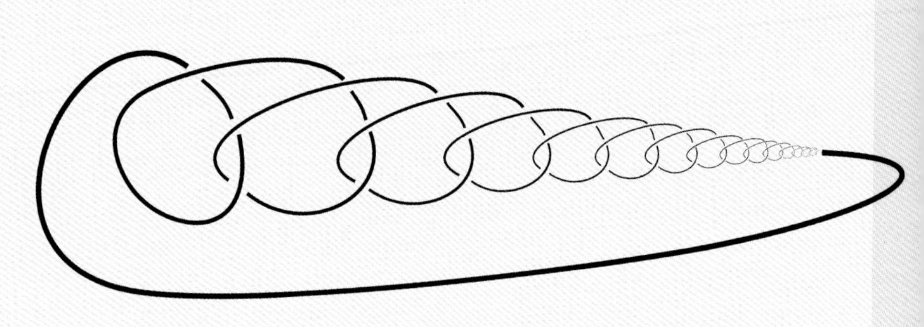

もっとも単純な、野性的な結び目。

目どうしがどれだけ似ていても、その不変量を比べれば違っている。1970年にヴォルフガング・ハーケンは結び目の分類問題の解決策を発表し、しばらくのあいだ、それで解決したと思われていた。彼が思いついたのは結び目分析の新たな方法だった（古い問題に取り組むときは、常に新しい方法を探すのがおすすめだ)。ハーケンの方法を理解するには、ゆるく結ばれたひもの輪を、泡立った液体にいくつかひたすといい。それぞれが石鹸の膜が張った状態で液体から出てくるはずだ。ハーケンは、これらの表面を数学的に記述すれば、結び目の特徴を表す方法として使えると考えた。彼はプログラミングの天才で、四色塗り分け問題（くわしくは141ページ参照）の探求を止めて、結び目問題を計算するコンピュータープログラムに取り組んだ。ハーケンのプログラムは、2003年にようやく完成した。結び目理論の研究者たちが、これに先んじようと発奮しなかったのか、不思議に思うかもしれない。実はハーケンがプログラム開発を始めてすぐ、新たな問題が明らかになった。彼の結び目プログラムの実行には非常に長い時間がかかり、世界中のどのコンピューターも妥当な時間内に計算を終えることができなかったのだ。1970年以降のコンピューター能力の向上にもかかわらず、現在でも状況は変わらない。したがって、結び目分析を誰もが誤らずにできる、使用可能なツールの開発はいまも続いている。

分別のある

数学者が扱う結び目は、普段の生活で使うものとはあまり関係がないように思える。しかし、結び目理論を応用して解かれる日常的な疑問がある。ひもの束は、からまって結び目にならないより、結び目になる可能性の方が高いのか、それともからまったときは単に運が悪いのか？　1988年、数学者ド・ウィット・リー・サムナーズと、化学者ステュワート・ウィッティントンがその答えを明らかにした。彼らが興味を持っていたのは、ひものように長く続く分子であるポリマーにできる結び目だった。そこで数学的に検討するため、次のような問題を考えた。蛇と梯子ゲーム（欧米で親しまれているすごろくの一種。盤面は格子状に区切られ、各マスには番号が振られている。サイコロを振って出た目の数だけコマを進めるが、ところどころにマス同士をつなぐ梯子や蛇が描かれ、そのマスで止まると、梯子の場合には番号が大きいマスへ、蛇の場合には番号が小さいマスへ移動する。最後のマスに先に到達したプレーヤーが勝ち）を、現実の高層ビルでやる場合を想像してみよう。1回の行動ごとにサイコロを振る。1、2、3、4が出たらそれぞれ北、東、南、西に進む。5が出たら一番近い梯子で上の階に進み、6が出たら一番近い蛇を滑り降りる。縄を引き出しながら進み、それまでの経路を記録する。唯一の規則は、同じ地点を2度は通れないというものだ。ゲームは、ビルのすべての場所を踏破するか、すでに訪れた地点に囲まれたら終了だ。サムナーズとウィッティントンは、どちらの場合でも、終了するまでに縄に少なくともひとつの結び目ができる可能性が、そうでないよりはるかに高いことを発見した。したがって、ひもの束に結び目ができるのは、多かれ少なかれ避けられないということだ。

参照：
▶透視図法…76ページ
▶トポロジー…122ページ

Column
化学的な結び目

原子が物質の結び目であるとするアイデアは長続きせず、その後の数十年、結び目の幾何学に興味を持ち続けたのはわずかな数学者だけだった。しかしここ数年、結び目は科学者から大きな関心を集めている。体のほぼすべての細胞には、DNA（デオキシリボ核酸）と呼ばれる分子の鎖がある。DNAの鎖には生きて成長するために必要なすべての情報が含まれている。細胞は肉眼で見えないほど小さいにもかかわらず、ヒトのDNAの鎖には約2メートルの長さがある。細胞にこの長さを収めるため、DNAはしっかり束ねられ、結び目もたくさんある。DNAを使って新たな細胞をつくるには、DNAの一部を切り取って結び目を解き、ふたたびつなぎ合わせなければならない。この作業を行っているのが酵素という複雑な化学物質だ。酵素がどのようにはたらくかがわかれば、傷ついたDNAが引き起こす多くの病気の治療に役立つはずだ。しかし、まだ誰もこの過程を観察できていない。今できるのは、酵素がはたらく前後のDNAの結び目の形を調べることだ。幾何学で、酵素がはたらく前と後の結び目の種類を見分けられれば、その間に酵素が何をしたかがわかる。

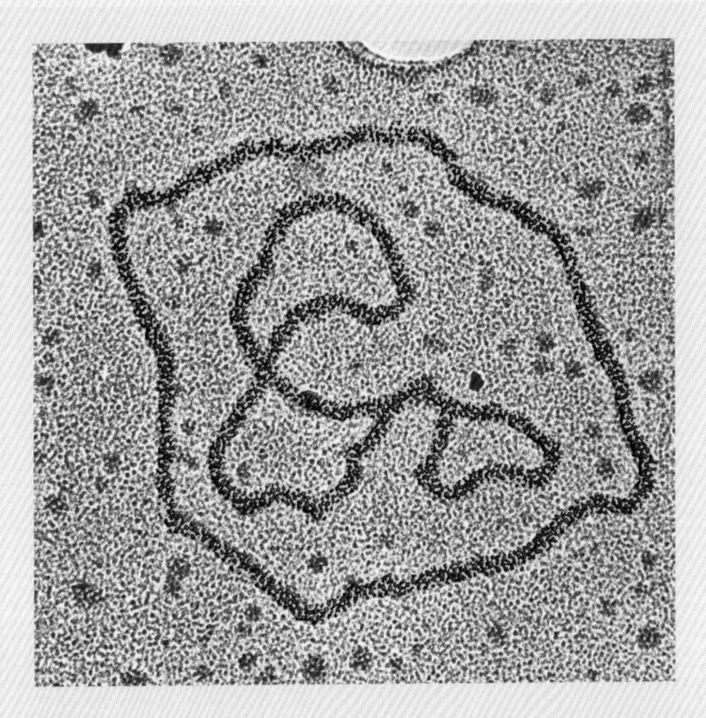

DNAの電子顕微鏡画像。見た目の印象と異なり、この長い分子は複雑ならせん状の構造を持つ。

ポアンカレ予想

The Poincaré Conjecture

多くの数学者が常識を変える発見を目指して活動し続けるのは、数学への愛ゆえだ。そのため賞金で人目を引く新しい定理発見のコンテストは多くない。しかし2000年、数学の発展と普及を目的とするアメリカのクレイ数学研究所は大胆な行動を起こした。数学のもっとも重要な未解決問題を7つ選び、解けた人なら誰にでも100万ドルの賞金を出すことを発表したのだ。これら7つの「ミレニアム問題」のうち、今までに解かれたのはロシアの数学者グリゴリー・ペレルマンによる1問だけだ。しかし、彼は賞金を辞退した……。

アンリ・ポアンカレは、図形と空間について大きな疑問を残した。

その問題は、発見者アンリ・ポアンカレにちなみ、ポアンカレ予想と呼ばれる。ポアンカレはもっとも偉大な数学者のひとりで、学生時代のこんな逸話が残っている。学校の試験で、異なる2本の曲線を的確な角度から見た場合の重なり方を説明せよという問いが出題された。彼は試行錯誤することもなく、問題を拡張した上で解答した。ところが答えを逆に書いたため、もともとの解答は完璧だったにもかかわらず、試験では誤りとされた。成人してからも、彼は数学の問題に集中しすぎて誤りを犯すことがあった。ポアンカレは何度も海外を旅したが、旅行カバンにシャツの代わりにシーツを詰めたこともあった。

空間の種類

ポアンカレ予想は、さまざまな種類の空間のトポロジーに関係する。トポロジーではなじみのない用語がたくさん出てくる一方、一般的な用語がふつうとは異なる使われ方をするので、混乱を招きやすい（次ページのコラム参照）。一般的な用語を使うとポアンカレ予想は、穴のないすべての（四次元空間における）三次元の曲面は三次元球面に変形できると説明される。円（1次元の線）に切れ目や穴がないことを確認するのは簡単だ。たとえば1枚の紙のような2次元空間にある円をひと目見ればいい。球面（二次元）に穴がないことも簡単にわかる。われわれがそうであるように、球面も三次元空間に存在するから、あらゆる角度から球を見ればいい。ドーナツの表面を見ると、どの角度から見ても、穴が開いていることがすぐわかる。しかし次元が上がって、違う次元になったらどうだろう。次に現れるのは三次元の曲面だ。その曲面をどうにかして四次元空間のさまざまな角度から見ることができれば、穴があるかどうか確かめられる。しかし実際にはそれは不可能だ。

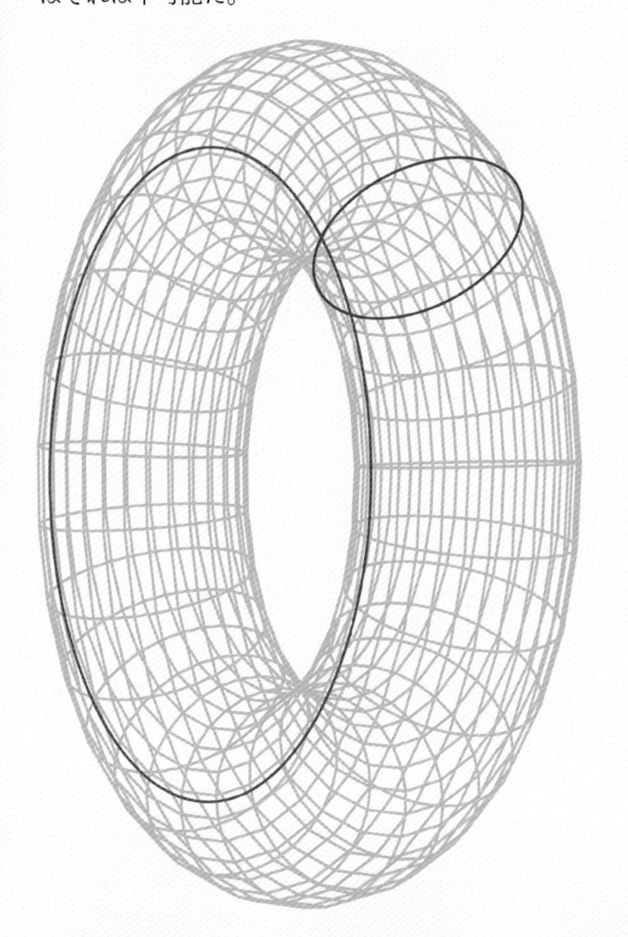

Column
曲面

日常言語では、曲面とは二次元のものだ。部屋の壁や平らな床面、または曲がった球面などの曲面はいずれも二次元である。しかしトポロジーでは、直線は一次元の曲面であり、われわれが立体や空間と呼んでいるものは3次元の曲面である。これら（および、それぞれを高次元にしたもの）は、別々のように見えて同じ特性を持っている。その特性のひとつは、曲面は開いたり閉じたりしているということだ。円またはオレンジの皮、サッカーボールの内側は、さまざまな次元の閉じた曲面の例である。グラフにおいて、x軸とy軸はずっと続くので、どちらも開いた一次元の曲面だ。2本の軸のあいだの空間、または無限の平らな面は、開いた二次元の曲面となる。曲面が持つもうひとつの特性は、その曲率である。楕円は曲がった一次元の曲面で、卵の殻は三次元の図形を囲んでいるが、曲がった二次元の曲面だ。

ポアンカレ予想は、図形の穴の数を数える方法を問いかけている。一次元や二次元あるいはドーナツや球のような三次元図形なら、答えは簡単だ。しかし、より高次元ではどうなるだろうか？

ポアンカレは自らの疑問に、物体に巻きついたひもの輪を仮定して答えようとした。輪が曲面上の点に近づくことができたら、その物体に穴はないことになる。簡単に思えるが、この方法を四次元、あるいはそれ以上で試してみてほしい！

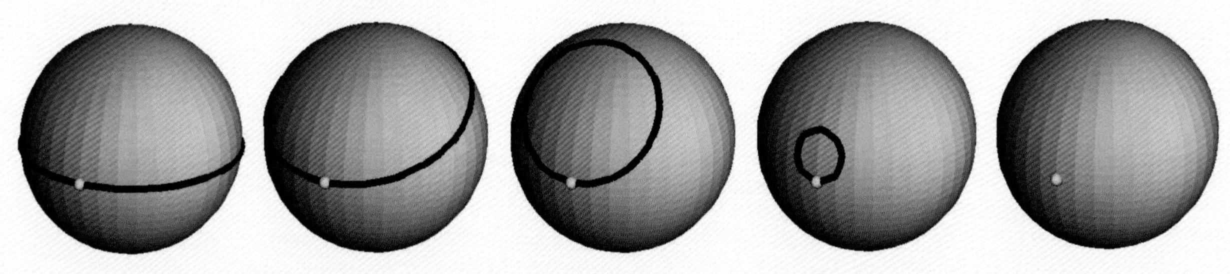

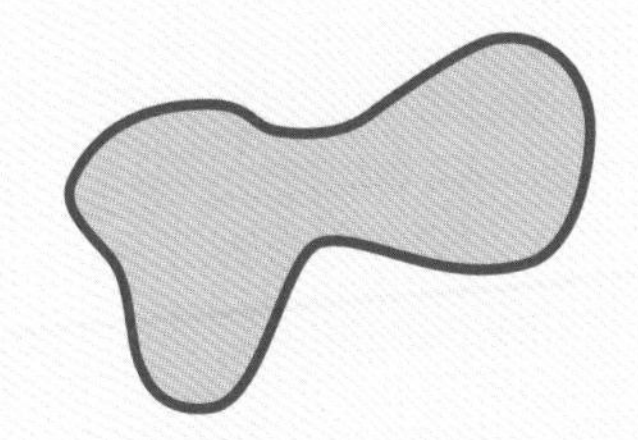
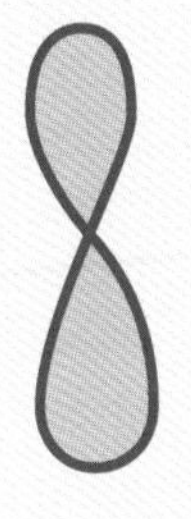

何種類の図形に見えるだろうか？ポアンカレとその同志であるトポロジー研究者たちは、1種類の図形だと考えた。それは円だ。

四次元からの眺め

この問題を解くため、1904年にポアンカレはホモロジーと呼ばれる穴の数え方を考えついた。それはいったいどんな方法だろうか。まず球面のような二次元の曲面を想像してほしい。次にひもを使って、適当に球に巻きつけて輪をつくる。球の場合、輪の中になにも残らないようにひもを引き絞れば、輪が球面上の1点、あるいは結び目になるまで絞りきることができる。しかしドーナツの場合、穴のある側から穴のない側へドーナツを回りこむように輪を配置することになる。この輪を引き絞っても、ドーナツを切らないことには点や結び目にはならない。ポアンカレは、この数え方があらゆる三次元の曲面で使えると推測したが、証明することはできなかった。

空間のわな

わたしたちが求めているのは、ゆがんだ図形でも使える方法だ。たとえば、上の図はすべて同じ図形の異なる表現にすぎない。曲線を切らずにほかの形になるように変形できるひもの輪を考えると、そのことがわかる。同様に、立方体、ピラミッド、楕円体はすべて球を変形してできる形だ。粘土の丸いかたまりからすべてつくれる。例のひもの輪を使えばそれを証明できる。最初に少し工夫する必要があるかもしれないが、かたまりがどんな形であれ、ひもの輪は常に一点に向かって絞ることができる。さて、細い首の周りに輪がある砂時計の形（下の図参照）を考えてみよう。砂時計には穴がないのに輪が閉じ込められるように見える

砂時計と鐘は同じ図形で、球の仲間だ。ポアンカレが考案したホモロジーという手法がそれを示している。

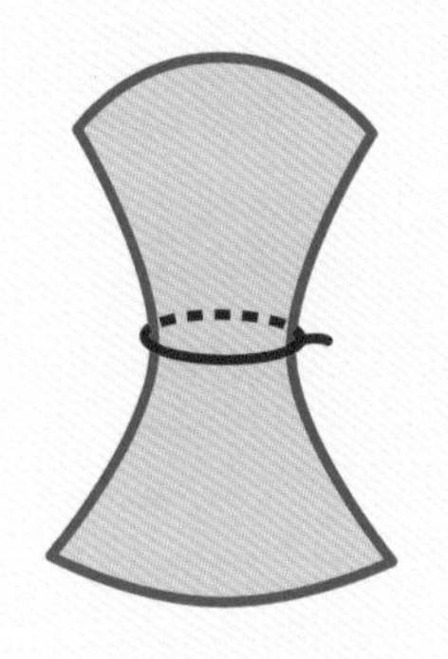

だろう。しかし、これは空間のわなだ。輪を小さく絞り続けられるようにかたまりの形を変えれば、この事態を避けることができる。

見えない曲面

球や砂時計の曲面のような2次元図形では、あらかじめ変形しておけば、ポアンカレの縮む輪の方法を使えることがわかった。しかし、これを四次元図形である三次元の曲面に応用できるだろうか。輪が縮められないとして、それが空間のわなに落ちたせいなのか、それとも曲面に穴があるからなのかをどうやって判断できるだろう。空間のわなが問題だとわかっても、形を視覚化できない場合、四次元図形を変形して輪を解放するにはどうすればいいのか。

平滑化

この問題を解決したのがアメリカの数学者リチャード・ハミルトンだ。彼は、四次元図形を視覚化しなくても自動で変形する方法を発見した。ハミルトンは、曲率をなんと熱のように扱った。熱は、自ら均一になろうとする珍しい特性を持つ。卵を固ゆでにしたら、多くの人は冷たい水に入れる。最初ほとんどの熱は卵の中にあるが、しばらくすると熱が均一になり、熱い卵と冷たい水の代わりに温かい卵と温かい水ができる。しかし、それが図形とどう関係するのだろうか？下の3つの図を見てみよう。左端の図形は、Aではほぼ平坦で、Bではわずかに曲がり、Cでは大きく曲がっている。したがって、この図形の曲率の値には偏りがある。真ん中のラグビーボールのような図形は、もっと均一に曲がっているが、それでも両端の曲率は中央よりも大きい。曲率が均等なのは、右端の円だけだ。曲率が熱のように振る舞えば、熱が自動で均等になる

アメリカの数学者リチャード・ハミルトン。

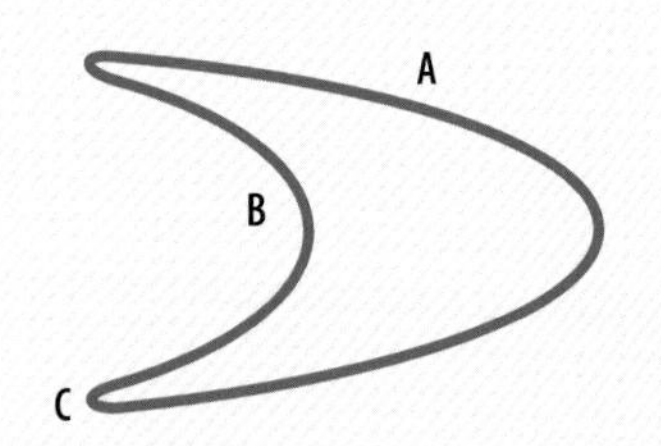

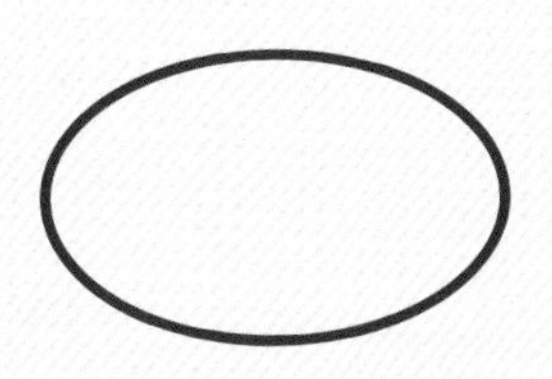

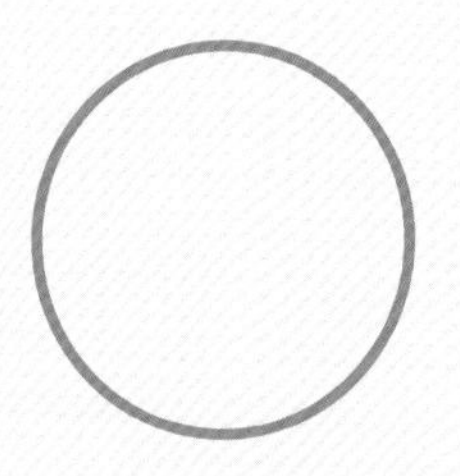

この3つの図形はトポロジー研究者にとっては同じ図形だが、曲率は均一ではない。これが空間のわな問題の根源だ。

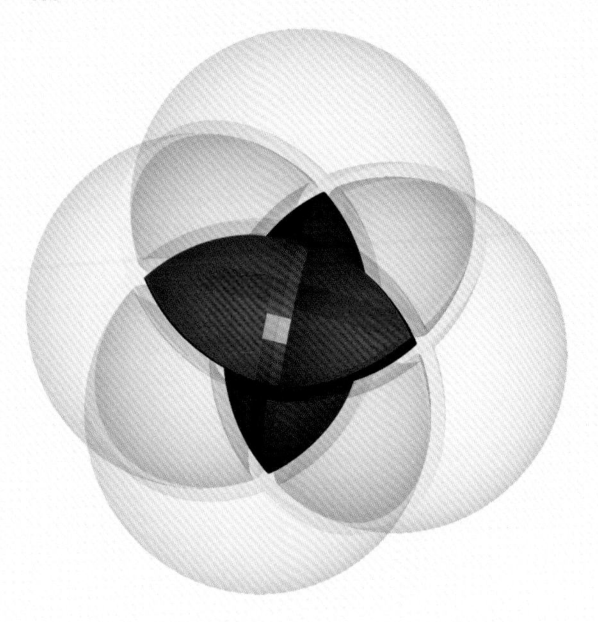

赤い区域は、4つの球が重なってできている。これは四次元立方体(テッセラクト)の三次元の表面を視覚化する方法のひとつだ。

ように、図形を滑らかに変形できる。1980年代、ハミルトンはこの任務にぴったりの数学的ツールを発見し、1880年代に曲がった空間の幾何学に重要な貢献をしたイタリアの数学者、グレゴリオ・リッチ=クルバストロにちなんで「リッチフロー」と名付けた。ハミルトンが新たな空間のわなに行き当たったのは、いち早くリッチフローの技法を使ってポアンカレ予想に立ち向かっていたときだった。

無限への挑戦

このわなのひとつは、無限大に近づくと滑らかでなくなってしまう曲線だ。 y=1÷xについて、x=5の点から、xを1ずつ減らしながら点を打ち、その点をつなぐと、滑らかで単純な曲線が表れる（158ページ右下のグラフ参照）。x=0に至ると、1÷0は無限大なので、グラフは上方向に急上昇して無限大に向かう。これを特異点という。もし図形の曲面に特異点が現れると、図形の滑らかさが崩れてしまう。この問題を解決したのは、ロシアの天才グリゴリー・ペレルマンだ。ペレルマンは16歳のとき、国際的な数学の競技会ですべての問題に正解して金メダルを獲得し、アメリカと故郷であるロシアで数学研究に取り組んだ。ペレルマンが特異点の問題を扱うときに用いた手法は、われわれが1÷xを扱うときに使うものに似ていた。グラフの中央部分を切り取り、特異点を取り除くという手法だ。

トポロジー研究者の朝食は混乱のもとだ。コーヒーの入ったマグカップとドーナツの形の違いが感じられないのだから。

やってみよう！

フロー

ハミルトンは「リッチフロー」と呼ばれる非常に複雑な手法を使った。フローの中でも単純なものに、曲線短縮フローがある。この過程は、滑らかに変形したい曲線の曲率を測るところから始まる。そのために、曲線の形に大きさを合わせた円を曲線にできるだけ近づける。曲がり方がきつくなればなるほど、その曲線に合わせるのに必要な円は小さくなる。

次に、円が曲線に接するすべての点での「速度」を計算する。大きな円ほど遅く、小さな円ほど速い。青い矢印は速度を示し、速度が速いほど矢印が長くなっている。それぞれの矢印は、円の中心に向かう方へ伸び、場合によっては円の中心を通り抜ける。最後に、矢印が示す方向に曲線の各部分が移動し、曲率が速やかに均一化される。

曲線短縮フローを使って、
緑色の曲線を滑らかにする。

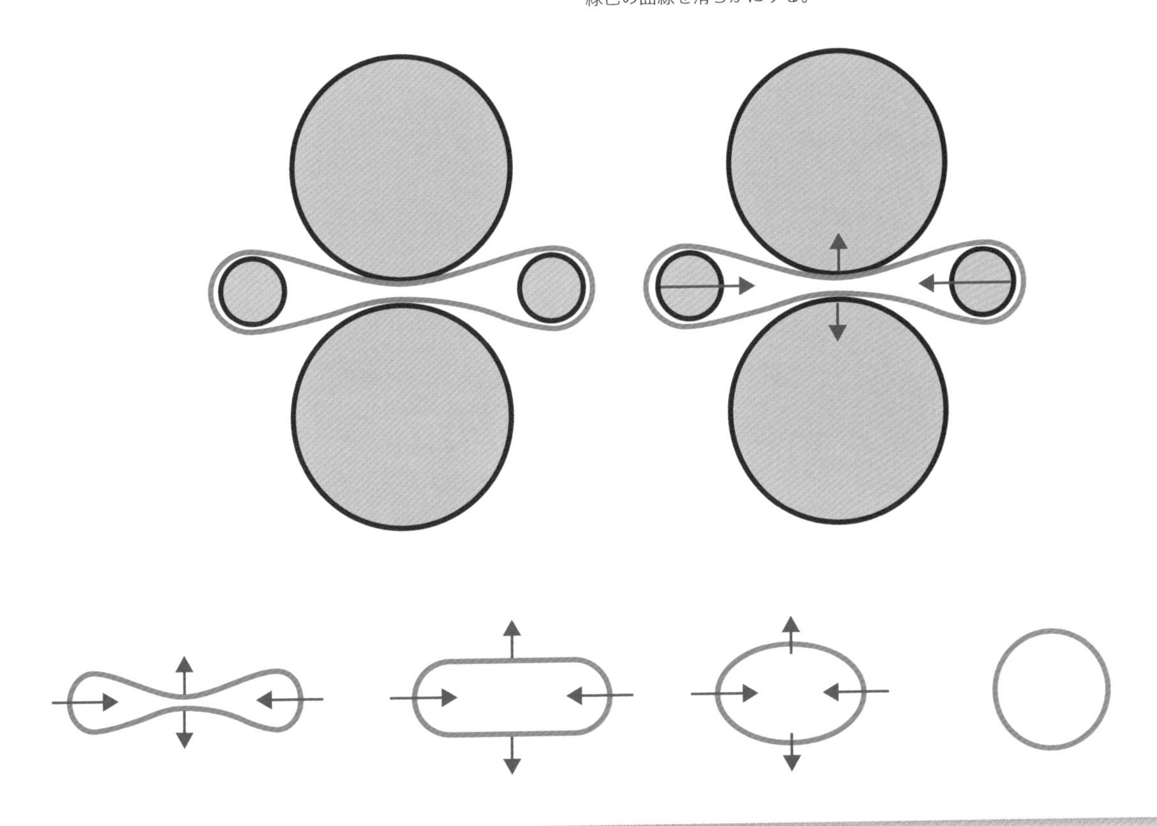

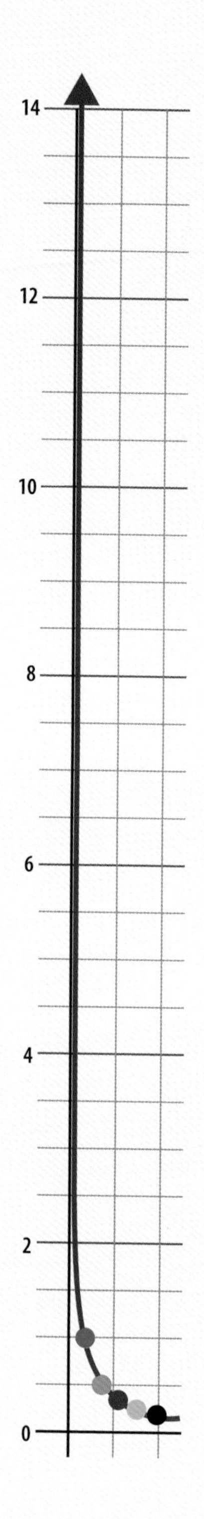

ついに解決へ

この切り取りのおかげで、xが負の値をとるときの1÷xのグラフ（y軸の左にある）についても引き続き探求できる。ただしトポロジー研究ではよくあることだが、この手法は視覚的にはわかりやすいが、三次元の曲面（その世界を見ることができるのは四次元世界に住む生き物だけだ）の問題に取り組むときには極端に難しくなる。困難な問題のひとつは、切り捨てた区域のほうにまさに探している穴が含まれていないことを確認しなければならないことだ。

ペレルマンは最終的にそれをなしとげ、結果的にポアンカレ予想を証明した。それでは、なぜペレルマンはクレイ数学研究所のミレニアム賞である100万ドルの賞金の受け取りを断ったのだろうか。これまで多くの説が語られてきた。幾人かは、ペレルマンがこのような奇妙な発言をしたと主張している。「空白はどこにでもあり、それは計算することができて、われわれに大きな機会を与えてくれる。わたしは宇宙を制御する方法を知っている。さて、なぜわたしが100万ドル

下：y=1/xのグラフは、自然数の範囲では単純な曲線だ。

左：グラフがy軸(x=0)に近づくと、無限にも近づいていく。

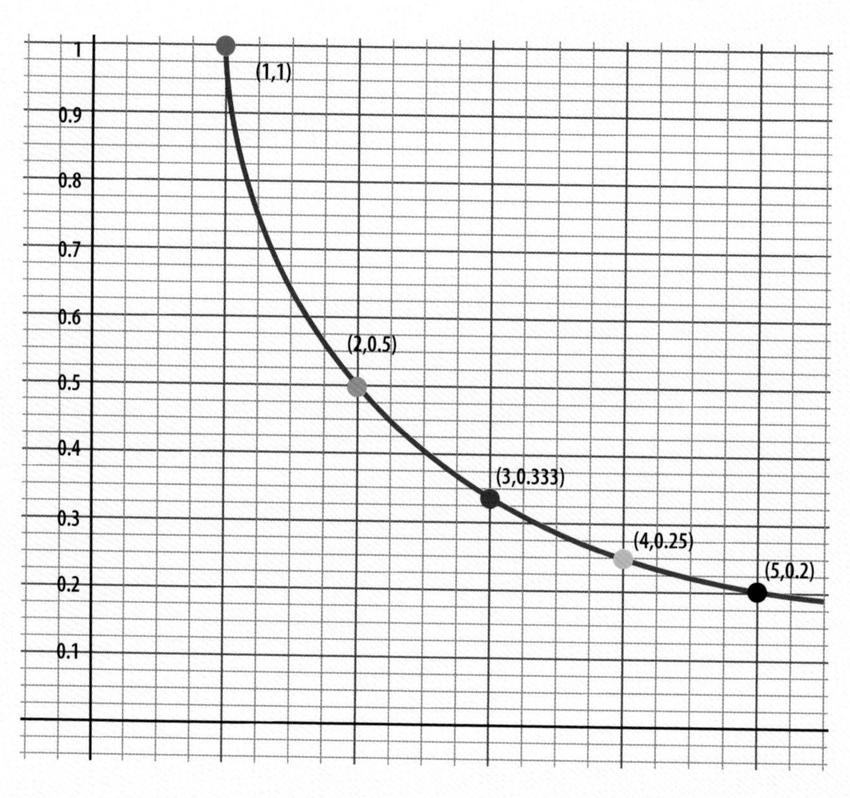

グリゴリー・ペレルマンは、おそらく存命の数学者の中でもっとも偉大な人物だ。彼は注目を避け、静かに暮らすことを選んだ。

を欲しがる必要があるのか？」。

しかし、授賞の打診に対するペレルマンの公式の回答は、はるかに単純で控えめなものだった。それは、自分が単独で賞を受けるのは不公平だ。空間のわな問題を解決したリチャード・ハミルトンも受賞に値するのだから、というものだ。

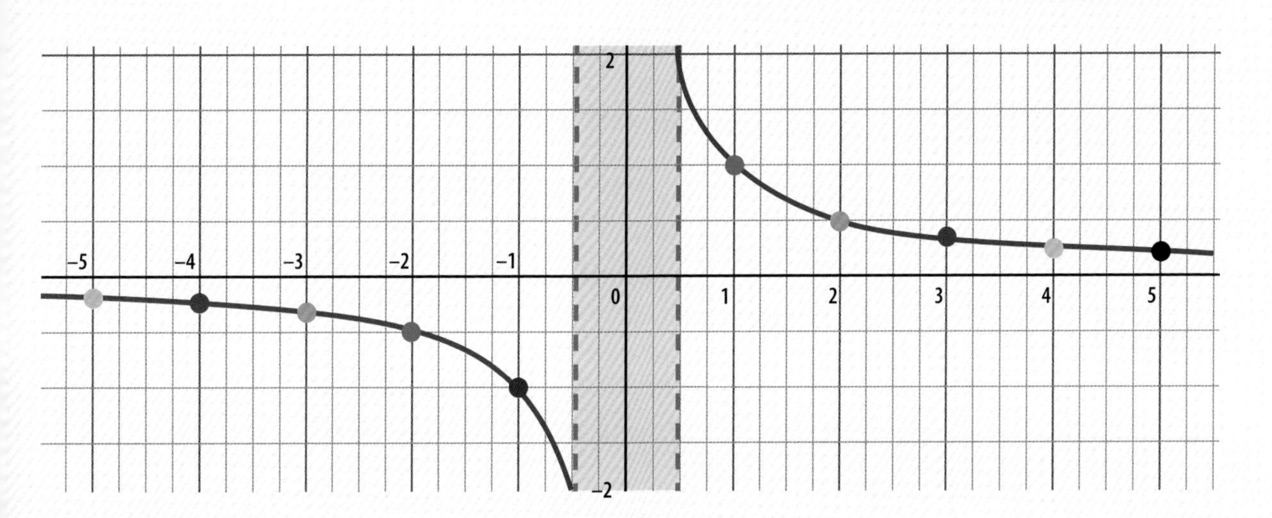

上：曲線の振る舞いがおかしくなる区域を取り除くことで、図形を滑らかにするという課題を解決できる。

参照：
▶より高い次元…116ページ
▶トポロジー…122ページ

空間と時間の幾何学
The Geometry of Space and Time

1905年、アルバート・アインシュタインは宇宙の理解を一変させてしまう大発見をなしとげた。彼は、物体が速く移動すると空間と時間の両方が変化することを示したのだ。

現在、特殊相対性理論と名付けられているこの発見によれば、次のような奇妙なことが起こる。たとえば地球のそばを通過する宇宙船に乗っているとする。速度は時速800キロメートルだ。このとき惑星と惑星上のすべてが細く、丸いはずの地球が長球（長細い回転楕円体）に見えてくるだろう。観測結果は観測者の運動によって変わる（つまり観測者に依存する）「相対的」なものなのだ。そのため、この現象を説明する理論は相対性理論と呼ばれる。一方、地球上にいるすべての（精密な望遠鏡を使っている）人は、通過するロケットが速くなればなるほど短くなる様子を観測することになる。しかし、乗っている人にとってロケットは何も変わらない。ロケットにある物体の長さを定規で測ると、出発の前後で変化はない。ただし、地球上にいる観測者は、定規自体がほかのすべてのものとともに縮んでいるのを見るのだ。

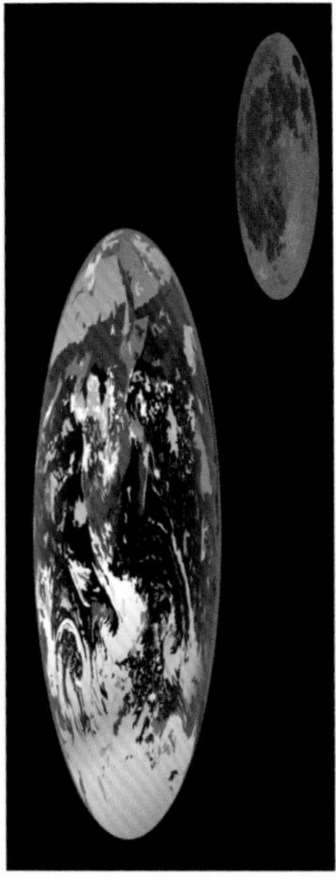

ロケットからの眺め。ロケットは地球の上空に静止したあと、光速に近い速度で通りすぎる。速く進むと、外部の空間はすべて細くなる。

右ページ：同様に、高速で飛ぶロケットは、地球上から見ると移動方向に縮んで見える。

時間と空間

同じことが時間についても起こる。1秒間に1回明るい閃光を発する、強力な光発信器が北極にあるとする。閃光の間隔は、ロケットが速く飛べば飛ぶほど長くなる。地球上の人々を見下ろすと、彼らはスローモーションで動き回っているように見える。繰り返すが、これは相対的な変化だ。ロケットにも光発信器があれば、地球上の人々にもロケットからの閃光が次第にゆっくり点滅していくのが見えるが、ロケットの乗員はその間隔の変化に気づかないだろう。

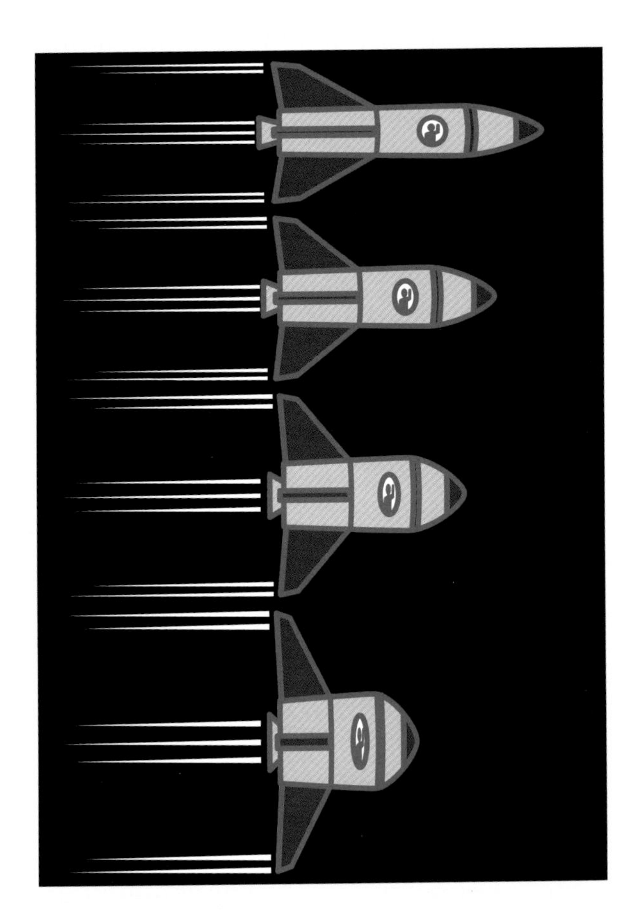

Column

長さと「持続」

アインシュタインの相対性理論には、物体の長さが観測者との相対速度に応じてどのように変わるかを計算できる公式が含まれる。長さ$_v$は、観測者から見た物体が、速度vで通りすぎるときに測定される長さで、長さ$_0$は、通りすぎる物体の上にいる誰かにとっての長さ（「固定長」とも呼ばれる）、cは光速を示す。

長さ$_v$＝長さ$_0$ × $\sqrt{(1-(v^2 \div c^2))}$

時間の遅れも似た公式で表される。

時間$_v$＝時間$_0$ × 1 / $\sqrt{(1-(v^2 \div c^2))}$

Column
低速相対性

光速は秒速299,792,458メートルだ。普段、われわれが相対性に気づかない理由はこの値があまりにも大きいからである。そのカギは前ページのコラムで紹介した公式の中に出てくる分数の分母である光速の2乗だ。そのせいで分数が1よりも極めて小さくなり、したがって時間や空間の相対的な長さの違いは気づけないほどわずかになるのだ。史上もっとも高速で移動した人間は、1969年に秒速11,083メートルで飛んだアポロ10号宇宙船の乗組員だ。しかしこの速度は光速の0.004%に満たない。つまり、乗組員とその宇宙船は約0.00000007%短くなったわけだ。彼らの時計、脈、思考もこれと同じ比率だけ遅延した。

世界最速の男たち、ユージン・サーナン、ジョン・ヤング、トーマス・スタッフォード。後ろに写っているのが、アポロ10号を載せたサターンVロケット。

ヘルマン・ミンコフスキーは、空間と時間の幾何学を提案した。

時空の幾何学

アインシュタインによる特殊相対性理論が発表された3年後、ドイツの数学者ヘルマン・ミンコフスキーは、これらの変化を理解するための新たな方法を発見した。彼はアインシュタインに感謝の気持ちを表して、次のように述べている。「この時から、空間や時間はそれぞれ独立しては陰に没し去り、両者のある種の結合のみが存在することになるはずです」（ヘルマン・ミンコフスキー「空間と時間」菅原正巳訳。ちくま文芸文庫『幾何学の基礎をなす仮説について』より）。ミンコフスキーが打ち立てた空間と時間に関する新たな幾何学では、われわれが測定する空間距離と時間は、空間と時間が合わさった「時空間」を影のように投影したものだと解釈する。実はわれわれはこれと同じ考え方で物体を認識している。シャボン玉がいい例だ。シャボン玉は1センチメートルの長さがあるともいえるし、10秒間存在しているともいえる。人間は空間に80リットルの体積を占めるとも、時間では90年を占めるともいえる。一方、一瞬も持続しない物体が存在するとはいえない。したがって、物体が持続する時間の長さは、その長さ、幅、または高さと同じくらいその物体の性質の一部なのだ。

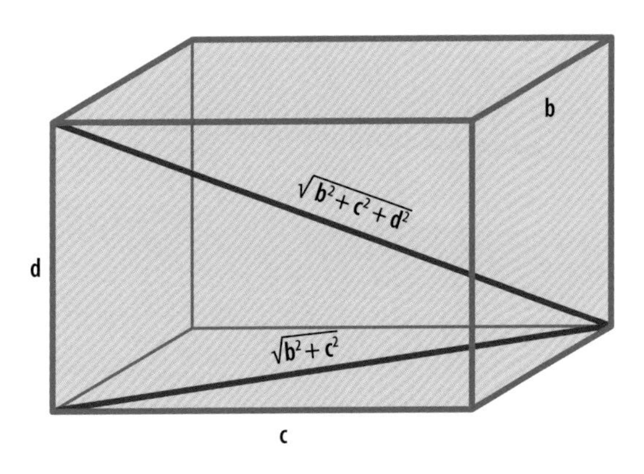

ミンコフスキーの幾何学はピタゴラスの定理に基づいている。この図ではピタゴラスの定理を二次元と三次元で表した。

長さと角度

1メートルの長さの定規を見るとき、それが実際に1メートルの長さに見えることはめったにない。長さは、その物体を見る角度によって変わるからだ。射影幾何学の規則（くわしくは79ページ参照）が、見かけの長さがどう変化するかを教えてくれる。それではなぜ観測者の速度の変化によって物体が縮小するのか。ミンコフスキーは、新たな幾何学でその理由を説明できるのではないかと考えた。彼の理論によれば、すべての物体は時空において、通常の距離とは異なる真の「間隔」を持つ。その一部は物体が持続する時間であり、また一部は空間に占める形として認識される。われわれの前を物体が高速度で通りすぎる（あるいは

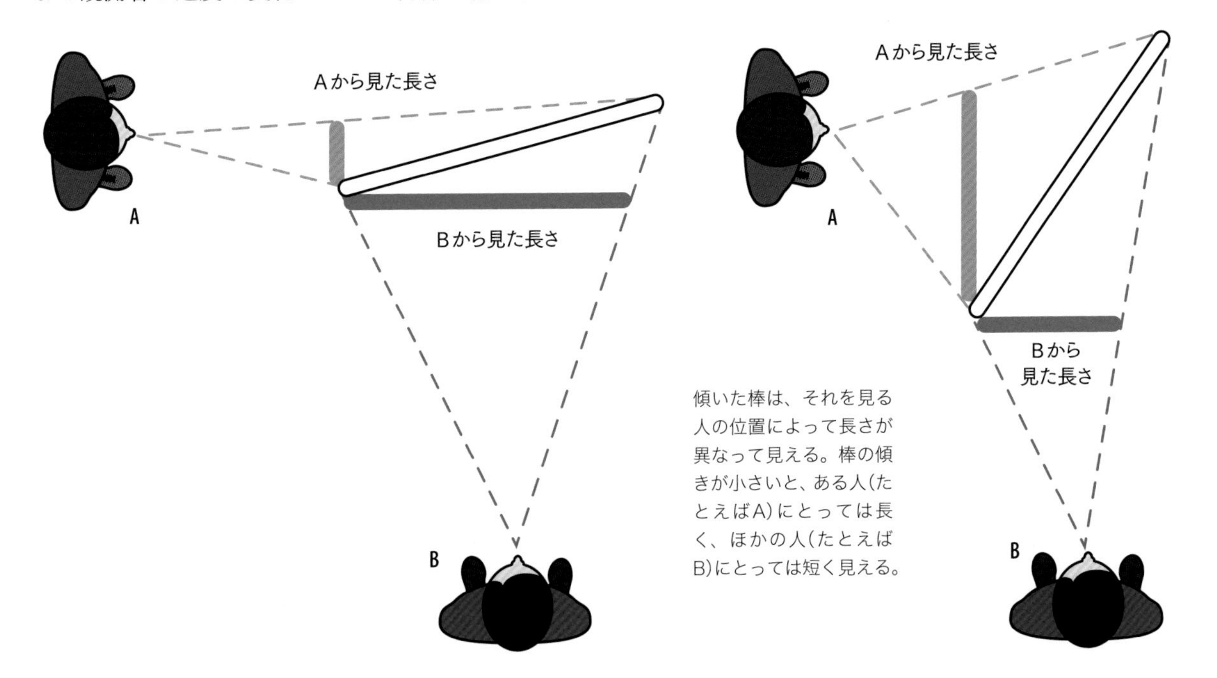

傾いた棒は、それを見る人の位置によって長さが異なって見える。棒の傾きが小さいと、ある人(たとえばA)にとっては長く、ほかの人(たとえばB)にとっては短く見える。

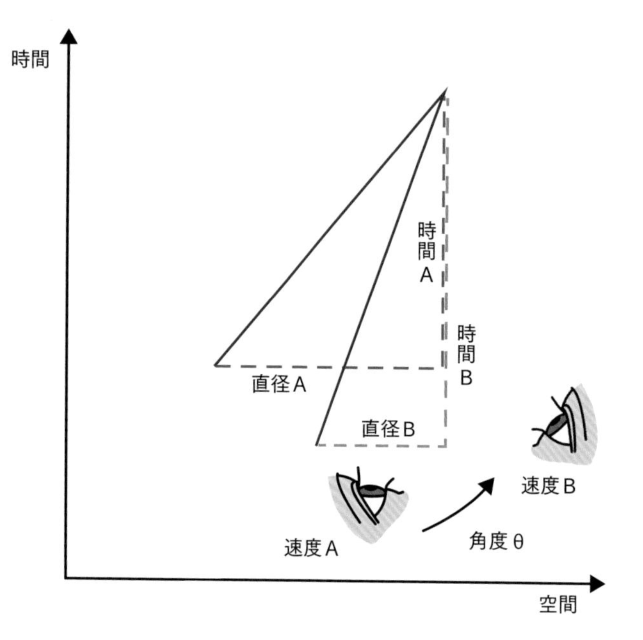

赤い線は、ふたりが移動しながら観測するシャボン玉の時空間隔を示す。アラン(A)は低速で移動していて、シャボン玉の大きさを直径Aととらえる。アランはシャボン玉がほんのわずかな時間Aののちはじけるのを見た。より速く移動しているバーバラ(B)には、シャボン玉は押しつぶされたような形に見える。その幅は直径Bだ。一方、バーバラには、シャボン玉がかなり長い間(時間B)はじけなかったように見えた。これはすべて、アランとバーバラが時空の異なる角度または異なる視点からシャボン玉を観察しているからだと考えられる。バーバラが速くなるほど、角度θは大きくなる。

われわれが物体の前を通りすぎる）とき、われわれはその物体を時間において長く持続し、空間において短くなると認識する。これは、少し傾けた棒がある視点からは長く見え、別の視点からは短く見えるのに似ている（前ページの図参照）。時空はおなじみの三次元空間に、4番目の次元である時間が加えられている。ミンコフスキーの幾何学は、もっとも古くもっとも有名な幾何学の定理のひとつ、ピタゴラスの定理に基づいているのだ。

二次元　$a^2=b^2+c^2$
三次元　$a^2=b^2+c^2+d^2$
四次元時空　$a^2=b^2+c^2+d^2-(\text{光速})^2\times t^2$

世界線

最後の公式で、aはある種の長さを表している。だがこのaは、時間と空間の両方を測った値だ。この値は時空間隔と呼ばれる。マイナス記号は、時間次元が空間次元とはまったく異なることを示している。相対性理論を幾何学的に表したこの式は、高速で動く旅人が観測する長さと時間の変化が、視点の変化として説明できることを意味している。たとえば10分間歩いてから5分間走る場合を考えてみよう。移動距離に対する時間をグラフに表すと、下の図のようになる。速度が速いほど、グラフの線は平坦になる。したがって、線の傾きは速度を示す。その速度は、垂直な軸と青い線がつくる角の角度として測定できる。相対性理論では、このようなグラフが物体の運動を描き出すのに使われる。そこではふつう対角線方向に伸びる直線の傾

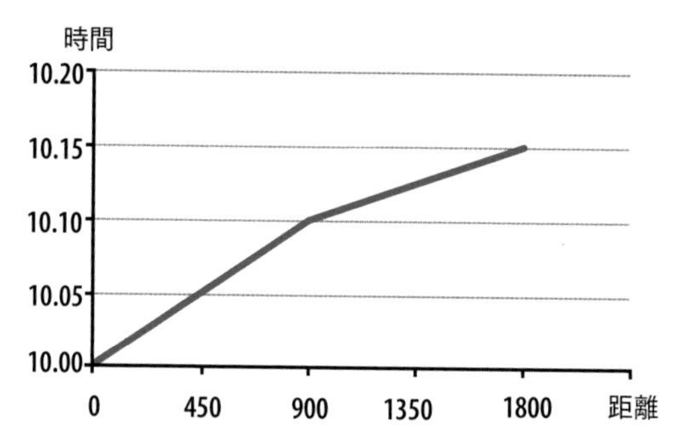

歩いたあとに走るグラフ。横軸の単位はメートルで、縦軸の単位は分だ。歩き始めたのは10時で、速度が上がるほど線は平坦になる。

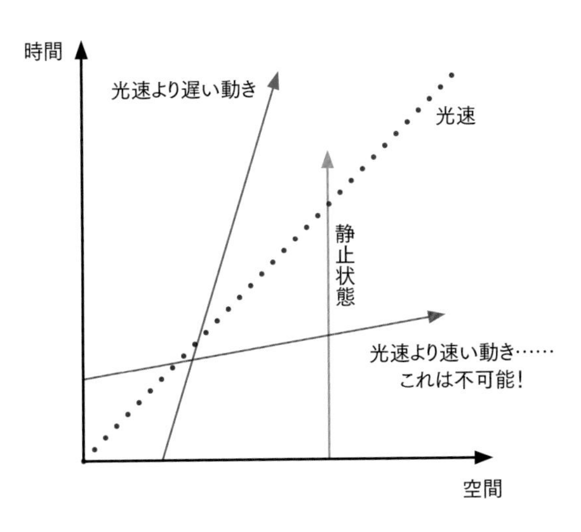

左：時空図では、垂直の線が静止した物体の世界線を示し、垂直線に対して45°傾く線が光速を示す。物体の移動が速いほど、世界線が示す角度は大きくなるが、45°を超えて傾くことはない。光よりも速くは進めないからだ。

下：光円錐は三次元の時空図であり、現在、未来、過去を示す。

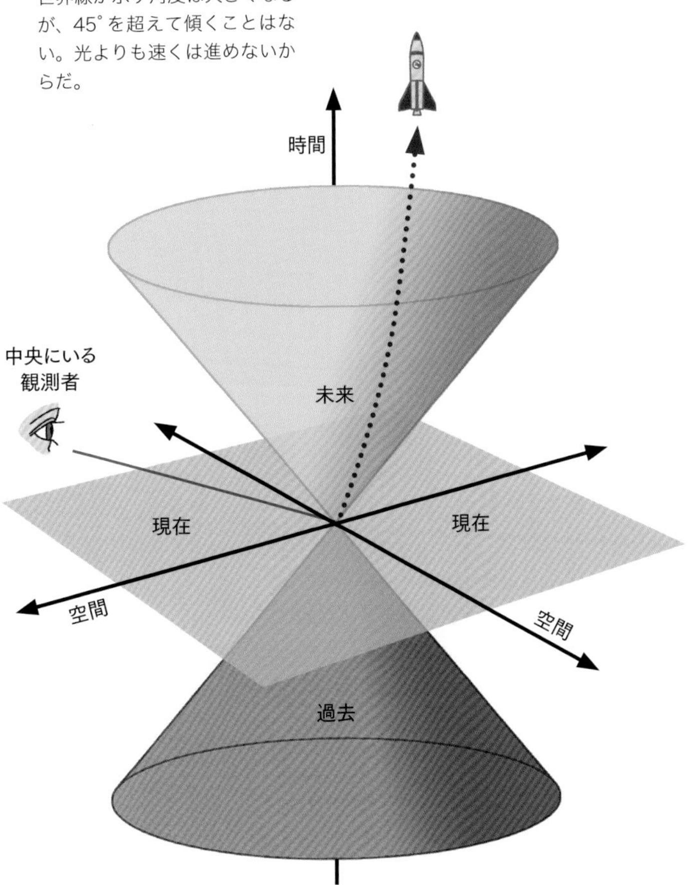

きとして光速が表される。光速はミンコフスキー幾何学の重要な要素だ。アインシュタインが示したように、光速は宇宙の制限速度である。宇宙に存在する何者も、光より速く移動することはできない。時空には4つの次元があるため、時空を正確に示す図は描けず、そのため歩いたあとに走るグラフのときと同様に、ひとつの次元のみを図で表すことがある。上に示した時空図では、線の傾きが速度を示す。時空図に描かれたそれぞれの線を世界線という。

光円錐

三次元の時空図は、時間に対して空間を二次元で描く。この図で光速は、光円錐と呼ばれる円錐で示される。図の中央（原点の位置）に観測者がいて、同時に現在を示す。下の円錐は観測者の過去で、上の円錐は観測者の未来だ。光速を超えることはできないので、観測者は円錐を超えて移動することができない。

参照：
▶透視図法…76ページ
▶より高い次元…116ページ

フラクタル
Fractals

ゲオルク・カントールは、無限に関する数学を探求した。

古代ギリシャ以来、数学者たちは、わたしたちの周りの世界が単純な幾何学図形でできているかのように考え、研究を続けていた。この考えは、結晶や惑星などいくつかの対象においてはうまくいく。しかし島や木、雲など自然界にあるほとんどのものの形はそれほど単純ではない。

現実に存在する複雑な形を数学的に示す方法は、偶然に見つかった。きっかけは1870年にドイツの数学者ゲオルク・カントールが始めた新たな試みだった。カントールは無限の概念を厳密に考えた最初の数学者だ。彼が注目したのは、すべての図形の中でもっとも単純な図形である直線だ。直線に、ある作業を繰り返し当てはめたのだ。この作業は本当に単純だが、複雑な結果がもたらされる。直線の中央の3分の1を削除し、残った部分の中央の3分の1をまた削除する。そして、この作業を永遠に続ける。最後に（最後が何を意味するとしても）残るのはほぼ空白だが、限りなく短い直線が限りなくたくさん残る。これをカントール集合またはカントール・ダスト（塵）という。たとえユークリッドでも、カントール集合を定規とコン

カントール集合の成り立ち。

パスで適切に定義することはできないだろうし、デカルトにもカントール集合を表す一般式を発見することはできないだろう。カントール集合の理解を助けてくれるのは、新たな幾何学的概念だ。

雪の結晶は自己相似

カントール集合をつくると同様の手順の結果として得られるさまざまな模様は、新たな幾何学的概念「自己相似性」を使って簡単に記述できる。ふつうの直線は自己相似的だ。直線の一部を拡大すると、拡大された姿と拡大前の姿が相似しているからだ（数学においてこの「相似」という用語は､形が同じことを指す。大きさの違いは問わない）。多くの幾何学図形は拡大前と後の姿が自己相似であるとは限らない。曲線の一部を拡大すると曲率が小さい曲線になるし、立方体の一部を拡大しても立方体にはならない。しかしカントール集合を拡大するとカントール集合が現れる。これは自己相似だ。アントワーヌのネックレス（149ページ参照）は、カントール集合の三次元版といえる。

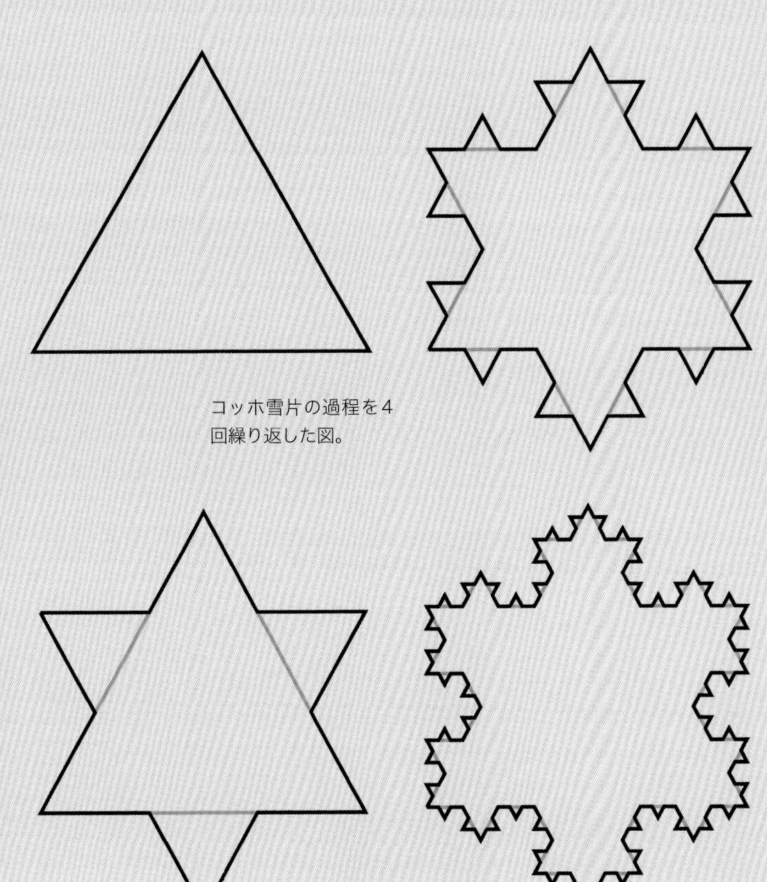

コッホ雪片の過程を4回繰り返した図。

数学的な雪をつくる

1905年、スウェーデンの数学者ヘルゲ・フォン・コッホはカントールの手法を応用して、のちにコッホ

ヘルゲ・フォン・コッホ

曲線と呼ばれる自己相似な図形を考案した。コッホ曲線は、コッホ雪片という図形の一部として紹介されることが多い。コッホ雪片はひとつの三角形から始まり、各辺の中央の3分の1を三角形に置き換えるという作業を際限なく繰り返す（反復する）。その結果、辺が無限に長く、面積が有限（最初の三角形の面積の8/5）という、初期の幾何学者を困惑させるような図形ができる。

次元を求める

自己相似性は身の回りのそこかしこで見られる。雲、シダ、雪片、体の血管、風の吹き方、雷の放電経路、そのほか多くの自然現象、そして株式市場も自己相似的だ。自己相似性の概念自体はあまり数学的ではない。しかし1918年、ドイツの数学者にして詩人でもあったフェリックス・ハウスドルフは、自己相似性を数学的に扱う方法を見つけた。そのために使うのが整数ではない次元の概念だ。整数でない次元は、ふつうの図形を扱うときにはほとんど役に立たない。点は0次元であり、長さによってのみ定まる線は一次元だ。平面図形は高さと幅しか持たず、たとえば六角形は二次元だ。ここまではわかりやすいが、0.5次元の図形や4/3次元の図形を考えるのは難しい。それではカントール集合は一体何次元の図形なのだろうか？　一次元の直線から始まるが、最後は0次元の点になる。つまりカントール集合全体は、0と1のあいだの小数の次元（ハウスドルフ次元）の図形だと考えられる。さて、カントール集合はハウスドルフ次元では何次元なのか。さらにはどうすれば実際の値を計算できるだろうか？　線、正方形、立方体などふつうの図形の次元数は見た目で明らかだが、わからない次元の値を計算

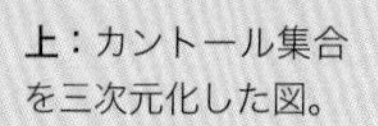

上：カントール集合を三次元化した図。

二次元、三次元へと次元を上げる線分を、それぞれ2分割（上）と3分割（下）した図。

Column
対数

$2=3^n$のnの値の求め方はいくつかあるが、もっとも簡単なのは対数を使う方法だ。数に付く指数の値が整数でも分数でも、次のように計算できる。

$$3^2=9、3^3=27、3^{0.63}\approx2$$

しかし、これを逆算したい場合はどうだろうか？ つまり、3から9または3から27を求める代わりに、9または27という数から、3を何乗すればいいだろうか？ これらを求める数学的な方法を探してみよう。$3^2=9$では「答えが9になるように3を掛ける回数」は2だ。「答えが特定の数になるように3を掛ける回数」を短く表す用語は「3を底とする対数」、もっと簡単に表すと$\log_3$だ。したがって、$\log_3 9$は2、$\log_3 27$は3、$\log_3 2$は約0.63となる。対数を手作業で計算するのは面倒だが、多くの計算機はこの計算をうまく処理してくれる。

するという発想は奇妙に思える。しかし、その方法を見つけることは可能だ。

次元を求める公式

線分を2分割すると、2本の半線分になる。二次元図形である正方形のふたつの次元それぞれを2分割すると、4個の小さい正方形になる。そして三次元図形である立方体の3つの次元それぞれを2分割すると、8個の小さい立方体になる。これらの結果を式でまとめると、(小さい図形の数) = $2^{次元数}$となる。線分の場合なら$2=2^1$、正方形なら$4=2^2$、立方体なら$8=2^3$だから、確かに式の通りだ。さらに小さく分割するときも同様の式ができる。次元ごとに3分割すると、線分から3本の短い線分、正方形から9個の小さな正方形、立方体から27個の小さな立方体ができる。つまり今度の式はこうなる。(小さい図形の数) $=3^{次元数}$。そして確かに、線分の場合は$3=3^1$、正方形なら$9=3^2$、立方体なら$27=3^3$となる。一般的な式は次の通りだ。(小さい図形の数) = (次元ごとの分割数)^{次元数}。

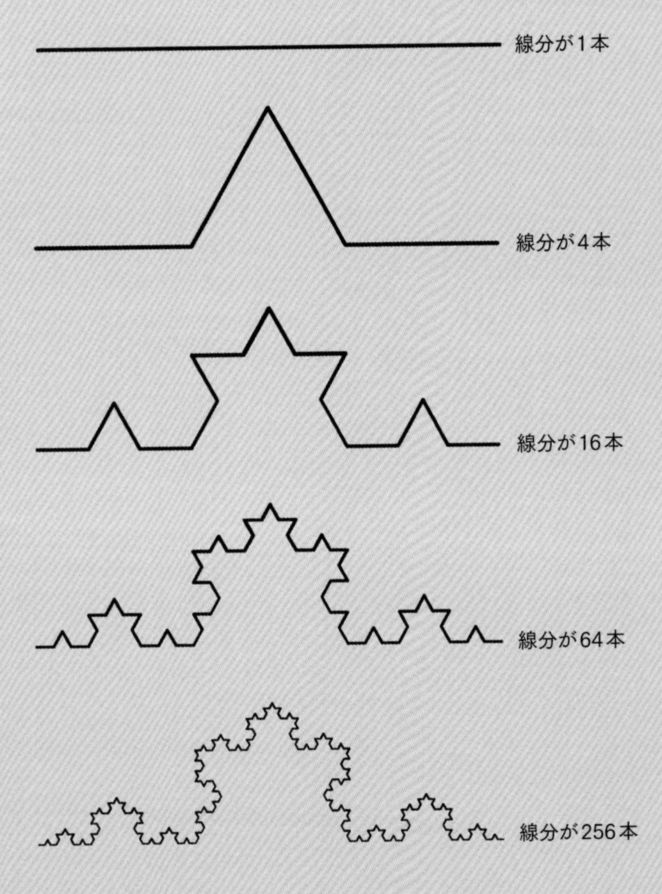

コッホ曲線の過程を5回反復した図。

整数でない次元

この式を使って、カントール集合のハウスドルフ次元の値を計算しよう。カントール集合を3つに分割すると、2個の小さなカントール集合（と空白部分がひとつ）になる。したがって、式は$2=3^{ハウスドルフ次元数}$となる。これにより、$2\approx3^{0.63}$（この計算方法については前ページのコラム参照）だから、ハウスドルフ次元数の値は0.63だ。同じ式を使って、コッホ雪片の次元数も計算できる。図のようにコッホ曲線の線分を3つに切ると、4本の短い線分になる。これを（小さい図形の数）＝（次元ごとの分割数）^{ハウスドルフ次元数}の式に当てはめると、$4=3^{ハウスドルフ次元数}$となる。$3^{1.26}\approx4$なので、ハウスドルフ次元数は約1.26だ。

現実世界の値

自然界にある自己相似な形についても、ハウスドルフ次元数を求められる（ただし正確な値を出すのはかなり困難なときもある）。たとえば、典型的な雲の形のハウスドルフ次元数は約1.35で、イギリスの本島であるグレートブリテン島の海岸線のハウスドルフ次元数は約1.26だ。

単純さからの複雑さ

複雑な図形を単純作業の繰り返しとしてとらえる考えは、関数に応用することもできる。1910年代に、フランスの数学者ガストン・ジュリアとピエール・ファトゥは、二次元の表面に現れうる模様を研究する中で、このような反復関数に注目した。たとえば関数$y=x^2+a$は、以下のように反復できる。xとaにそれぞれx=1とa=–0.1を代入し、yを計算する。

$$y=1^2-0.1=0.9$$

今度はこの0.9をxの値とし、もう一度計算する。

$$y=0.9^2-0.1=0.71$$

求めたyの値をxに代入する作業を数回反復すると、0.9、0.71、0.4041、0.06329681、–0.0959935184、–0.0907852453、–0.09175803924、–0.09158046224、–0.09161301894と続きながら、最

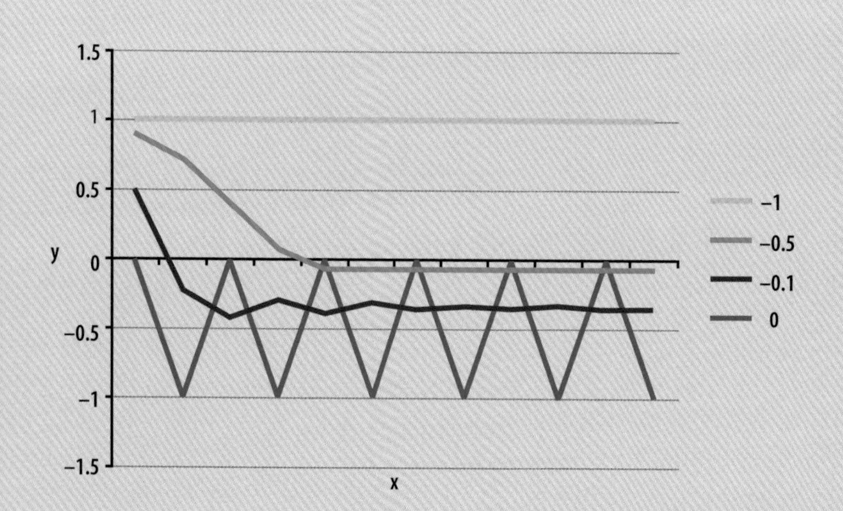

左：反復関数$y=x^2+a$は、aの値によって異なる動作をする。aが0より大きければ、関数は無限大に近づく。

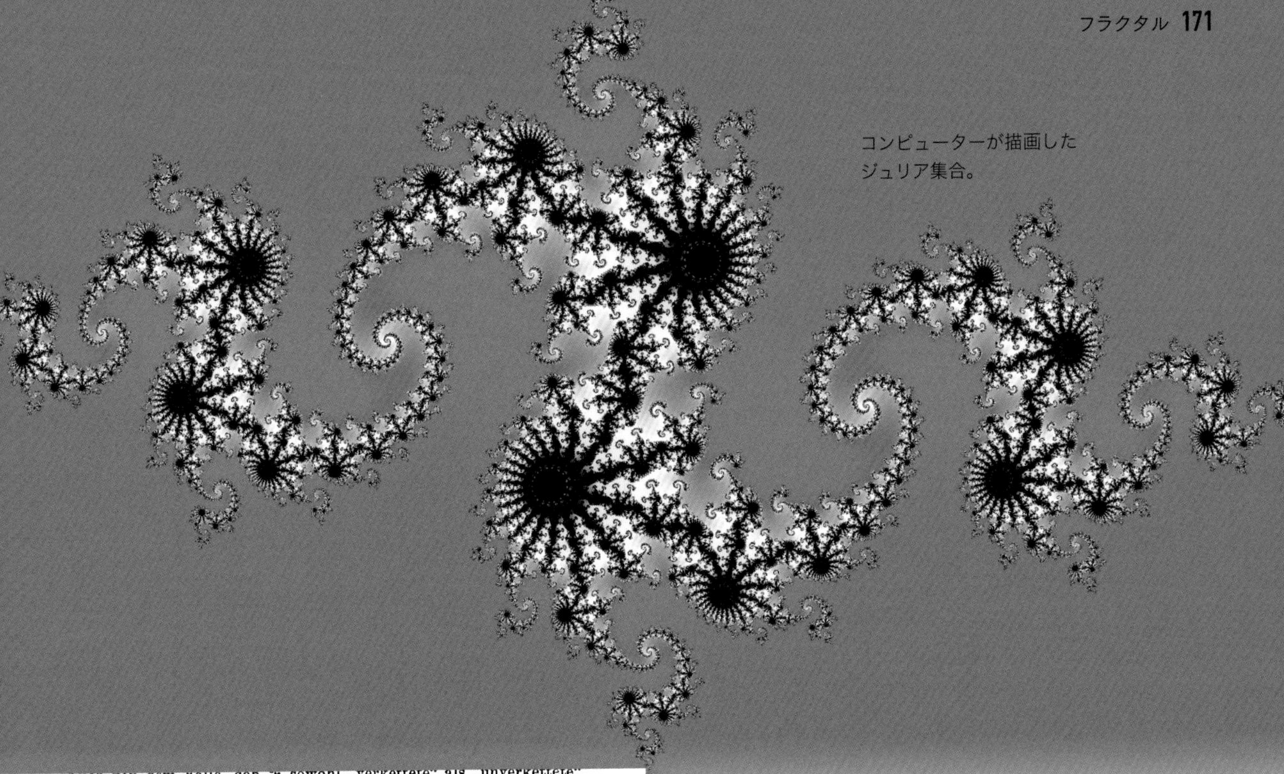

コンピューターが描画した
ジュリア集合。

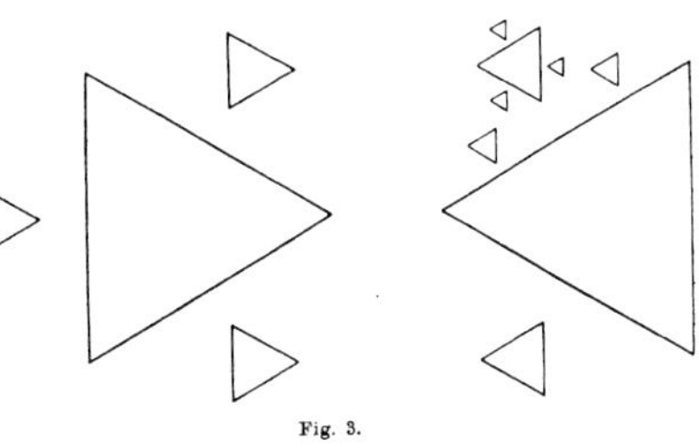

Auch von dem Falle, daß $\mathfrak{F}$ sowohl „verkettete" als „unverkettete" Punkte enthält, können wir uns ein Bild machen, indem wir die Konstruktion von oben nochmals so ausführen, daß die Dreiecke sich nicht mehr berühren, d. h., anschaulich gesprochen, indem wir unser Schema passend „auseinanderziehen", wie dies in nebenstehender Figur 3 angedeutet ist. Dann ist das entsprechende $\mathfrak{B}''$ von unendlich hohem Zusammenhang. Zwei Punkte von $\mathfrak{K}$ sind offenbar dann und nur dann verkettet, wenn sie dem gleichen Dreieck angehören. In jedem noch so kleinen Bereich D, der Punkte von $\mathfrak{K}$ enthält, liegen dann unendlich viele Dreiecke und damit sowohl „verkettete" als „unverkettete"

Fig. 3.

左と下：ジュリアとファトゥが見ることができた中ではもっとも複雑な図。1925年に発表された論文より。

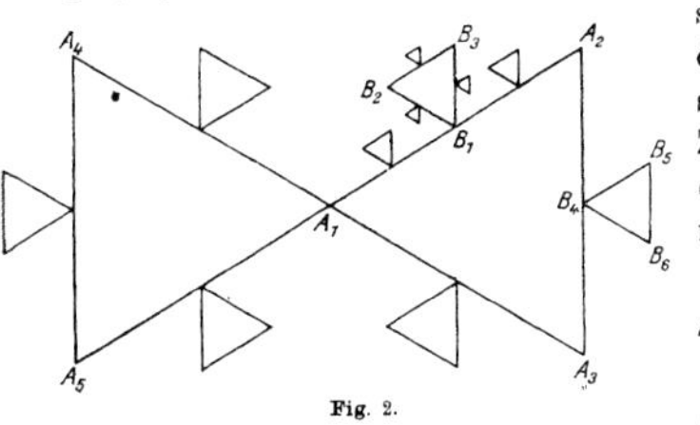

208 HUBERT CREMER:

Wir gehen von zwei gleichseitigen Dreiecken $\triangle A_1 A_2 A_3$ und $\triangle A_1 A_4 A_5$ mit der Seite a aus, die an der Ecke A_1 aneinanderstoßen (Fig. 2). Sie bilden zusammen den geschlossenen polygonalen Zug $p_1 = A_1 A_2 A_3 A_4 A_5$, der die Ebene in 3 Bereiche teilt:

1. Das Innere von $\triangle A_1 A_2 A_3$: $\mathfrak{B}_1$.

2. Das Innere von $\triangle A_1 A_4 A_5$: $\mathfrak{B}_1'$.

3. Den Bereich $\mathfrak{B}_1''$, der den unendlich fernen Punkt enthält und vom ganzen polygonalen Zug p_1 begrenzt wird.

In die Mitte jeder der Seiten von p_1 setzen wir die Spitze eines gleichseitigen Dreiecks von der Seitenlänge $\frac{1}{8}a$[1]), dessen Seiten den Seiten von p_1 parallel sind, und das (d. h. dessen Inneres) ganz in $\mathfrak{B}_1''$ liegt. $\triangle B_1 B_2 B_3$, $\triangle B_4 B_5 B_6$ sind zwei dieser Dreiecke. p_1 bildet mit den so konstruierten Dreiecken einen geschlossenen polygonalen Zug p_2, dessen Ecken in der Reihenfolge $A_1 B_1 B_2 B_3 B_1 A_2 B_4 B_5 B_6 B_4 A_3$ aufeinander folgen. p_2 teilt die Ebene in $3 + 6 = 9$ Bereiche, nämlich $\mathfrak{B}_1$, $\mathfrak{B}_1'$, das Innere der sechs oben konstruierten Dreiecke und den vom ganzen Zug p_2

Fig. 2.

終的に値は約−0.09161に落ち着く。aがどんな値をとるかによって、次の5つのうちどれかが起こる。答えは決まった値のまま／一定の値に着実に近づく／値が無限に変動する／最初は値が変動するが、徐々に一定の値に落ち着くか、無限大に発散する。

複素数を使う

この時点ですでに、単純な式からかなり複雑な結果が出ている。だが、同じ発想を二次元の図に応用すると、さらに興味深い結果が得られる。この手法を適切に実行するには複素数が必要だ。複素数は、1、2、3のような実数と虚数単位iを組み合わせた数で、複雑な代数の問題に対する完全な解を与えてくれる。この複素数を次のように使う。任意のxとyの値として、たとえば$x=-2$、$y=0$から始めよう。この値の組を座標とし、その位置に点を打つが、まず各点にどの色を着けるのがいいかを決める。そのためには、さらにaとbのふたつの値を選び、関係式$X+iY=(x+iy)^2+(a+ib)$を用意する。この式を解いてXとYを計算した後、その答えを式に戻す。xとyに求めたXとYの値を代入し、再度XとYの値を求めるのだ。この作業を繰り返し、$X+iY$に何が起こるかを確認しよう。 a、b、x、yの値によって$X+iY$の値は同じままだったり、急速に無限大になったりする。ここで、答えの種類ごとに色を割り当てよう。ひとつの色は値が安定する場合、次の色は値がゆっくりと無限大に向かう場合、最後の色は値が急速に無限大に向かう場合という具合だ。このルールに従って、まず点（–2、0）に色を着け、ほかの多くの点も着色していくと、最終的にはジュリア集合と呼ばれる模様ができる（前ページ参照）。ジュリア集合は自己相似な図形だ。 ふたつの大きな形はそれぞれ同じ形の小さい図形で囲まれており、そのそれぞれがさらに小さい図形で囲まれるという反復が続く。

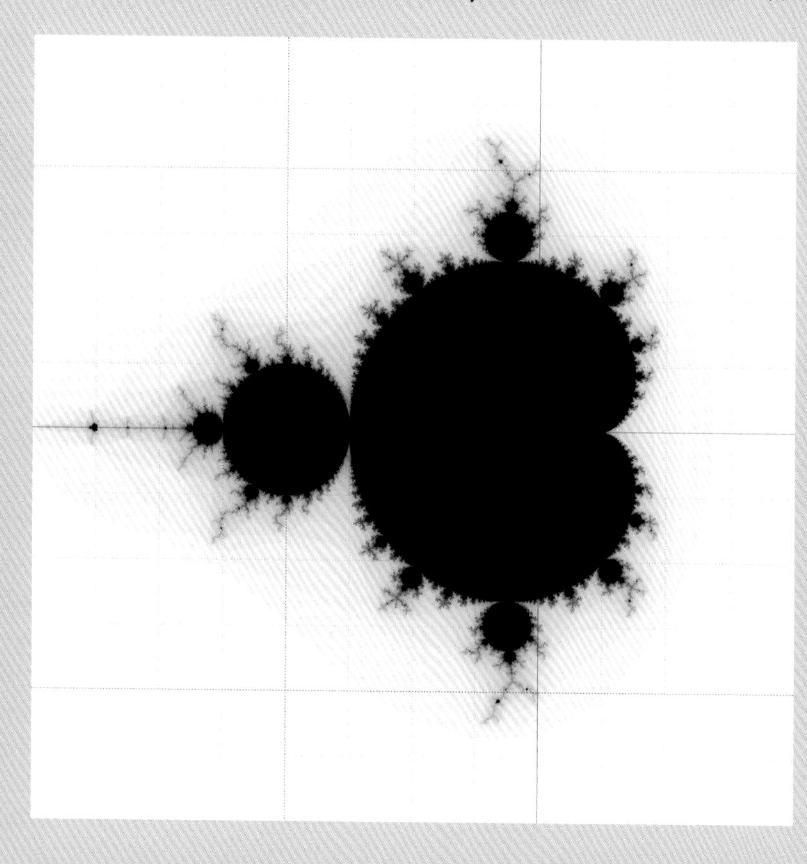

すべてのフラクタルの中でもっとも
有名な図形、マンデルブロ集合。

コンピューターを待ちわびて

悲しいことに、ガストン・ジュリアは、前ページのような美しい図を実際に見ることはなかった。描画機能を備えた電子計算機がなければ、この図を描くのに数千時間かかる。したがって、1970年代に本格的にコンピューターグラフィックスが使えるようになるまで、これらの自己相似な図形

フラクタルをもとにしてコンピューターが描いた風景は本物のように見える。多くの自然物の形がすでにフラクタルだからだ。

があまり知られてこなかったのも当然だろう。フランスの数学者ブノワ・マンデルブロがこれらの図形に「フラクタル」(fractal) と名付けたのは1975年のことだ。この言葉は「砕かれた」(fractured) 図形や「分数」の (fractional) 次元を意味する。マンデルブロにちなんで名付けられたマンデルブロ集合は、複雑で美しい自己相似な図形で、ジュリア集合にとてもよく似た方法でつくられる。式はジュリア集合で使うのと同じ $(x+iy)^2+(a+ib)$ だが、xとyではなくaとbの値の点をグラフに打って着色していく。現在では、森、川、銀河など多くの複雑な自然物に見えるようなフラクタル画像を製作するために、グラフィックスのソフトウェアが大いに活用されている。

参照：
▶ユークリッドの革命
…44ページ
▶より高い次元…116ページ

知られざる幾何学

Unknown Geometry

ルネ・デカルトは幾何学を再定義し、数々の発見をもたらした。

幾何学にはまだ多くの未解決問題が残されている。数学のほかの分野とは異なり、その問題が問うている内容のほとんどは簡単に理解できる。世界水準の数学者だけがそれらを解けるとも限らない。多くの場合、幾何学の問題の解決策を知れば、想像力を豊かにすることができる。高次元の対象や空間の特性にかかわる、幾何学の多くの未解決問題についても同じことが当てはまる。

ポアンカレ予想が解決された今、幾何学におけるもっとも重要な課題は、おそらく真の結び目不変量の探求だろう（くわしくは146ページ参照）。一方、世界中の数学者は、算術と幾何学をつなぐ新たな方法を探求している。

埋もれた秘密

幾何学の革命は、多くの場合すでに知られている問題を解決しようとして起こるのではなく、数学者が新たな分野あるいはそれまで無視されてきた分野に挑戦した結果として起こる。またこの挑戦はしばしば古い問題を簡単に解決できる新たな方法を生み出す。ルネ・デカルトは解析幾何学を（くわしくは99ページ参照）、ピーター・ガスリー・テイトは結び目の数学を（くわしくは146ページ参照）、そしてブノワ・マンデルブロはフラクタルを（くわしくは173ページ参照）それぞれ大きく発展させた。しかし数世紀にわたって注意深くふるいにかけられ研究されてきた分野でも、ときには隠れた宝物が見つかる。カール・ガウスは、古代ギリシャ人が定規とコンパスを使って多角形を描く方法を徹底的に究めたにもかかわらず（くわしくは64ページ参照）、どうしてもできなかった正十七角形の作図を、2,000年以上も経った後に達成した。ガウスはこの成果をたいへん喜び、自分の墓石に刻むよう依頼したくらいだ（依頼された石工は、円にしか見えないと言って拒否したが）。ほかにもいくつもの定理が、発見されてもおかしくなかった時期のはるか後に発見された。このような発見がこれからいくつなされるか、いったい誰に予測できるだろうか？

謎が導く

なぜ誰もが、幾何学の未知の領域を探求するために時間を費やし、古代の幾何学パズルに取り組むのだろうか？　成功する保証はなく、解決したところで裕福になったり、あるいは有名になったりする可能性は低い。それでも探求する理由のひとつは、人々がミステリー映画を見たり、クロスワードパズルを解いたり、探偵小説を読んだりするのと同じだ。複雑なもつれを解きほぐすのが楽しいのだ。もうひとつの理由は、探

若干19歳で、カール・ガウスは定規とコンパスだけで正十七角形を描いた。数世代にわたって古代ギリシャの幾何学者たちが挫折してきた課題だ。

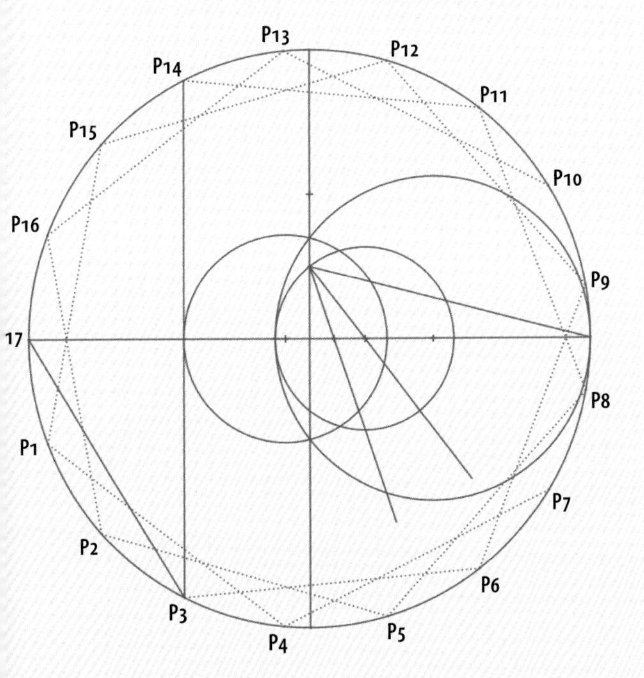

Column

ラングランズ・プログラム

16世紀にデカルトとフェルマーが代数と幾何学の融合に取り組んだことで、幾何学は飛躍的に進歩した（くわしくは98ページ参照）。ラングランズ・プログラムは、アメリカの数学者ロバート・ラングランズ（下の写真）によって始められたもので、幾何学と代数的整数論の融合を目指している。プログラムは1967年1月に、ラングランズから当時のもっとも偉大な数学者のひとりであるアンドレ・ヴェイユへの手紙をきっかけに始まった。ラングランズは整数論と幾何学を、暫定的だが強力に結びつける提案をした。ラングランズは次のように謙虚に書き送っている。「あなたがこれを純粋な推測として読んでくだされればありがたく思います」。そして「もしそうでないなら……ゴミ箱が、間違いなく手近なところにあるでしょうね」と続けた。ヴェイユが手紙を捨てなくて本当によかった。今日、ラングランズ・プログラムは数学界で最大の、そしてもっとも重要なプロジェクトのひとつとなっている。

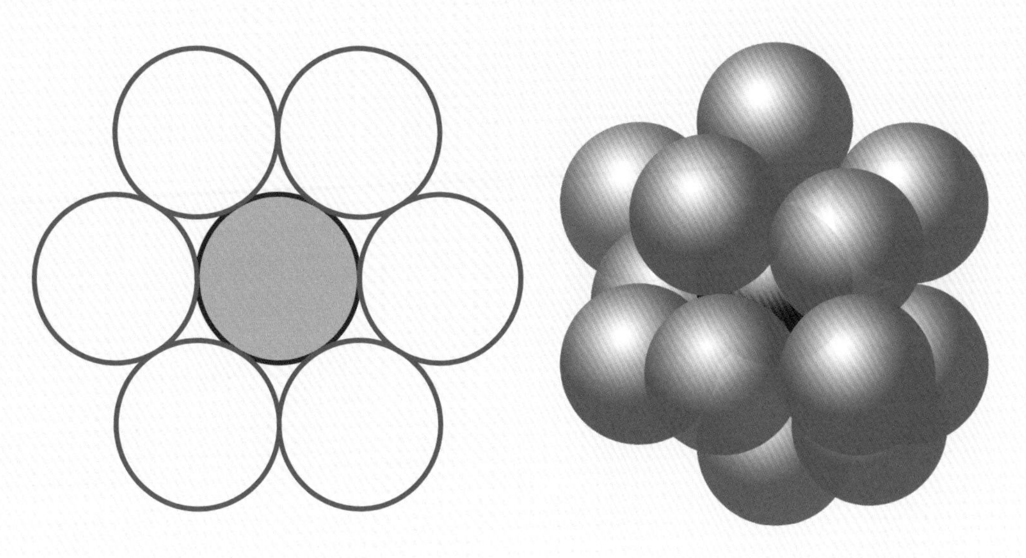

二次元では接吻数は6で、一見してすぐわかる。三次元では12になるが、見ただけで理解するのは難しい。

検家を遠く離れた山や月、これまで誰も訪れたことのない場所に駆り立てる衝動と同じだ。しかし数学の新たな発見はある意味、新たな頂上を征服したり、ほかの惑星を訪れたりするよりも刺激的だ。数学の発見は、宇宙についての事実であり、どんな場所においても常に真実だからだ。かつてアルバート・アインシュタインが述べたとおり「方程式は永遠」なのだ。

接吻数問題

球の接吻数とは、ひとつの球に同時に接するほかの球の数だ。直線上に並ぶ（つまり一次元の）球の場合、接吻数は2だ。平面上に並ぶ（二次元の）球では6になる。ここまではとても簡単に見える。それだけに次元が高くなったときのこの問題の難しさには驚かされる。三次元では、球の周りに12個の球が収まるが、13番目の球が収まるのにほぼ十分そうな空間がまだ残っている。しかし、もう1個入る余裕はない。したがって接吻数は12である。ケプラー（くわしくは94ページ参照）がこの問題を1611年に最初に提示したと考えられているが、実際の球体で答えを簡単に示せるにもかかわらず、数学的に証明されたのは1953年だ。四次元での接吻数(24)は2003年に発見されたが、ほとんどの高次元ではまだ答えがわからない。

Column
モーリーの奇跡

モーリーの定理は古代ギリシャ人によって、あるいは続く1,000年ほどのあいだに、定規で遊んでいた誰かによって簡単に発見できた可能性がある。実際はそうならなかった上に、定理の内容が驚くべきものだったため、1899年に最終的に発見したアメリカの数学者フランク・モーリーにちなみ、モーリーの奇跡とも呼ばれている。任意の三角形で、それぞれの角を三等分する（古代ギリシャ人たちは定規とコンパスだけでこの作図をすることはできなかったが、ほかの多くの方法で作図できた）。角の三等分線を、互いに交わるまで伸ばす。これによって、もとの三角形がどんな形でも、常にその内部に正三角形ができる。

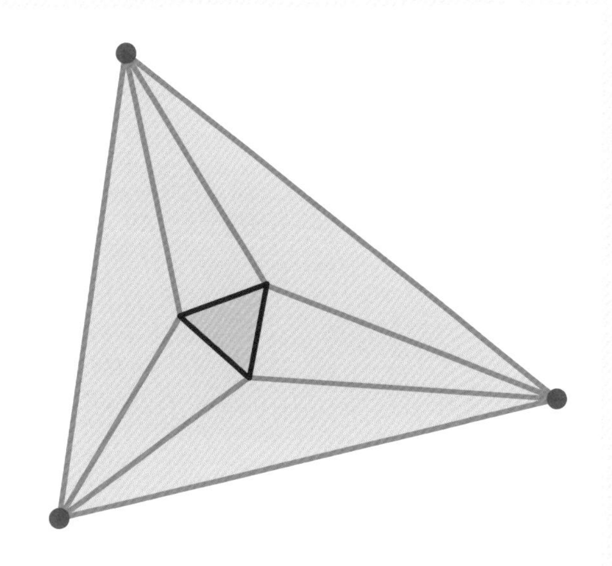

ソファ問題

大きなソファを、廊下の角を曲がった先に運ぼうとしているところを想像してみよう。ソファが大きくなるほど作業が難しくなるのは明らかだが、「ソファ定数」、どんな形であれ角を曲がれるソファの面積の最大値はどれくらいだろうか？　実際のソファなら角にさしかかったとき傾けられるかもしれないが、そうすると問題はよりややこしくなる。ソファを水平に保つこととしよう。答えがわからないのはあなたひとりではない。今までにこの問題を解決できた数学者はいないのだ。これまでの成果は、問題の範囲が少し狭まったことだけだ。幅1メートルの廊下なら「ソファ定数」は2.2195と2.8284平方メートルのあいだになる。

ソファの移動は現実でも難しい問題だが、数学においては完全な謎だ。

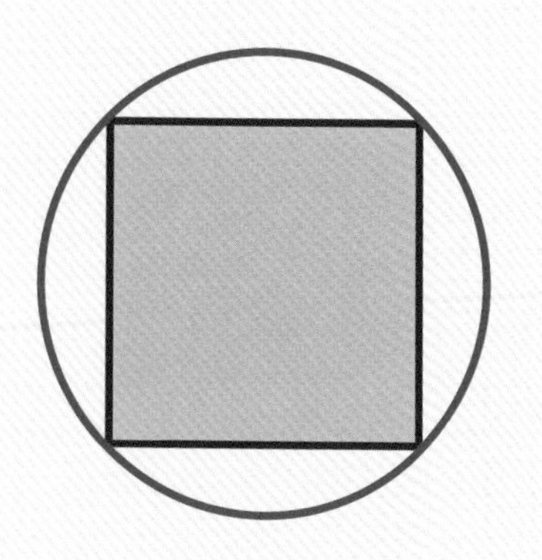

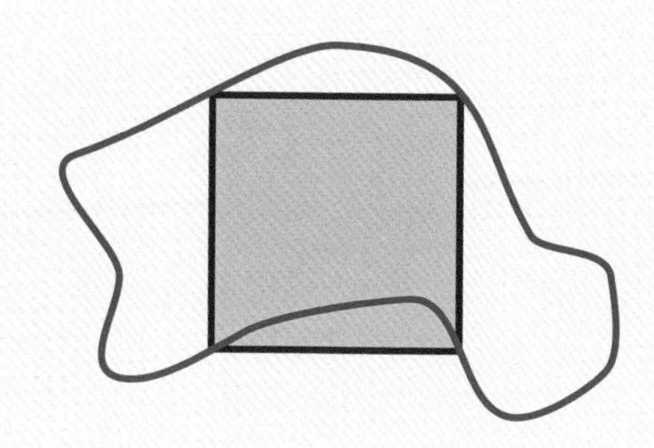

正方形はゆがんだ円に内接している。どんな場合でもこれが成り立つだろうか？

内接正方形問題

円を描くと、中にそれぞれの頂点が円上にあるような正方形を簡単に描ける。これを内接正方形という。円を（円周どうしが交わらないように）歪めた場合、その図形に内接する正方形も簡単に描けるように思える。しかし、そのようなすべての図形に内接する正方形があることの証明に成功した人はまだいない。

ハッピーエンド問題

1枚の紙に5つの点を描く。唯一の規則は、それらを直線上に並べないことだ。 そうすると点4つを頂点とする四角形が描けるはずだ。しかし、凸型（すべての角が外角よりも小さい）の五角形を描けるとは限らない。点がどんなに散らばっていても、確実に凸型の五角形が描けるようにするには、点が全部で9個必要だ。無作為に散らばる点を使って凸型の六角形が確実に描けるようにするなら、17個の点が必要だ。確実に凸型の七角形を描くときは……必要な点の数は誰にもわからない。33個あれば足りると考えられているが、誰もそれを証明できていない。この問題がハッピーエンド問題と呼ばれるのは、この問題をともに研究したジョージ・スズカーズとエスター・クラインが共同研究を楽しんだのち、ついに結婚したことにちなんでいる。

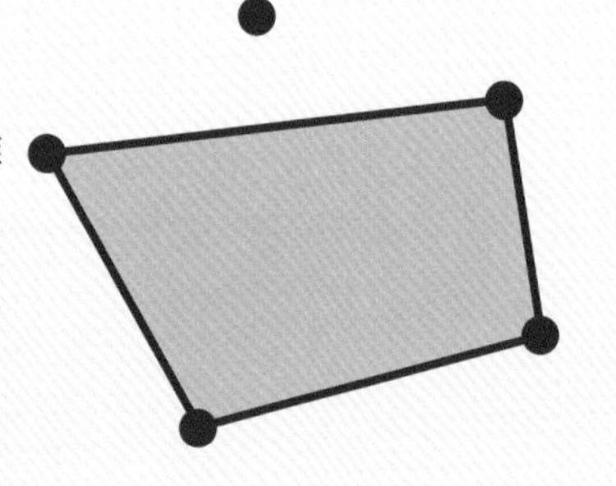

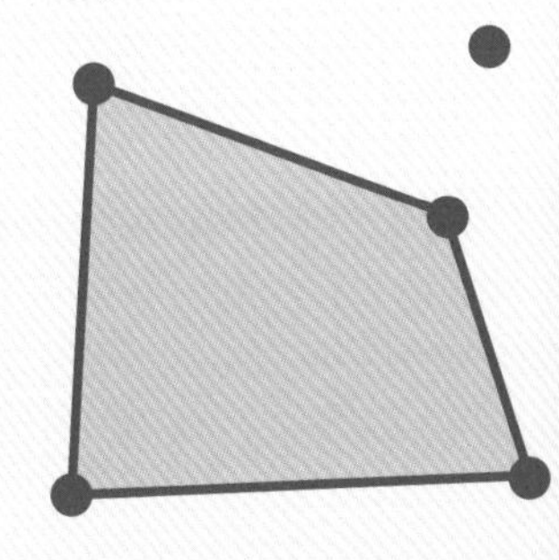

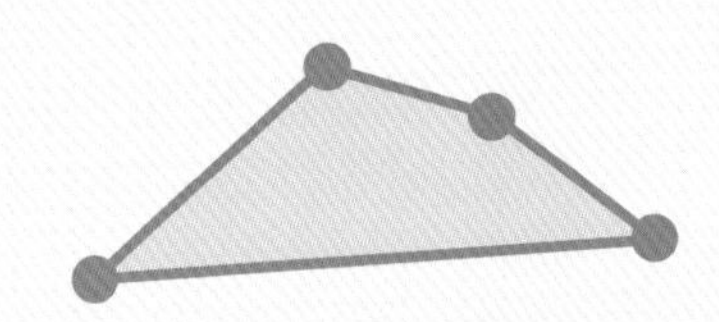

赤い点は凸型の五角形になるが、緑と青の点は違う。

立方体には11種類の展開図があり、すべての多面体に少なくともひとつは展開図があるようだ。しかし、確信を持ってそう言うことは誰にもできない。

ウラムの充填予想

立方体など一部の立体は、箱に完全に収まり、すき間はなくなる。ほかの図形、たとえば円柱も箱に収まるが、小さなすき間が残る。球は円柱よりも大きなすき間が残ってしまう。それでは球よりすき間が残る立体があるだろうか？　確信を持って答えられる人は誰もいない。この予想を行ったスタニスワフ・ウラムはポーランドの原子物理学者で、最初の原子炉の建設とほかの星々に旅するための原子力宇宙船の設計に貢献した。

デューラーの予想

展開図を発明したアルブレヒト・デューラー（くわしくは37ページ参照）は、すべての多面体に展開図があるのか疑問に思ったかもしれないが、記録には残さなかった。実際にこの予想が記録されたのは1970年代だ。なお驚くべきことに、まだ誰もそれを証明できていない（ただし、くぼみのある多面体である凹面多面体は除く）。

未だに森で迷子のまま

1956年、アメリカの数学者でコンピューター技術者であるリチャード・ベルマンは、次のような疑問を提起した。全体の形がわかっている森で迷子になったら、森から出る最適な方法は何だろうか？　まっすぐ歩くのが一番だと思うかもしれないが、もしも森の端の近くから、その外縁に平行な方向に進んでしまった場合はどうなるだろうか。それよりジグザグの道筋のほうがはるかに速い。半世紀以上経った今、この問いに対する解答が出ているのは、長方形の森、円の森およびそのほかのいくつかの図形に限られる。三角形の森やほかのほとんどの図形では、解決策がまだ見つかっていないのだ。

参照：
▶透視図法…76ページ
▶より高い次元…116ページ

用語集 Glossary

解析幾何学
座標を使って図形を調べる数学の一分野。

角柱
互いに合同で平行なふたつの多角形の面の間に平行四辺形の面を立たせた三次元図形。

球面幾何学
球の曲面の図形について研究する数学の一分野。

虚数
−1の平方根、及びその倍数。

公理
定理の基礎となる基本的な前提。「任意のふたつの点があれば、2点間に直線を描くことができる」は公理の一例。公理の集合が異なれば、異なる幾何学の体系ができる。

三角法
三角形を扱う幾何学の一分野。

射影幾何学
三次元図形が平面上に描画（または投影）される方法について研究する数学の一分野。

定規とコンパス
多くの古代ギリシャ人が、幾何学の研究で頼りにしていた道具。定規といっても目盛りはついておらず、コンパスも現代の道具でいえばディバイダーに近い。

絶対幾何学
平行線公理と、そこから派生した定理に依存しない幾何学。「非ユークリッド幾何学」の「やってみよう！」（134ページ）を参照。

双曲幾何学
三角形の内角の和が180°に満たず、互いに平行な直線が存在しない、したがって平行線公理が成り立たない空間についての幾何学。

代数幾何学
方程式を解くのに使う幾何学的な方法について研究する数学の一分野。

楕円幾何学
三角形の内角の和が180°を超え、互いに平行な直線が存在しない、したがって平行線公理が成り立たない空間についての幾何学。

定理

真であることが証明されている数学的な命題。

トポロジー

ある図形の、形をゆがませても変わらない特定の性質を研究する数学の一分野。特定の性質の一例として、図形の穴の数がある。ただし長さや角度は、トポロジーでは考慮されない。今日の幾何学研究におけるもっとも活発な分野のひとつ。

微分幾何学

微分は、変化を扱うための数学的な道具だが、微分幾何学は、微分を使い、曲線や曲面について研究する数学の一分野。

非ユークリッド幾何学

平行線公理を含まないあらゆる幾何学。

複素数

7+2iなど、実数部分と虚数部分を持つ数。$i=\sqrt{(-1)}$。

平行線公理

すべての直線にそれに平行な別の直線がある。つまり、どの点においても一定の距離で離れている直線が存在するという仮説。

ユークリッド幾何学

古代ギリシャの数学者ユークリッドの研究に基づく、平行線公理を含む幾何学。

予想

真であるとほとんど認められているものの、まだ証明はされていない命題。

ラジアン

$180° / \pi$(約57.3度)を1とする角度の単位。円の弧に、円の半径に等しい長さごとに点を打ち、その点と円の中心を結ぶ直線を引く。この直線の間の角を1ラジアンと定義する。

立体

幾何学においては、球や立方体などの三次元図形をさす。

索引 Index

あ

アーチ 106–110
アインシュタイン、アルバート 8, 9, 117, 135, 160–162, 165, 176
アステロイド 105
アボット、エドウィン・A 116–117
アリストテレス 24
アルキメデス 23, 24, 52–55, 69
アルキメデスの胃 55
アルキメデスのらせん 23–24, 53
アルキメデスの立体 35–37
アルゴリズム 59
アル＝ハイサム、イブン（アルハーゼン） 130–131
アルハンブラ宮殿 73
アレクサンドリアのユークリッド 44
アレクサンドロス大王 39
緯度 83–84
ウォリス、ジョン 114–115
ヴォーダーベルク、ハインツ 73
エウレカ 52
エッシャー、M. C. 73, 75
エラトステネス 47, 50–51, 132
円錐断面 38, 41
円柱 11, 55, 84, 90–91, 105, 126, 143, 179
円を正方形にする 66–67
オイラー、レオンハルト 122–123
オーブリー、ジョン 16–17
凹形（凹状、凹面） 21, 34–35, 132, 179
黄金比 26–28, 74, 106
黄金らせん 27, 29

か

ガーキン 112–113
解析幾何学 99, 101, 104, 174
ガウス、カール 90–91, 174–175
化学的な結び目 151
角柱 35–36
割線 15
ガリレオ・ガリレイ 43
カントール集合 166–168, 170
『幾何学』（デカルト） 99, 101
擬球 21
球面幾何学 145
虚数 102, 172
グッドウィン、エドウィン・J 67–68
グノモン 24, 51
グラフ理論 141
経度 83
結晶 122, 136–139, 166–167
ケプラー、ヨハネス 20, 34, 39, 94–95, 136, 176
ケルビンフォーム 96–97
『顕微鏡図譜』 136
弦理論 9
『原論』 7, 44, 47–49,130
航程線 86–88
公理 44, 47–49, 81, 128
コッホ雪片（コッホ曲線） 167–170
コペルニクス、ニコラウス 19–20
コロンブス、クリストファー 82

さ

座標 100–101, 104, 121, 172
三角法 56–63, 69, 105
三等分 68–70, 177
三弁（三葉） 109, 147
時空 162–165
四面体 30, 32–34, 36, 81, 122
射影幾何学 79, 81, 112, 163
斜辺 12, 56, 58, 60, 103–104
周転円 20
十二面体 30, 33, 36, 120
ジュリア集合 171–173
準結晶 74
準線 40–41
消失点 76–79, 81
焦点 40–41
ストーンヘンジ 16, 142
正接 57–58, 103–104
絶対幾何学 134
双曲幾何学 131–134
双曲線 38–41, 43, 70
双曲面 90
相対性理論 8, 160–162, 164
双対の立体 81
ソファ問題 177

た

台形 35
対称性 71–72, 81, 137, 139
代数 38, 92, 98–105, 172, 175
タイル 70–75, 137
楕円 20, 28, 38–43, 104–106, 120, 122, 132–134, 143, 153
楕円幾何学 132–134
凧 74
多面体 30, 32–33, 35, 37, 97, 179
地下鉄の地図 124
地球を囲む縄 18
超越数 67–68
テアイテトゥス 30, 34
DNA 151
テオドロス 22, 30
デカルト、ルネ 79–80, 99–102, 104, 167, 174–175
デザルグ、ジラール 78–81
デザルグの定理 80
テッセラクト 117–120, 156
テセレーション 70–74
デューラー、アルブレヒト 37, 79, 179

展開図 37, 179
天文学 16, 20, 22, 34, 41, 56–58, 62, 92
投影法（投影図） 84, 88–91
透視図法 76–81
ドーナツ 91, 122–123, 152–154, 156
ドーム 110, 113
解けている 147
凸形（凸状、凸面） 21, 31, 34–35, 178
トポロジー 122–125, 141, 152–156, 158

な

二角形 144–145
二十面体 30, 32–33, 36, 91, 120
ニュートン、アイザック 41–43, 63

は

π 12,18, 23, 53–54, 66–68, 129, 145
ハチの巣 95–96
八面体 30, 32–33, 36, 81, 96, 105
バックミンスターフラーレン 139
ハッピーエンド問題 178
パップス 70, 95–96
パピルス 11, 47
パラメトリック・モデリング 112
ハリオット、トーマス 92–95, 136
パルテノン神殿 26
パンテオン 108
ヒエロン２世 52
ひし形 35, 96, 137
ピタゴラス 12–13, 46, 60–61, 63, 99, 163–164
『美の解析』 107
美の線 106–107
微分幾何学 90
非ユークリッド幾何学 7–8, 130–135
ピラミッド 12–13, 30, 93, 136, 154
ヒルベルト、ダフィット 121, 128
ファン・シューテン、フラン 39
フィディアス 26
フィボナッチ数列 29
フェルマー、ピエール・ド 101, 175
複素数 172
フック、ロバート 110, 136
プトレマイオス 19–20
フラー、リチャード・バックミンスター 110, 113
ブラヴェ格子 138–139
フラクタル 24, 27, 166–173, 174
プラトン 22, 30–35, 38, 66
プラトンの立体 30–35, 38, 81, 120, 122
『プリンキピア』 41–42
プルタルコス 66
平行線 76, 79, 81, 134
平行線公理 49, 130–131, 133, 134
平行四辺形 35
平方根 6, 22, 46, 62–63
ヘイルズ、トーマス 95
ペルガのアポロニウス 39, 98
ベルトラミの擬球 21
ベルヌーイ、ヤコブ 24
扁平 40, 43, 120, 122
ペンローズ、ロジャー 74–75
ペンローズの三角形 75
ペンローズのタイル 74
ポアンカレ、アンリ 152–155, 159, 174
ポアンカレ予想 152–153, 156, 158, 174
放物線 38–43, 54, 98, 100–101, 109

ま

マルファッティ、ジアン・フランチェスコ 126-128, 133
マンデルブロ集合 172–173
ミレトスのタレス 14
ミンコフスキー、ヘルマン 162–165
無理数 28, 46, 66–67
メビウスの帯 125
メランコリア 37
メルカトル、ゲラルドゥス 83–87
メルカトル図法 84–87, 89–90
メルセンヌ、マラン 101, 110
モーリーの定理 177
文様群 71–73

や

余弦 57, 61–63, 103–104
野性的な結び目 150
四次元図形 117, 155
四色問題 140–141

ら

ライプニッツ、ゴットフリート 63
ラジアン 23, 145
らせん 19, 22–25, 27, 29, 53, 73, 98–99, 102, 112–113, 151
ラングランズ・プログラム 175
ランバート、ヨハン 131–133, 135
ランベルト、ヨハン・ハインリヒ 90
離心率 40
リッチフロー 156–157
立方根 65
ルーローの三角形 144–145
ルパート王子 114–115
ルネサンス 13, 77–79
レン、クリストファー 110
ローリー、ウォルター 92–93, 95

わ

惑星 16, 18–20, 34, 39, 43, 120, 160, 166, 176

図版クレジット

Alamy: Chronical 142r, David J Green 145c, Historic Collection 121c, 126, History & Art Collection 144t, ITAR-TASS News Agency 159t, Science History Images 4-5, 131, 151, The Picture Art Collection 92bl, The Print Collector 110t; **Getty Images:** Corbis Historical, Hulton Archive 42t; **NASA:** 19t, 43; **Public Domain:** 39, 136, 145tl; **Shutterstock:** Alhovik 109t, Mila Alkovska 64, Serge Aubert 18, Robert Biedermann 85bc, Dan Breckwoldt 12b, Cyrsiam 76bl, Darq 78, Dotted Yeti, 125b, Peter Hermes Furian 129bl, 129br, Aidan Gilchist 144cl, Itynal 94, Victor Kiev 113b, Mary416 96t, Morphart Creation 52, 53b, 86, 112, 133, Nice Media Production 30, Hein Nouwns 125t, Onalizaoo 27 85br, Pike Picture 124t, Saran Poroong 29, Potapov 160, Robuart 146, Andrew Roland 142tl, Slava 2009 67t, Joseph Sohm 26, Spiroview Inc 144cl, Taiga 73bl, Zoltan Tarlacz 106, Vchal 8, Ventura, 50, Vex Worldwide 75br, xpixel 110b; **The Wellcome Library, London:** 14tr, 57, 101, **Wikimedia Commons:** 6t, 7b, 9, 10l, 10r, 11br, 13, 14b, 16t, 19b, 20br, 21, 22b, 24l, 25tl, 25cr, 34, 37tr, 38t, 42b, 44, 47, 53tl, 55b, 59, 63, 66tr, 66cl, 67b, 68br, 70, 71, 72b, 73cl, 73br, 74, 75l, 76tr, 77, 79, 81, 82-83b, 83r, 85t, 88l, 88r, 89, 90, 91t, 91b, 92tr, 93, 95, 96, 96b, 98b, 105, 107tr, 107bl, 108, 109b, 113t, 114, 116, 117t, 117b, 120, 122, 130, 137, 138, 139, 140, 141b, 147, 148, 149, 150, 153, 155t, 156tl, 156b, 161, 162b, 166, 167, 168bl, 169, 171, 172, 173, 174, 175bl, 175br, NASA 162t; **Roy Williams:** 16-17b.

ILLUSTRATIONS

Shutterstock: NoPainNoGain 87t.
Wikimedia Commons: Creative Commons Attribution-Share Alike 2.0 Austria license/R J Hall 20br, Creative Commons Attribution-Share Alike 3.0 Unported license/Win 21, Creative Commons Attribution-Share Alike 3.0 Unported license/Pbroks13 at English Wikipedia 22t, Creative Commons Attribution-Share Alike 2.5 Generic license 23bl, Robert Webb's Stella software http://www.software3d.com/Stella.php 36b, Creative Commons Attribution-Share Alike 4.0 International license/Krass 60b, Creative Commons Attribution-Share Alike 4.0 International license/EdPeggLr 71, Creative Commons Attribution-Share Alike 3.0 Unported license/Geometry guy at English Wikipedia 74tl, Creative Commons Attribution-Share Alike 2.5 Generic license/McSush 87c, Creative Commons Attribution-Share Alike 3.0 Unported license/Dr Fiedorowicz 121t, Creative Commons Attribution-Share Alike 3.0 Unported license/Alecmconroy at the English language Wikipedia 130b, Creative Commons Attribution-Share Alike 3.0 Unported license/Pbroks13 134b, Creative Commons Attribution-Share Alike 3.0 Unported license/Brilee 89 138l, Creative Commons Attribution-Share Alike 3.0 Unported, 2.5 Generic, 2.0 Generic and 1.0 Generic license/Napy1Kenobi 138r, Creative Commons Attribution-Share Alike 3.0 Unported, 2.5 Generic, 2.0 Generic and 1.0 Generic license/Frederic Michel 144t, Creative Commons Attribution-Share Alike 3.0 Unported license 166, Creative Commons Attribution-Share Alike 3.0 Unported license, Robertwb 176tr, Creative Commons Attribution-Share Alike 3.0 Unported license/Claudio Rocchini 176b, Creative Commons Attribution-Share Alike 4.0 International, 3.0 Unported, 2.5 Generic, 2.0 Generic and 1.0 Generic license/R. A. Nonenmacher 179..

著　者

マイク・ゴールドスミス Mike Goldsmith

サイエンスライター。前職は、イギリス国立物理学研究所の部長（音響学）。専門は天文学、音響学。子供向け、科学本多数あり。数学、宇宙開発、時間旅行、科学史など幅広いジャンルを扱う。キール大学卒。博士の学位を天文学で取得。

訳　者

緑 慎也　（みどり・しんや）

1976年、大阪生まれ。出版社勤務、月刊誌記者を経てフリーに。科学技術を中心に取材活動をしている。著書『消えた伝説のサルベンツ』（ポプラ社）、共著『山中伸弥先生に聞いた「iPS細胞」』（講談社）、翻訳『大人のためのやり直し講座　幾何学』『デカルトの悪魔はなぜ笑うのか』『「数」はいかに世界を変えたか』（創元社）など。

謝辞：本書の翻訳原稿を精読いただきました森一氏に感謝申し上げます。

ビジュアルガイド もっと知りたい数学③
深遠なる「幾何学」の世界

2021年1月20日　第1版第1刷　発行

著　者　マイク・ゴールドスミス
訳　者　緑 慎也
発行者　矢部敬一
発行所　株式会社 創元社
https://www.sogensha.co.jp/
本社　〒541-0047 大阪市中央区淡路町4-3-6
Tel.06-6231-9010　Fax.06-6233-3111
東京支店　〒101-0051　東京都千代田区神田神保町1-2 田辺ビル
Tel.03-6811-0662
装　丁　寺村隆史
印刷所　図書印刷株式会社

ISBN978-4-422-41444-7 C0341